最新 農業技術

野菜

vol.11

農文協

本書の読みどころ——まえがきに代えて

〈ネギの周年化に向けて——ネギの生理と栽培〉

かつてネギの栽培といえば，東日本では根深ネギ（白ネギ）が，西日本では葉ネギが栽培されていた。耕土が深く土寄せ軟白に適した東日本では伝統的に根深ネギが好まれ，冬が温暖な西日本ではほとんど休眠しない葉ネギが好まれてきたからである。ところが近年は外食（業務）需要が増え，その様相はがらりと変わった。たとえば根深ネギは焼肉のネギだれなどとして，葉ネギはラーメンやうどんの薬味などとして全国どこでも年中使われるようになり，ネギは地域に関係なく周年供給が求められる時代に入った。

これを受け，供給体制も整備されてきた。晩抽性品種や抽苔抑制技術の利用などによって新作型の導入による周年出荷への取り組みが全国的に広がりつつある。

本書では，抽苔抑制技術による「5月どりトンネル栽培」，目標時期の定量出荷をめざして生育停滞を軽減する「地中点滴灌水装置の利用」，ネギの生育制限要素を探る「栽植密度と窒素施肥量との関係」などを収録した。

〈稼げるニラをめざして——ニラの基本技術と経営〉

業務需要ということでいえば，ニラも底堅い。ギョウザやチヂミなどの中華・韓国料理には欠かせない。だがニラはネギのようには栽培の裾野が広くない。おもな産地は北海道，山形，福島，茨城，栃木，群馬，千葉，高知，福岡，大分，宮崎などに限られる。これはニラの性質として，春に植えて冬に保温開始するまでに株養成しなければならず，お金になるまでに時間がかかるからのようだ。しかしそれを承知で労力を確保したうえで導入すれば，がっちりと稼げる品目であることは確かだ。

本書では，主要産地の栃木県と高知県にハウス栽培の基礎生理と栽培の実際を執筆していただいた（「ハウス栽培（関東型）」「ハウス栽培（西日本タイプ）」）ほか，イチゴ農家で利用されているウォーターカーテン保温をニラに導入して省力・高品質化を可能にする「ウォーターカーテン保温」，これを導入した生産者事例「周年栽培品種＋夏ニラ専用品種による連続収穫」，露地栽培のニラで問題となっている最重要病害「白斑葉枯病の防除」などを収録した。

〈雇用経営の安定のために——ホウレンソウの基本技術と経営〉

加工・業務用野菜としては，ネギやニラよりもホウレンソウのほうが古いだろう。栽培技術も確立されてきたということで，今回「暖地秋まき加工・業務用ホウレンソウ機械化栽培体系」として収録した。通常の栽培と違って「収穫草丈は40cm以上」，大きな株にしつつ雑草抑制のために「株間5〜10cm，条間30〜40cm」の植付，機械収穫の妨げとなる雑草を抑制するための「除草体系」などが技術の核となる。加工・業務用野菜から生まれた技術は今後の野菜栽培にも大いに役立つことが多そうだ。

また今回は生産者事例として「ホウレンソウ生育予測システムの導入による周年雇用経営」

も収録した。これは35棟のハウスで周年栽培を始めたときに，「いつ播けばいつとれるか」が読めなかったために収穫ができず廃棄することになってしまった経験から，温度と日照時間などによる収穫予測システムを考案して安定経営に結びつけている事例だ。同じことが近年急増の葉ネギの雇用経営でもいえる。今後，周年雇用経営が増えるにつれ，このような生育予測システムがさらに開発されていくのではないかと思われる。

〈需要を掘り起こせるか──種なしスイカの育種と栽培〉

今回の目玉記事の一つが，この「種なしスイカの育種と栽培」だ。執筆は，みかど育種農場でスイカの育種を担当していた中山淳さん。中山さんいわく，アメリカでは種なしスイカが広く普及しているのに日本では今一つ普及しないことが残念でならない。その理由は，種なしといえどシイナが少し口の中に残るので，繊細な味覚をもつ日本人には違和感があるという味覚の問題がまずある。だが，それをおいたとしても，種なしスイカの種子は発芽率が悪い，着果率が悪い，糖度が不安定など栽培上の問題があった。今回，中山さんは栽培上の問題を解決するための「育種の基礎研究」「新しい育種」「栽培」を丹念にまとめていただいた。いずれも育種の専門家から生産者まで参考になる大変貴重な記録となった。

〈その他の新技術と栽培〉

その他，ハウスの燃料費削減に有効な「促成ナスの低コスト株元加温技術」「促成ピーマンの株元加温効果と簡易設置法」，10年単位で栽培するアスパラガスを単年（植え付けから収穫までは2年）で栽培する画期的栽培法の「採りっきり栽培」，芽止め剤使用中止（農薬登録の失効）以後の貯蔵技術まで収録した「寒冷地のニンニク栽培」などを収録した。

なお，これらの記事は，「農業技術大系野菜編」追録43号の内容を転載させていただいた。転載を許諾していただいた執筆者のみなさまに厚くお礼申し上げます。

2018年10月　農文協編集局

最新農業技術　野菜 vol.11　目次

本書の読みどころ──まえがきに代えて ……………………………………………… 1

◆ネギの周年化に向けて──ネギの生理と栽培

ネギの来歴と品種の変遷 ……………………… 小島昭夫（元農研機構野菜茶業研究所）7

ネギ粘液の免疫活性化効果 ……………………… 上田浩史（農研機構野菜花き研究部門）18

栽植密度と窒素施肥量との関係 ……………………… 本庄求（秋田県農業試験場）24

根深ネギの栽培＝５月どりトンネル栽培

　　　　　……………………… 貝塚隆史（茨城県農業総合センター園芸研究所）33

根深ネギの栽培＝地中点滴灌水装置の利用

　　　　　……………………… 東野裕広（ＪＡ全農耕種総合対策部営農企画課）45

葉ネギ（小ネギ）の栽培 ……………………… 末吉孝行（福岡県農林業総合試験場）51

ワケギの露地栽培（北九州地域）

　　　　　……………………… 友田正英（八幡農林事務所北九州普及指導センター）61

◆稼げるニラをめざして──ニラの基本技術と経営

ハウス栽培（関東型） ……………………… 村川雄紀（栃木県農業試験場）67

ハウス栽培（西日本タイプ） ……………………… 橋本和泉（高知県農業技術センター）79

ウォーターカーテン保温 ……………………… 藤澤秀明（塩谷南那須農業振興事務所）93

ニラ白斑葉枯病の防除

　　　……………… 三澤知央（地方独立行政法人北海道立総合研究機構道南農業試験場）101

栃木県鹿沼市　宇賀神洋一　周年栽培品種＋夏ニラ専用品種による連続収穫

　　　　　……………………… 藤澤秀明（塩谷南那須農業振興事務所）109

◆雇用経営の安定のために──ホウレンソウの基本技術と経営

暖地秋まき加工・業務用ホウレンソウ機械化栽培体系

　　　　　……………………… 石井孝典（農研機構九州沖縄農業研究センター）125

福井県福井市　合同会社光合星　ホウレンソウ生育予測システムの導入による周年雇用

　　経営 ……………………… 川﨑武彦（福井農林総合事務所）135

◆需要を掘り起こせるか──種なしスイカの育種と栽培

種なしスイカ育種の基礎研究　……………………… 中山淳（元みかど育種農場）145

種なしスイカの新しい育種　……………………… 中山淳（元みかど育種農場）157

種なしスイカの栽培　……………………………… 中山淳（元みかど育種農場）169

◆その他の新技術と栽培

促成ナスの低コスト株元加温技術　………… 佐藤公洋（福岡県農林業総合試験場）181

促成ピーマンの株元加温効果と簡易設置法

　　………………………… 田中義弘・西真司（鹿児島県農業開発総合センター）191

アスパラガスの採りっきり栽培　……………………… 元木悟（明治大学）197

寒冷地のニンニク栽培　………… 今智穂美（青森県産業技術センター野菜研究所）221

関連記事案内　……………………………………………………………… 237

ネギの周年化に向けて
——ネギの生理と栽培

ネギの来歴と品種の変遷

1. 祖先種と栽培の起源地

ネギ（*Allium fistulosum*）は，栽培化されてからの歴史が長く，自生地は知られていない。

ネギにもっとも近縁の野生種アルタイネギ（*A. altaicum*）は，モンゴル，南シベリアなどに分布し，中国でも北西の一部地域に自生している（第1，2図）。ネギと交配すれば容易に種子が得られ，雑種の稔性も高い。

現存のアルタイネギは，寒さの厳しい，また，露出した岩石の多い山地の急斜面など，人畜のあまり近寄らない場所に生き残っており，冬の厳しい寒さには深く休眠することで適応している。

農耕の始まる以前から食用に採集利用されていたと思われ，時代が進むにつれて乱獲の傾向となったため，現在では人里近くに自生を見ることはほとんどない（小島・ジャムスラン，1997）。しかし太古の昔には，おそらくもっと南方にも分布し，人里近くにも自生していた（未開の自生地に人が住み着いた）であろう。そこでは，冬季休眠の浅い，温暖地に適応したタイプも種内変異として存在していたのではないだろうか。つまり，温暖地に適応した変異型を含む太古のアルタイネギがネギの祖先種であり，また，ネギ栽培の起源後も継続的に自然の遺伝子給源として栽培ネギの変異拡大に寄与した，と考えられる。

アルタイネギのもともとの分

第1図　アルタイネギの自生地
(Hanelt, 1990より)

第2図　自生地のアルタイネギ
A：中国新疆ウイグル自治区北部の山地，標高2,300mの草原（林縁近く）にて
B：モンゴル南ゴビの山地，標高2,180m，露出した岩石が多い乾燥した斜面にて

ネギの生理と栽培

第1表　ネギの品種分類

基本的品種群	生態型（生殖特性）	おもな用途	細分類品種群	F₁育種以前の代表的品種
加　賀	夏ネギ型	根　深	下仁田	下仁田
			加　賀	金沢太，余目，源吾，松本一本太
		葉ネギ	岩　槻	岩槻，慈恩寺，藤崎在来
	（不抽苔性）	根　深	坊主不知	坊主不知
千　住	冬ネギ型	根　深	千住黒柄	黒昇，吉蔵，元蔵，越谷黒，長宝，東京夏黒
			千住合黒	石倉，東京冬黒，西光，長悦
			千住合柄	砂村，尾島，金長，西田，湘南
			千住赤柄	王喜
九　条	冬ネギ型	根深／葉ネギ	越　津	越津黒柄，越津合柄
		葉ネギ	九条太	九条太
			九条細	九条浅黄，奴，観音
	（不抽苔性）	葉ネギ	三　州	三州，ワケネギ，夏ネギ[1]
その他	（やぐら性）	葉ネギ	ヤグラネギ	ヤグラネギ
	（晩抽性）	根　深	晩ネギ	汐止晩生，吉川晩生太，三春

注　1）夏ネギ：長崎市や鹿児島県種子島で栽培されている品種で，生態型用語としての「夏ネギ型」と直接の関係はない

布域が現状より南方にも広がっていたであろうことと，古代中国でネギの基本的な品種群がすでに分化していたことから，中国北西部あるいは中国西部がネギ栽培の起源地であろうと想像される。

2.　中国における品種群の分化

ネギは中国で紀元前から栽培されており，中国最古の地理書「山海経」（紀元前770〜同256との説あり）にネギの分布について記述がある（葉・童，1995）。「四民月令」（166）や「斉民要術」（530〜550頃）は，大葱と葉葱の二品種群を区別して記述している。

その後，華北と東北部では，土寄せにより軟白栽培する太ネギ（根深ネギ）群が発達し，他方，華中や華南を中心に葉ネギ群が発達し，またその中間形として兼用ネギ群も生まれたと考えられている（熊沢・勝又，1965）。大葱，葉葱という区別もそうであるが，太ネギ群，葉ネギ群という区別は生態特性によるのではなく，利用特性による分類である。

おそらく，太ネギ群あるいは兼用ネギ群は，生態的には夏ネギ型から冬ネギ型まで，幅広い変異を生じていたであろう。また，もともと華

中以南では冬ネギ型であった葉ネギ群は，華北や東北部でも栽培されたが，そこでは夏ネギ型の葉ネギ品種が生じて適応したと想像される。

3.　わが国への伝来

ネギは，ダイコン，カブ，ナスなどと同様に，外国から伝来した多くの作物のなかでもっとも古いものの一つである。書物の記録では，「日本書紀」（720）にある仁賢天皇六年（493）の「秋葱」という記述がもっとも古いとされている。ネギが日本に最初に伝来した時期は，さらに以前のことであったと思われる。「本草和名」（918）にも記載があり，「延喜式」（927）では栽培法が記述されていることから，平安時代にはすでに広く栽培されていたらしい（青葉，1982）。

中国から日本に伝来したネギは，すでに夏ネギ型と冬ネギ型に分化していたと考えられ，夏ネギ型のものは寒冷地に土着して加賀群となり，冬ネギ型のものは西日本に土着して九条群になったと考えられる。

用途別では，土寄せ軟白に適する寒冷な北日本では伝統的に根深ネギが好まれ，他方，冬も温暖な西日本では，葉ネギが好まれてきた。ま

8

た，耕土の深い関東平野では冬ネギ型の根深ネギが成立し，千住群となったが，中国における太ネギ群あるいは兼用ネギ群の冬ネギ型の品種が伝来して千住群の元になったという説と，加賀群の太ネギ型の品種と九条群の品種が日本国内で交雑して千住群の元になった，という説とがある。

4. 生態型と用途による品種分類

ネギの品種を生態特性で分類すると，夏ネギ型と冬ネギ型に大別される。夏ネギ型品種は，寒冷な地域では夏によく成長する一方，冬季に休眠するため，耐寒性（寒地での越冬性）が高い。これに対して冬ネギ型品種は，夏の暑い時期の成長は鈍いが，低温成長性があって冬季に休眠せず，温暖地では冬どりが可能である。この休眠性の違いが，ネギ品種の生態的分化の最大の要因となっている。

用途別に見ると，土寄せ栽培によって葉鞘部を伸長・軟白させる根深ネギ用品種と，ほとんど土寄せせず，若くて柔らかい緑色の葉身を主目的とする葉ネギ用品種とがある。根深ネギには，分げつが少なく，葉鞘部がよく肥大伸長する品種が向き，葉ネギ（後述の「小ネギ」と区別する場合は「中ネギ」と呼ぶ）には，分げつが多く，葉質が柔らかい品種が向いている。土寄せ軟白に適する寒冷な北日本や耕土の深い関東平野では，伝統的に根深ネギが好まれ，他方，冬も温暖な西日本では，葉ネギが好まれてきた。

生態型と用途により，日本の主要なネギ品種は基本的な3つの品種群に大別される。夏ネギ型の加賀群，冬ネギ型でおもに葉ネギ用の九条群，どちらかといえば冬ネギ型であるが根深ネギ用の千住群である（第1表）。

なお，近年普及した流通形態として，播種後2，3か月の若苗を収穫する「小ネギ」がある。用途としては葉ネギの仲間であるが，用いられている品種は必ずしも九条群ではなく，むしろ千住群品種を用いることが増えてきている。

（1）加賀群

加賀群は夏ネギ型であり，厳寒期を迎えると急激に成長が停滞し，やがて葉身が枯れて休眠に入る。耐寒性が強く，長期の積雪にも耐えて越冬する。秋の成長量は千住群より劣るが，越冬後の春～初夏の草勢は強い（佐々木・大和田，1959）。葉鞘基部が少し膨らむ傾向がある。

東北，北陸を中心に，おもに地場消費用や自給用に栽培されている下仁田系，加賀系，岩槻系および‘坊主不知’（（4）その他の項参照）がある。

下仁田系の‘下仁田’は群馬県甘楽郡下仁田町周辺の耕土の浅い山間地域の原産であり，まったく分げつせず，葉身・葉鞘は太く短い。地方品種の一つとして後述する。

加賀系は，分げつはしないかまたは少なく，葉身はやや太くて濃緑，質は厚くて柔らかい。葉鞘部も太めで，長さは中程度の根深ネギである。

岩槻系の‘岩槻’は埼玉県南埼玉群慈恩寺村小溝（現さいたま市岩槻区）の原産である。分げつ性があり，葉鞘は短く，太さは中程度，葉身はやや細くて柔らかく，葉ネギに適している。

（2）千住群

千住群は，どちらかといえば冬ネギ型であり，冬季の休眠は不完全で多少は成長を続ける。しかも，高温成長性も高いほうである。分げつは少なく，葉鞘は太くてよく伸長するため根深ネギに適するが，一般に（とくに近年の普及品種は）葉が硬くて葉ネギの中ネギには適さない。

葉色の濃い黒柄系，中間の合柄系，淡い赤柄系があり，さらに黒柄系と合柄系の中間型として合黒系，また合柄系と赤柄系の中間型として合赤系を区別することもある。ただし，赤柄系や合赤系の品種は現在ほとんど栽培されていない。

黒柄系は葉身が濃緑で，低温成長性は九条群より劣り，逆に高温成長性が高く，千住群のな

ネギの生理と栽培

第2表　ネギ遺伝資源の形態特性9形質の品種群別平均値[1]　　　　　　　　　　　　（若生ら，2009）

種・品種群	供試品種数	長さに関する形質				太さに関する形質			分げつ茎数（本）	種子千粒重（g）
		葉身長（cm）	葉鞘長（cm）	花茎長（cm）	小花柄長（mm）	葉身折径（mm）	葉鞘中央部径（mm）	花茎折径（mm）		
A. altaicum	2	*27.9*	*12.7*	72.2	20.6	*7.1*	*5.7*	27.3	2.2	1.94
モンゴル群	5	49.1	16.4	71.0	33.9	15.4	8.7	30.9	2.0	2.40
中国兼用ネギ群	3	53.6	22.6	66.6	30.2	20.9	13.0	37.7	1.1	2.21
中国大葱群	2	**57.0**	22.6	70.3	**51.8**	27.4	17.5	46.5	0.2	**2.70**
中国葉葱群	4	44.6	17.0	64.5	28.7	12.9	8.4	*24.8*	8.9	2.03
加賀群下仁田系	4	42.7	17.0	*59.7*	47.7	**42.3**	**20.6**	**57.2**	*0.0*	2.27
加賀群加賀系	13	56.6	**24.8**	73.2	46.0	30.1	18.4	48.1	0.1	2.33
加賀群岩槻系	7	55.3	20.4	71.8	29.9	20.5	12.7	29.9	2.1	2.17
晩ネギ系	8	54.1	21.8	75.8	34.8	21.0	14.3	31.0	1.8	*1.76*
千住群黒柄系	28	47.4	23.0	68.3	33.4	29.1	19.1	39.1	*0.0*	2.22
千住群合黒系	26	52.1	23.4	69.9	34.6	29.3	19.0	38.6	0.1	2.22
千住群合柄系	26	53.0	23.5	70.1	34.0	28.6	18.0	39.5	0.3	2.15
九条群越津系	9	56.9	22.6	**83.0**	30.2	17.8	11.9	28.1	2.4	2.02
九条群九条太系	6	53.5	21.7	79.4	31.3	19.0	12.0	29.0	2.0	2.05
九条群九条細系	8	54.2	20.7	79.0	29.8	17.2	10.8	27.0	3.8	1.82
その他	6	48.7	19.8	64.4	31.8	18.6	11.9	33.9	1.2	2.19
合　計（157品種平均）	157	51.7	22.2	70.7	34.0	25.2	16.0	37.1	4.9	2.15

注　1）農林水産省野菜・茶業試験場（三重県津市）における3月播種，10月調査（開花期と種子の形質は翌春に調査）の結果である。各項目について，最大値を太字で，最小値を斜体で示す

かにあって加賀群加賀系にやや近い生態特性を示す。分げつせず，葉身は短めで硬く，葉鞘は千住群のなかでは短く太いほうである。襟締まりがよく，剥きネギの荷姿が美しい。

一方，葉色の淡い品種ほど九条群に近い生態特性を示す傾向がある。すなわち赤柄系や合柄系は低温成長性があり，高温成長性は黒柄系よりも劣る。1〜2本の分げつを生じる割合のやや高い品種が多く，秋冬どりの根深ネギ栽培で多収性を発揮する。葉身，葉鞘とも黒柄系より長く，やや細い。

千住群は関東地方で成立した品種群であるが，黒柄系，合柄系，および両者の中間型である合黒系は，現在のF1品種を含む根深ネギ普及品種のほとんどを占め，東日本だけでなく，鳥取，大分，鹿児島などでも大きな産地を形成している。

(3) 九条群

九条群は冬に休眠しないで成長を続ける冬ネギ型である。京都府紀伊郡東九条村（現京都市下京区）を中心に栽培されていたことから，この名で呼ばれるようになった。おもに西日本で栽培されている。分げつ性に富み，葉肉薄く，葉の質が柔らかいので葉ネギとして好まれる。越津系，九条太系，九条細系，および三州系（（4）その他の項参照）がある。

越津系は九条群と千住赤柄系の交雑に由来するといわれ，九条太系よりも葉身・葉鞘が長く，細い。'越津'は愛知県海部郡神守村越津（現津島市）の原産で，葉身も軟白葉鞘も利用する，根深ネギ・葉ネギ兼用品種である。

九条太系は，九条細系に比べて葉色が濃く，葉身が太い。

一方，九条細系は分げつが多く，また，九条

ネギの来歴と品種の変遷

第3表　ネギ遺伝資源の成長特性7形質の品種群別平均値[1]　　　　　　　　（若生ら，2009）

種・品種群	供試品種数	相対成長率×100						開花日（月／日）
		1999年			2000〜2001年			
		初夏（5〜7月）	盛夏（7〜9月）	初秋（9〜10月）	初冬（11〜12月）	厳冬（12〜2月）	早春（2〜3月）	
A. altaicum	2	*2.76*	2.09	− 1.02	*1.71*	− 0.84	2.48	5/8
モンゴル群	5	3.68	2.10	− 0.57	1.75	− 0.77	2.47	5/8
中国兼用ネギ群	3	4.16	2.11	− 1.01	2.77	− 0.06	**3.93**	*4/14*
中国大葱群	2	**4.27**	2.40	− 0.43	2.41	0.15	3.52	4/25
中国葉葱群	4	3.60	*2.08*	− 0.62	3.17	1.30	3.09	4/24
加賀群下仁田系	4	3.69	2.46	0.25	3.57	1.03	2.94	4/16
加賀群加賀系	13	4.02	2.69	− 0.29	**3.72**	1.21	2.29	4/25
加賀群岩槻系	7	4.00	2.54	− 0.10	3.19	0.97	2.47	4/26
晩ネギ系	8	3.57	**2.77**	**0.35**	3.25	1.55	2.49	**5/11**
千住群黒柄系	28	4.15	2.73	− 0.21	3.26	1.78	*2.25*	4/24
千住群合黒系	26	3.75	2.62	− 0.06	3.44	**1.92**	2.42	4/21
千住群合柄系	26	3.83	2.62	− 0.15	3.26	1.87	2.31	4/20
九条群越津系	9	3.84	2.63	0.22	3.11	1.57	2.76	4/27
九条群九条太系	6	4.03	2.47	0.05	3.43	1.34	2.69	4/29
九条群九条細系	8	4.10	2.52	− 0.26	3.48	1.46	2.82	4/29
その他	6	3.88	2.24	− 0.61	2.70	0.83	3.30	4/22[2]
合計（157品種平均）	157	3.88	2.58	− 0.14	3.21	1.48	2.50	4/23[2]

注　1）農林水産省野菜・茶業試験場（三重県津市）における栽培・調査の結果である。相対成長率は，1999年3月播種
　　　と2000年9月播種の栽培により調査した。各項目について，最大値を太字で，最小値を斜体で示す
　　2）不時抽苔性を示した品種：北葱を除いた値

太系よりも高温成長性に優れる。

（4）その他

　栄養繁殖による品種に，不稔性の‘ヤグラネギ’（櫓ネギ）や不抽苔性の‘坊主不知’‘三州’などがある。

　‘ヤグラネギ’は冬季休眠性がもっとも強く，寒冷地で夏の葉ネギとして自給用に栽培される。花序に生じる多数の不定芽を植え付けて増殖する。

　一方，不抽苔性品種は株分けにより増殖する。‘坊主不知’は岩槻系から，‘三州’は九条群から生じたといわれる不抽苔性品種で，第1表ではそれぞれ該当する基本的品種群に含めた。‘坊主不知’は，晩ネギ系のあとに収穫できる根深ネギで，分げつ性は中程度である。‘三州’は分げつの多い不抽苔性の葉ネギである。

　晩抽性の春どり根深ネギとして選抜された品種群に晩ネギ系がある。東京府葛飾区や埼玉県潮止村（現八潮市）などで育成され，千住群と九条群の交雑後代であるとか，あるいはまた‘坊主不知’の抽苔株に由来する，ともいわれており，その後千住群との交配が繰り返されたと考えられている。とはいえ，晩抽性であるとともに越冬後や越夏後の草勢が強く，千住群とはあきらかに異なる生態特性を維持している。

（5）小ネギ用の品種

　1977年ころより急速に全国へ普及した流通形態として，播種後2〜3か月，草丈40〜60cm，葉鞘径6mm程度で若どりする「小ネギ」がある。流通・利用面では葉ネギの特殊な型といってよいが，必ずしも従来の葉ネギ（中ネギ）用品種が用いられているとは限らない。本来は根深ネギ用の千住黒柄系や合黒系の品種は，耐

ネギの生理と栽培

第4表 遺伝資源157品種・系統の特性調査結果から選定した国内主要ネギ品種群を代表する標準品種 (若生ら，2009)

標準品種番号	品種群	品種名	農林水産ジーンバンクJP番号
1	加賀群下仁田系	下仁田	127028
2	加賀群下仁田系	味一本太	133859
3	加賀群下仁田系	雷帝下仁田	133921
4	加賀群加賀系	余目一本太	133844
5	加賀群加賀系	松本根深太	133872
6	加賀群加賀系	源　吾	25431
7	加賀群岩槻系	岩　槻	133914
8	加賀群岩槻系	慈恩寺	127040
9	加賀群岩槻系	岩　槻	133870
10	晩ネギ系	元晴晩生	133877
11	千住群黒柄系	吉　蔵	133875
12	千住群黒柄系	勝名のり	138766
13	千住群黒柄系	長　宝	133888
14	千住群合黒系	金　彦	133891
15	千住群合黒系	東京冬黒一本太	133906
16	千住群合黒系	大宮黒	133905
17	千住群合柄系	西　田	127027
18	千住群合柄系	清　滝	133854
19	千住群合柄系	豊川太	25470
20	九条群越津系	越津合柄系	127042
21	九条群越津系	越津根深	25471
22	九条群越津系	越　津	25474
23	九条群九条太系	あじよし	133890
24	九条群九条太系	九条太	133928
25	九条群九条太系	九条太	133847
26	九条群九条細系	若　緑	133886
27	九条群九条細系	浅黄系九条	133852
28	九条群九条細系	浅黄系九条	133916
29	赤ネギ系	赤ひげ	133908

暑性があり，葉色が濃く葉折れしにくいので荷姿に優れ，小ネギ栽培でもとくに夏どりでは用いられることがあり，また，育種素材として多用されている。

5. 大規模特性調査による主要品種群の特徴の把握

　第2表と第3表は，ネギ155品種およびアルタイネギ2系統，計157品種・系統を供試して，農林水産省野菜・茶業試験場（現農研機構野菜花き研究部門安濃野菜研究拠点，三重県津市安

濃町）の圃場において栽培し，形態特性9形質と成長特性7形質を十分な反復をとって調査した結果を，品種群ごとの平均値にしてまとめたものである（若生ら，2009）。根深ネギ用品種も葉ネギ用品種も同じ条件で比較できるよう，形態特性の調査は，春まき秋どり土寄せなしという，どっちつかずの変則的な栽培を行なったが，品種群の特性の傾向はおおよそ読みとれる。

　若生ら（2009）は，この大規模な調査データの主成分分析に基づいて，従来の国内のネギ品種群分類体系によく適合する品種を，基本的な9つの品種群・系から3品種ずつ，および晩ネギ系1品種と赤ネギ系1品種，計29品種を選定して標準品種とし，国産ネギ遺伝資源の幅広い変異をカバーし代表するコアコレクションとして提案した（第4表）。

　157品種・系統の主成分分析結果のうち，これら29標準品種のデータのみ図示したのが第3図と第4図である。品種群・系の個々の特徴や相互の関係を視覚的に大づかみするのに役立つものになっている。

　とはいえ，ネギの品種群・系は必ずしも明確に分けられるものではなく，じつは中間的な品種も多い。千住合黒系の形態を持ちながら晩ネギ系と同等以上の晩抽性を示す'長悦'のように，ネギの育種が進展するにつれて複数の品種群の特性をいろいろに組み合わせたような品種が育成されており，とくにF₁育種がその傾向に拍車をかけている。

6. 育種の進展と普及品種の変遷

（1）篤農家・採種組合による育種

　ネギは，1960年代までは自家採種が広く行なわれていたため，種苗会社の育種意欲が他の野菜に比べて低調であった。品種改良の主たる担い手は篤農家や生産者団体であり，育種法も，在来品種からの集団選抜による緩やかな系統分離が主流であった。市場出荷需要が高かった根深ネギの秋冬どり多収性がおもな育種目標

であり，'金長'のような千住合柄系の多収性品種が育成された。

そのような篤農育種家としては，東京都葛飾区の長谷準太郎・清治父子，埼玉県深谷市の西田正一・宏太郎父子，埼玉県越谷市の鈴木元吉が有名である。'金長'が1962年に種苗名称登録されたことを契機に，種苗会社が育成者と契約を結び種子の販売権を得て，全国に普及させるようになった。そのことが彼ら篤農育種家の意欲をさらに高め，また互いに切磋琢磨して，その後1970年代から80年代前半にかけて，続々と優秀な品種を発表することになる（第5表）。

1970年代には，篤農育種家による登録品種（1978年からは種苗法の品種登録制度に基づく登録）が全国の根深ネギ産地に広く普及するようになった。このころから，種苗会社自身の育種意欲もしだいに高まっていった。

(2) 機械化・周年生産・広域流通の進展と品種数の急増

1970年代後半から，作型の多様化，管理機械や調製機械の導入，出荷形態の規格化などに対応した新品種へのニーズが高まってきた。外食産業の成長や市場流通システムの発達により，根深ネギの需要は周年化の傾向を強め，また，西日本へも進出し始めた。

とくに夏秋どり根深ネギの作付けが増加したことを受け，高温成長性や耐暑性に優れる千住黒柄系の選抜改良が進んだ。立性で襟締まりのよい千住黒柄系および千住合黒系の一本ネギは，栽培管理の機械化や収穫物の機械調製に向く点でも評価された。質が硬くて曲がりにくいことも，遠隔産地からの大量輸送には有利であ

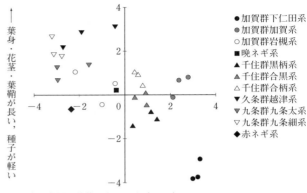

第3図　ネギ遺伝資源157品種・系統の主成分分析結果における29標準品種の形態特性9形質についての第1，第2主成分スコア
(若生ら，2009)

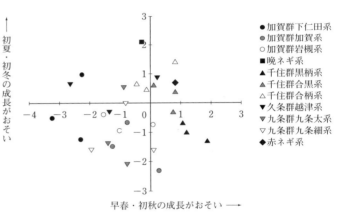

第4図　ネギ遺伝資源157品種・系統の主成分分析結果における29標準品種の季節別相対成長率6形質についての第1，第2主成分スコア
(若生ら，2009)

った。このころ育成された'元蔵''吉蔵'は千住黒柄系の品種で，しだいに千住合柄系の'金長'や'西田'を駆逐し，十数年後には全国一，二位の主力品種となった（第5表）。

また，続いて1980年に育成された'長悦'は，広域に適応する画期的な晩抽性をもつ根深ネギ品種であり，これも広く普及した。春〜初夏の端境期に，晩ネギ系や'坊主不知'では得られなかった品質のよい根深ネギの生産を可能にして，周年生産体系の改善に大きく貢献した

第5表　1994年におけるネギの作付け面積上位15品種

品種名	品種群	作付け割合の推定値（%）1984年	作付け割合の推定値（%）1994年	おもな作付け地域	育成者（育成年）
吉蔵	千住黒柄	4.1	12.5	全国	鈴木元吉（1979）
元蔵	千住黒柄	3.1	11.1	全国	鈴木元吉（1978）
越谷黒一本太	千住黒柄	6.1	9.7	埼玉県・茨城県	中野屋種苗店（1955）
宏太郎	千住合黒	—	8.7	埼玉県	西田宏太郎（1984）
長悦	千住合黒	0.5	8.1	茨城県から鹿児島県	長谷清治（1980）
西田	千住合柄	11.7	8.0	埼玉県・群馬県・神奈川県	西田正一（1975）
源吾	加賀	5.6	4.2	福島県	安藤源吾（1928）
長宝	千住黒柄	—	3.5	鳥取県・千葉県・大分県	協和種苗（1990）
九条（太/細）	九条	11.6	3.4	静岡県から高知県	在来
夏扇一本（F1）	千住黒柄	—	3.0	千葉県	サカタのタネ（1989）
金長3号	千住合柄～合黒	6.8	3.0	北海道から愛知県	長谷清治（1974）
徳田	越津	2.1	3.0	岐阜県	在来
東京冬黒一本太	千住合黒	0.0	2.9	新潟県・鳥取県	トキタ種苗（1978）
金長	千住合柄	14.2	2.8	青森県から大分県	長谷準太郎・長谷清治（1962）
越津（黒柄/合柄）	越津	2.4	2.0	愛知県・岐阜県	在来
上記品種の合計		68.0	85.8		

注　堀越孝良（2002）のデータを元に加筆

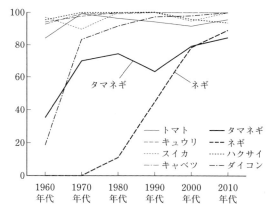

第5図　日本の主要野菜の新品種におけるF1品種の割合（%）
藤井健雄／日本園芸生産研究所／園芸植物育種研究所「蔬菜の新品種」第2巻（1960）～第19巻（2016）に掲載された品種について集計

品種である。
　このように，依然として篤農育種家の寄与は大きかったものの，独自の品種開発に重点を移す種苗会社がしだいに増加し，品種間交雑からの集団選抜が主流となった。
　一方，葉ネギ（とくに小ネギ）の東日本への進出は，「博多万能ネギ」のブランド名で1977年に始まった福岡県から京浜市場への出荷を契機とし，航空機輸送を利用した新鮮さを活かして急速に拡大した。小ネギの産地は全国的に増加し，それを受けて1980年代には葉ネギの新品種数が急増した。

(3) F1品種の普及

　最初のネギF1品種は1977年に発表されたが，細胞質雄性不稔性を利用したものではなかったため採種コストが高く，ほとんど普及しなかった。しかし1990年代に入ると，ネギでもペーパーポットやセルトレイによる育苗が普及するにつれていっそうの均一性が求められるようになり，種苗各社が競ってF1品種を育成するようになった。
　サカタのタネが1989年に育成した'夏扇一本'は，実用的なネギF1普及品種としては世界初といえるが，この品種を含め，その後に育成されたネギF1品種はすべて細胞質雄性不稔性を利用したものと思われる。ただし，種苗各社がそれぞれ独自に発見した素材を用いているらしく，用いられている細胞質雄性不稔性の詳細な遺伝様式は未解明もしくは未公表である。

現在では，タマネギと同様に，細胞質雄性不稔性を利用したF1育種が主流である（第5図）。

（4）短葉性ネギの育成

1998年の統計によると，ネギは主要野菜のなかで生産者の所得率が79％ともっとも高い品目であった。農家にとって，いちばん儲かる野菜，ということである。ところが，その年秋〜冬の国産ネギの不作を契機に，中国産根深ネギの輸入量が急増した。安価な中国産ネギに引きずられて国産ネギの卸売市場価格が急落したため，ネギ生産の所得率は，2000年には以前の半分近くである40％に急落し，ネギ農家は悲鳴をあげた。

2001年の春，急増する輸入ネギに対抗するため，農研機構野菜茶業研究所で筆者らは，良食味・低コストでコンパクトな新しいタイプの根深ネギ品種の育成に着手した。育種の考え方は次のとおりである。

1) 短期・省力栽培が可能な短葉性（短葉身かつ短葉鞘）・早太り性で生産コストを低減し，輸入品との価格差を縮める。
2) 少人数世帯の増加にマッチした，コンパクトなサイズ。
3) 良食味（柔らかく，辛味が少ないなど）により輸入品との差別化をはかる。
4) 軟白葉鞘部だけでなく，緑色の葉身部もおいしく食べられる根深ネギ。

1990年代から根深ネギの主流となっていた千住黒柄系や合黒系の品種は，質が硬くて曲がりにくく，遠隔産地からの大量輸送に有利であることが，結果的に中国からの輸入を促進した面がある。中国で日本輸出向けに栽培されるネギは，中国在来の柔らかい品種ではなく，千住黒柄系の硬くて輸送性の高い品種であり，種子は日本の種苗会社から調達していたのである。筆者らは，柔らかくておいしいネギなら，中国産輸入ネギに対抗できると考えた。

ただし，柔らかいネギは高温期の湿害・病害や干害に弱い傾向があるため，昔の千住赤柄系や合柄系の品種に戻ることはむずかしい。その点，短葉性ネギは栽培期間が短く，夏まきで冬どりが可能なので，梅雨時〜真夏の多雨・高温期を育苗ハウス内で管理できるため，夏季の湿害・病害や干害を回避できると考えた。

育種の方法は，下仁田系の短葉性，九条群の柔らかさ，辛味の少なさ，低温成長性，千住群の旺盛な草勢を組み合わせるため，下仁田／九条交雑系に，千住群の素材を含む5品種の相互交雑集団に由来する選抜個体を交雑し，4系統を選抜して2回の自殖のあと，合性品種育成法により短期間で品種に仕上げた。これが‘ふゆわらべ’（若生ら，2010）で，2011年に品種登録された。

若生らは，‘ふゆわらべ’の育成開始と同時にF1品種の育成にも着手し，短葉性ネギの収量性と作型適応性の改善を進めて，秋冬どり用F1‘ゆめわらべ’（2014年品種登録），晩抽性で春どり・初夏どり用のF1‘こいわらべ’（2016年出願），高温成長性に優れる夏どり用F1‘すずわらべ’（2016年出願）を育成した（若生ら，2017）。これにより，短葉性ネギの周年生産が可能になった。今後これら短葉性品種の普及が進み，輸入ネギに負けない「儲かる国産ネギ」の選択肢を増やすことが期待される。

7. 地方品種

野菜としての重要性と栽培史の長さを反映して，地域ごとに微妙に異なる気候・土壌に適応し，特色ある多くの地方品種が生まれた。しかし戦後の経済発展に伴う都市人口の急増と流通システムの発展によって，野菜の生産も大規模化し，均質・大量・周年の出荷が求められるようになった。限られた地域で栽培される地方色・季節色豊かな品種の多くは，大規模市場流通時代には不利であり，急速に栽培面積を減らし，なかには絶滅したものもある。

ところが1980年代以降，野菜の需要が周年的に十分に満たされるようになると，味のよいものや珍しいものへの欲求が生じ，地方品種を見直す動きが出てきた。そのような地方品種のいくつかを紹介する。

(1) 曲がりネギ（藤崎在来，横沢，余目，源吾，新里，谷田部）

東北・北陸地方などで，耕土が浅く地下水位の高い沖積土地域では，軟白長をかせぐために苗を斜めに植え付ける栽培法が伝統的に行なわれている。その後の土寄せによって，湾曲した軟白葉鞘を持つ曲がりネギになる。「曲がりネギ」は品種名ではなく，各地で風土にあった独特の品種が分化し，維持されている。

たとえば青森県南津軽郡藤崎町には岩槻系品種の‘藤崎在来’があり，秋田県大仙市太田町にも，分げつ性で岩槻系と考えられる‘横沢’がある。仙台市岩切の余目地区では加賀系一本ネギの‘余目’が，福島県須賀川市でも加賀系一本ネギの‘源吾’が用いられる。また，栃木県宇都宮市の‘新里’は千住合柄系品種であり，福井県小浜市の‘谷田部’は九条太系あるいは越津系に近い特性を示す品種である。

いずれも葉鞘・葉身が柔らかく，甘味と香気が高く，食味がよい。品種や作型にもよるが，軟白葉鞘だけでなく葉身も利用できる。

(2) 赤ネギ

茨城県東茨城群桂村（現城里町桂地区）周辺の那珂川中流域沖積土地帯の特産で，葉鞘軟白部の外皮が赤紫色になる，分げつ性の根深ネギである。9月下旬に播種して翌年11月中旬〜2月上旬に収穫する。葉身・葉鞘とも柔らかく，味がよい。また，鍋物の材料として盛りつけたときに鮮やかな彩りを添える。

(3) 下仁田

群馬県甘楽郡下仁田町周辺の特産で，最近は周辺産地のものが遠隔地にも少しずつ供給されるようになったが，最高品質のものは，礫を含んだ粘質土壌の排水のよい傾斜地で生産される。10月まきで翌年11月〜翌々年1月に収穫する。

非常に辛味が強いので生食には向かないが，加熱すれば辛味は消え，強い甘味と柔らかい肉質が味わえる。とくにすき焼き用として重用される根深ネギである。

(4) 岩津（改良岩津）

兵庫県朝来郡朝来町（現朝来市）岩津周辺の特産で，洪積砂壌土の耕土の深い土地で九条太系の品種を土寄せ栽培し，長大な根深ネギとして収穫する。柔らかく香気の高い緑葉部も利用される。

もともとは，‘九条太’から改良された土着品種の‘岩津’を用いていたが，昭和初期に兵庫県農業試験場但馬分場で‘岩津’と千住群の交配後代から‘改良岩津’が育成され，現在ではもっぱらこの品種が栽培されている。

‘改良岩津’は葉身・葉鞘が柔らかく，葉色濃く，低温成長性が高い。‘岩津’は2，3本に分げつする品種であったが，‘改良岩津’はほとんど分げつしない。春まきで，11〜2月に収穫する。

(5) 観音

広島市西区観音の特産で，太田川沿いの沖積砂壌土地帯で栽培される九条細系の葉ネギ（中ネギ）用品種である。分げつが多く，葉が柔らかく，高温成長性があってとくに夏秋どりに適する。

執筆　小島昭夫（元農研機構野菜茶業研究所）

参 考 文 献

青葉高．1982．日本の野菜．八坂書房．東京．120—126.

芦澤正和（監修）．1996〜1998．地方野菜をたずねて1，9，14，16，19，23，27〜29，34．園芸新知識野菜号．タキイ種苗出版部．京都．

藤井健雄／日本園芸生産研究所／園芸植物育種研究所．1960〜2016．「蔬菜の新品種」第2巻〜第19巻．誠文堂新光社．東京．

Hanelt, P. 1990. Taxonomy, evolution, and history. in: H. D. Rabinowitch and J. L. Brewster(eds.). Onions and Allied Crops. Vol. 1. Botany, Physiology, and Genetics. CRC Press. Florida. USA. 11.

堀越孝良．2002．ねぎの生産と消費の動向．農林水

産政策研究所レビュー No.3. 28—42.

小島昭夫・ジャムスランウンダルマー. 1997. モンゴルの自然と耕種農業10. モンゴル産ネギ属野生種. 農業および園芸. **72**, 460—466.

熊沢三郎・勝又広太郎. 1965. 改著総合蔬菜園芸各論. 養賢堂. 東京. 280—289.

農耕と園芸編集部. 1979. ふるさとの野菜. 誠文堂新光社. 東京.

佐々木正三郎・大和田常春. 1959. 蔬菜の越冬性に関する研究Ⅰ. 葱品種の耐雪性. 東北農試研報. **16**, 68—78.

若生忠幸・塚崎光・小原隆由・吉田昌美・島崎聡・安藤利夫・山下謙一郎・小島昭夫. 2009. 形態および成長特性の主成分分析によるネギの品種分類

の検証. 野菜茶研研報. **8**, 121—130.

若生忠幸・小島昭夫・山下謙一郎・塚崎光・小原隆由・坂田好輝. 2010. 短葉性ネギ品種'ふゆわらべ'の育成とその特性. 園学研. **9**, 279—285.

若生忠幸・山下謙一郎・塚崎光・藤戸聡史. 2017. 春夏季に安定生産可能な短葉性ネギ品種'こいわらべ'および'すずわらべ'の育成経過と特性. 農研機構研報野菜花き研究部門. **1**, 5—21.

野菜試験場育種部. 1980. 野菜の地方品種. 野菜試験場, 安濃.

葉明華・童堯明. 1995. ネギ. 森下昌三・王化監修. 農林水産省国際農林水産業研究センター企画調整部編. 中国の野菜 上海編. つくば. 292—296.

ネギ粘液の免疫活性化効果

(1) ネギを食べると免疫が高まるのか

「ネギを食べると免疫が高まる」「ネギを食べると風邪が治る」などの民間伝承療法がある。また、ネギを食すだけでなく「ネギをサラシに包んで首に巻く」「切ったネギを鼻に詰める」などすると「喉の痛みが取れる」「鼻の通りがよくなる」とされる。また、ネギの効能は含硫成分によるとされる。このような民間伝承効果の根拠は不明確であるので科学的に検証した（なお、ネギに含まれる含硫成分はアリシンなどの揮発成分であり、硫化アリルと表記するのは間違いである）。

(2) 葉身部と葉鞘部の粘液の採取

供試サンプルとして、まずネギを部位別に分け、抽出した。

根深ネギの葉身部（緑部）はパイプ状であり、そこには粘液が分泌されている。この粘液は産地ではノロ、アン、ヌル、タレ、ナメなどさまざまな名称でよばれている。粘液は降水量が多い時期や冬にとくに量が増えるが、一見少なく見えても乾燥状態で葉身内部に付着している。したがって、葉身部を縦に裂き、蒸留水に浸して手でしごくことにより粘液を容易に採取できる（第1図）。

一方、粘液を除去した葉身部と葉鞘部（軟白部）に関しては、ミキサーを用いて磨りつぶしたあと、ナイロンメッシュで濾過し、濾液を得た。これらと粘液を凍結乾燥すると、粘液はスポンジ状の非常に軽い性状の白色粉末として得られ、葉鞘部抽出物と葉身部抽出物の凍結乾燥品は、それぞれ白色、緑色の粗い粉末として得られた。

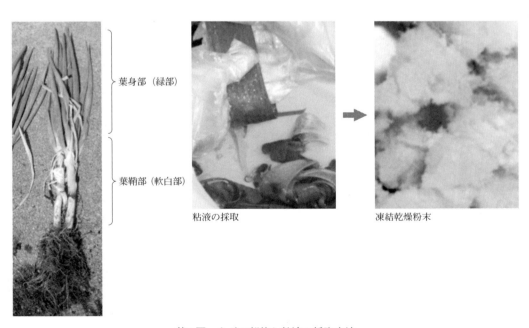

第1図 ネギの部位と粘液の採取方法

(3) 細胞実験

ネギが免疫系に影響を及ぼす可能性を検証するために,まず *in vitro*（インビトロ）の実験から着手した。

In vitro というのは試験管内という意味であり,動物やヒトを対象とした実験の前段階として,動物やヒト由来の培養細胞を用いて調べる実験である。哺乳類では,生体に外来性の異物が侵入すると,マクロファージという白血球がそれを認識し,貪食処理し（取り込むと）,次なる免疫反応を進める。そのさいにサイトカインと呼ばれる白血球間の情報伝達物質を産生するので,それを定量することによりマクロファージの活動状態,ひいては,免疫系の活性化の度合いを把握することができる。

筆者はマクロファージ系の細胞株RAW264細胞培養系にネギの部位別抽出物を添加し,培養上清中のサイトカイン量を定量した。その結果,粘液を添加した場合には,マクロファージが伸展し（第2図）,サイトカイン量が増加するのに対し,葉鞘部および葉身部の抽出部を添加した場合にはサイトカイン量に変動は見られなかった（第2図）。伸展やサイトカイン産生量の増加はマクロファージが活性化していることを示し,このことはネギに免疫活性化作用があり,しかも,その活性は粘液のみにある可能性を示唆している。

(4) 動物実験

In vitro での知見が得られたが,食品としての効果の確証を得るには経口投与による動物実験が欠かせない。そこで,次にネギ粘液をマウスに経口投与した場合の免疫系に及ぼす作用を検証した。マウスにネギ粘液（10mg/マウス×2回）を経口投与後,腹腔マクロファージを採取し,18時間培養後に培養上清を採取し,サイトカイン量を定量した。

その結果,ネギ粘液を経口投与したマウスは,蒸留水（DDW）を経口投与したマウスに比し,サイトカイン産生量が増加していることが判明した（第3図左）。また,この腹腔マクロファージにラベルしたザイモザン（酵母の抽出物であり,細菌感染を想定）を添加すると,貪食活性が高まっていることもわかった（第3図右）。

これらの知見は,ネギ粘液は経口投与でも作用し,それを投与されたマウスの体内では免疫の第一線で活躍するマクロファージの活動が高まり,細菌やウイルスに対する防御能が高まる可能性を示している。

また,同様に,ネギ粘液を経口投与したマウ

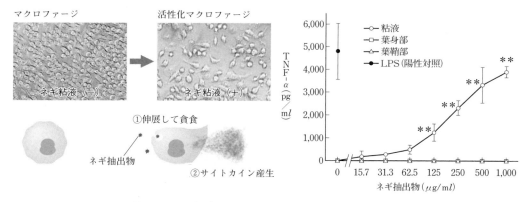

第2図 ネギ粘液のマクロファージ活性化作用（*in vitro*）　　（Ueda *et al.*, 2013）
マクロファージ様細胞（RAW264）培養系にネギ抽出物を添加し,18時間培養後の培養上清のサイトカイン（TNF-α）濃度をELISAにより測定した
＊＊：$p < 0.01$

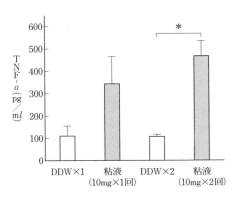
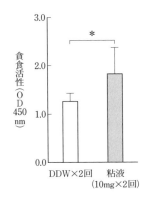

第3図　ネギ粘液の経口投与によるマクロファージ活性化作用
(Ueda et al., 2013)

ICRマウスにネギ粘液（10mg/マウス）を1回（マクロファージ採取の3時間前）または2回（マクロファージ採取の3時間前および27時間前）経口投与後，腹腔マクロファージを採取した。18時間培養後の上清中のサイトカイン（TNF-α）濃度をELISAで測定した（左）。同マウスの腹腔マクロファージにラベルしたザイモザンを添加し，2時間培養後，貪食されたザイモザンを比色定量した（右）
＊：$p < 0.05$

スから脾臓を採取し，そこに分布するNK（ナチュラルキラー）細胞のYAC-1細胞（癌細胞の一種）に対する殺細胞活性を測定すると，それも濃度依存的に向上していることが判明した（第4図）。NK活性は，近年，特定の乳酸菌を用いて製造した機能性ヨーグルトなどの免疫機能の向上を示す指標として用いられており，その活性向上は癌細胞や細菌・ウイルス感染細胞の除去につながるとされている。ネギ粘液にも同様の作用が期待できると解釈できる。

(5) ヒト試験——加熱調理したネギ摂取の効果

マウスへの経口投与で有効な結果が得られたならば，同じ哺乳類であるヒトでも有効性が期待される。しかし，ヒトはネギの粘液のみを食するわけではなく，ネギとして加熱調理して食する場合が多い。そこで，ヒトがネギを食した場合の効果を調べるために，ボランティア20名の協力を得て検証した。

当研究部門では，コンパクトネギ'ふゆわらべ''ゆめわらべ'が開発されていて，葉身部が軟らかく食べやすいことから，葉身部も食材として用いる新しいスタイルが提案されてい

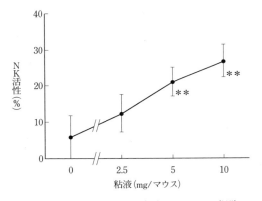

第4図　ネギ粘液の経口投与によるNK細胞活性化作用　(Ueda et al., 2013)
ICRマウスにネギ粘液（10mg/マウス）を2回（脾細胞採取の3時間前および27時間前）経口投与後，脾細胞を採取した。脾細胞とYAC-1細胞を100：1で18時間共培養後，WST-1試薬を添加し吸光度を測定した
＊＊：$p < 0.01$

る。そこで，被験者には粘液を含む部位として'ふゆわらべ'10本分の葉身部を任意の加熱調理後に2日間に分けて食していただいた。加熱調理は，焼く，炒める，煮る，蒸すなど，千差万別で，他の食材とともにさまざまな調理をし

ていただいた。ネギ葉身部の摂取前後に唾液を採取し，それに含まれる分泌型IgA（イムノグロブリンA）の量を測定した。IgAというのは粘膜や母乳中に分泌されている抗体であり，感染防御などに寄与しているとされる。

その結果，被験前（実験開始の約1週間前）と葉身部摂取の直前では分泌型IgAの量に変動は見受けられないのに対し，ネギ葉身部の摂取後には分泌型IgAの量が有意に増加していた（第5図）。また，一部の被験者は採血も行ない，血中のNK活性も有意に向上していた。

これらの知見は，ヒトが食材としてネギ葉身部（に含まれる粘液）を加熱調理して経口摂取した場合にも免疫活性化作用が期待できることを示している。なお，ネギを少量食べ続けたときの効果などはもっと大規模なヒト試験を実施せねばならず，かなりの経費を要するので，今後の検討課題であると考えている。

（6）免疫活性物質は含硫成分ではなく，マンノース結合型レクチン

次に，活性物質について検討した。

ネギ粘液を構成する成分は今までに報告されていない。精製の過程で検出したフルクタンおよびフルクトース，さらには，ネギの代表的な含硫成分であるアリシンについて調べたが，これらには粘液と同様の活性はみられず，活性に関与していないと考えられた（第6図）。そこで，粘液含有成分の精製，構造決定を試み，活性物質の一つがマンノース結合型レクチンであることを明らかにした。

マンノース結合型レクチンは，β-シート構造が3か所で折れ曲がった三角柱のような構造を有し，おのおのの辺にマンノースに特異的に結合する部位を有する（第7図）。マンノースは細菌やウイルス表面に発現しており，マンノース結合型レクチンはネギの感染防御因子として分泌されていると推察される。一方，ヒトを含む哺乳類の体液中にもマンノース結合型レクチンが存在し，感染微生物を認識し，免疫系を機能させる役目を担っている。食品として摂取した植物性のレクチンが動物体内においても機能し，免疫機能向上につながった可能性が推測される。

（7）多灌水でネギ粘液分泌量が増え，免疫活性が高まる

ネギの粘液は，植物成分としても，食品成分としても，今まで注目されていなかった。また，ネギ産地の一部では収穫後にネギ粘液が垂れて商品に付着すると消費者の印象が悪い，出荷用段ボールが濡れるなどの理由で，粘液は敬遠されていた。そのため，粘液が多くなる降雨後の収穫を制限し，粘液分泌量が少ない品種を育種する傾向があった。

しかし，ここで示したようにネギの粘液には免疫活性化機能に加えて，植物体の感染防御に寄与している可能性があり，有用物質としてとらえていくことが重要である。

筆者は灌水量を多めに制御することにより，

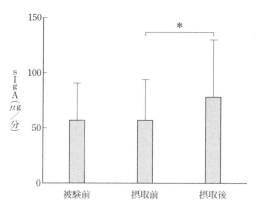

第5図 ヒトがネギ葉身部を経口摂取したさいの唾液中分泌型IgA亢進作用

健常ボランティア（n＝20）が任意の加熱調理をしたネギ（品種：ふゆわらべ）10本分の葉身部を2日間に分けて経口摂取した。被験前，経口摂取前，経口摂取後に唾液を採取し，ELISAによりsIgA濃度を定量した
sIgA：分泌型イムノグロブリンA
＊：$p < 0.05$

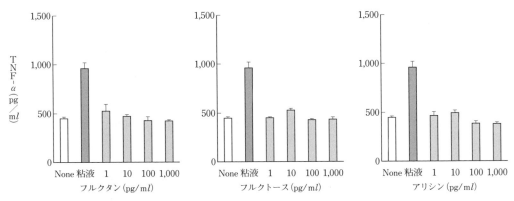

第6図 ネギの既知成分（フルクタン，フルクトース，アリシン）の免疫活性化作用の検討
マクロファージ様細胞（RAW264）培養系にサンプルを添加し，18時間培養後の培養上清のサイトカイン（TNF-α）濃度をELISAにより測定した
None：陰性対照

ネギの粘液分泌量が増加し，免疫活性化作用が向上することを見出している（第8図）。粘液に着目した新たな栽培法に取り組むのも一つの手段であると思われる。

(8) ネギの消費拡大や健康への寄与につながる

本研究で示したように，ネギの免疫活性化作用に関する民間伝承療法においては「真」であると断言できる。

しかし，その活性は未着目の粘液に含有されるマンノース結合型レクチンによるものであり，含硫成分によるものではなかった。含硫成分はネギ属に特徴的な揮発成分，催涙成分であり，鼻粘膜を刺激し鼻の通りがよくなる効果を風邪の症状緩和の過程であると誤認されてきた可能性が考えられる。

2015年4月より，日本では機能性表示食品制度が始まり，生鮮品にも機能性表示が認められることになった。ネギの粘液に関しては科学的エビデンスを積み重ねてきたつもりであるが，残念ながら「免疫は厚生労働用語で表示できない」「免疫指標は体内動態の一部の説明」との見解があり，本制度での機能性表示の実現はむずかしく，注意が必要である。しかし，科学的エビデンスの存在を念頭に自信をもって「民間

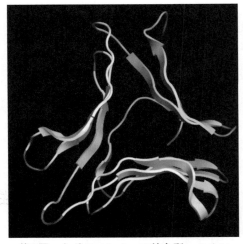

第7図 ネギのマンノース結合型レクチンの推定立体構造
ネギ葉から単離し配列決定したレクチンcDNAをホモロジーモデリングを用いて立体構造を推定した

伝承」し，ネギの消費拡大や健康への寄与につながると本望である。

執筆　上田浩史（農研機構野菜花き研究部門）

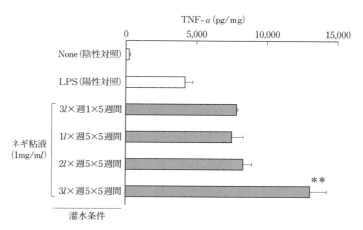

第8図　灌水制御によるネギ粘液の免疫活性化作用の増強効果
収穫適期の約1か月前のネギ（品種：吉蔵）を深型プランター（W754×D324×H324mm，土容量40l，貯水容量6.5l）に移植後，5週間灌水制御し栽培した。おのおののネギから採取した粘液をマクロファージ様細胞（RAW264）培養系に添加し，18時間培養後の培養上清のサイトカイン（TNF-α）濃度をELISAにより測定した
＊＊：p＜0.01

参 考 文 献

Ueda, H., A. Takeuchi and T. Wako. 2013. Activation of immune responses in mice by an oral administration of bunching onion (*Allium*) mucus. Bioscience, Biotechnology, and Biochemistry. **77** (9), 1809—1813.

ネギの生理と栽培

栽植密度と窒素施肥量との関係

(1) ネギの生育は栽植密度に大きく影響される

ネギについては，栽植密度が生育に及ぼす影響が大きいとの報告は多い（石居ら，1967；板木・比企，1957；小林ら，1990；鯨・神田，1976；奥田・藤目，2004；武田・本庄，2010；山崎ら，2004）。筆者らが開発した無加温ハウス育苗による8月どりの新作型は，育苗時に栽植密度を低下させることで大苗を育苗し，定植後は株間を広くして本圃での生育を促進させることで，寒冷地の秋田県においても成立する（第1図，新作型）。筆者はこの8月どり作型を開発するにあたり，一般的に，ネギは密植状態で育苗されているのに加え，本圃ではきわめて狭い株間で栽培されているのではないかとの考えに至っている。

本稿では，寒冷地である秋田県において，高温期の8月に太い規格のネギを収穫することを目的として，栽植密度と窒素施肥量とを組み合わせて実施した試験内容を説明するとともに，ネギの栽植密度について考察する。

(2) 8月どり作型開発にあたって

①高温期は肥大不良となる

寒冷地である秋田県の8月どり作型は，2月中旬に連結紙筒に1穴当たり2粒播種し，ビニールハウスで育苗後，4月中旬に定植し，8月中〜下旬から収穫する（第1図，慣行作型）。

しかし，この作型では，播種後から3月上旬には加温が必要であり，加温設備の整ったハウスをもたない生産者は取り組むことができないという問題点がある。

また，一般的に8月に収穫する作型では，7〜8月が高温となり，ネギの生育適温とされる15〜20℃を上回ることから，葉鞘部の肥大が不良となる。秋田県でも，主要なネギの産地であるJAあきた白神（能代市）の平成20〜25年の販売実績で，8月と12月の規格別割合を比較すると，2L規格は，12月が26％に対し，8月では10％と低く，逆に，M規格は，12月が14％に対して，8月では20％と高い。

②土寄せが遅れて8月に収穫できない

加えて，出荷に必要な軟白長を確保するために行なう土寄せ作業は，葉鞘部の肥大の程度に応じて行なうことから（武田，2014），ネギの生育が遅延する場合，土寄せ作業の時期が遅れ，目標とする8月に収穫できない事例が生産現場で散見される。

さらに，8月の規格別の単価をJAあきた白神の平成20〜25年の販売実績で比較すると，2L規格の単価は49.6円とL規格の36.4円より高く，M規格の21.7円とS規格の13.2円より約2.3〜3.8倍も高い。そのため，秋田県内の生産現場からは，8月どり作型において，M規格以下の割合が少なく，2L規格の割合を高める栽培技術が求められている。

③栽植密度を低くすると7月にとれる

筆者らは，無加温ビニールハウスを活用して，10月上〜中旬に128穴セルトレイに播種し，翌年の4月中旬に定植すると7月から収穫できる栽培技術を開発した（本庄ら，2015）。

この栽培技術では，セルトレイの1穴当たり

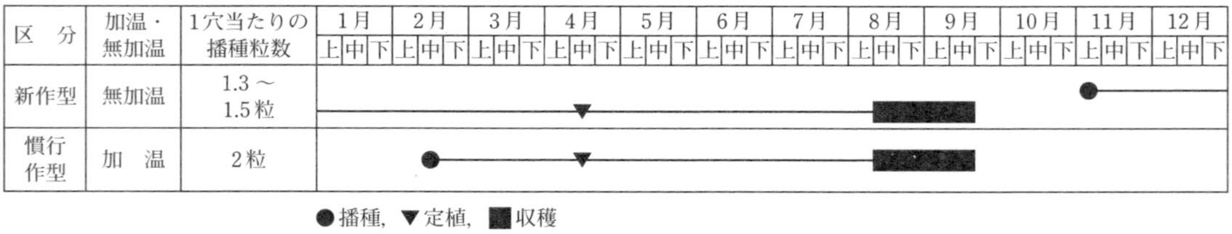

区　分	加温・無加温	1穴当たりの播種粒数	1月			2月			3月			4月			5月			6月			7月			8月			9月			10月			11月			12月		
			上	中	下	上	中	下	上	中	下	上	中	下	上	中	下	上	中	下	上	中	下	上	中	下	上	中	下	上	中	下	上	中	下	上	中	下
新作型	無加温	1.3〜1.5粒																																					
慣行作型	加　温	2粒																																					

●播種，▼定植，■収穫

第1図　無加温育苗による新作型と加温育苗による慣行作型

の株数を2本から1本に減らすことで大苗を育成し，さらに，定植後の栽植密度を低くすることで，圃場での生育が促進された。その結果，1株当たりの調製後の地上部重が重くなり，単価の高い2L規格の割合が増加した。

ネギの出荷に要する作業工程では，1個体(本数)ごとに根切り・葉切り・皮むきを行なうため，規格にかかわらず，1日当たりに出荷できるネギの本数が，面積拡大の制限要因となる。そのため，1穴当たりの株数を2本から1本に減らしても，秋田県における目標である300kg/a以上の収量を維持できれば，太い規格の割合が高いほうが労働生産性(1時間当たりの所得)は向上すること(鵜沼ら，2011)から，収量とともに1株当たりの調製重も重要となる。

④8月どりでも栽植密度を低くすれば太くなるのではないか

そこで，セルトレイ育苗で7月からの収穫を可能とした手法を，連結紙筒の育苗に応用し，1穴当たりの株数を慣行の2本から減らして栽植密度を低くすることで($20 \sim 30$株/m^2)，8月どり作型において太い規格のネギを収穫することを検討した。

また，窒素施肥量については，栽植密度を変化させた場合，1株当たりに換算した施肥量が異なり，適正な施肥量は慣行の栽植密度(40株/m^2)を想定した施肥基準には当てはまらなくなると考えられる。

以上のような背景で，窒素施肥量と連結紙筒の1穴当たり株数の違いが生育，窒素吸収量および収量に及ぼす影響をあきらかにするため試験を実施した。

(3) 窒素施肥量と栽植密度の違いが生育，収量に及ぼす影響

①試験内容

品種は'夏扇パワー'を用い，播種は2013年11月1日に行なった。連結紙筒の1穴当たり株数は，1本，1本と2本の交互，2本とし，それぞれ1本区，1.5本区，2本区とした(第2図)。なお，1.5本区は連結している紙筒の2穴に対しての株数が3本であり，1穴当たりに換算すると1.5本となることから，試験区名を1.5本区とした。また，1.5本区については，1穴当たり株数が1本と2本の苗をそれぞれ調査し，試験区名をそれぞれ1.5本-1区，1.5本-2区とした。

定植は翌年の2014年4月15日に行なった。非アロフェン質黒ボク土の圃場に，うね間100cm，溝の深さ15cm，溝底の幅25cmの植え溝に，簡易移植器を用いて5cm間隔で連結している紙筒を伸ばしながら定植した(第3図)。本圃での栽植密度は，1本区で20株/m^2，1.5本区で30株/m^2，2本区で40株/m^2である。

窒素施肥量については，秋田県の施肥基準に基づき基肥と追肥の窒素成分量(硫酸アンモニウム)の合計を2.9kg/aとした標準区，標準区

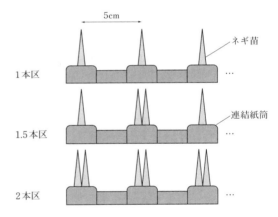

第2図　1穴当たり株数の試験区の概略(定植後)

第3図　簡易移植器による定植作業風景

より20％増肥した多肥区3.5kg/a，標準区より20％減肥した少肥区2.3kg/aとした。

以上の窒素施肥量（3水準）と1穴当たり株数（3水準）を組み合わせた9区について3反復で試験を行なった。

②無加温ハウスによる育苗

第1表は定植期の苗の生育データである。なお，無加温ハウスにおいて，11月1日播種でも順調に出芽し，冬期も問題なく育苗が可能であった。定植期の出葉数，地上部重および葉鞘径は1本区で，それぞれ3.1枚，2.6gおよび4.5mmともっとも大きかった。次いで1.5本－1区，1.5本－2区の順に大きく，2本区では，それぞれ2.8枚，1.5gおよび3.3mmともっとも小さかった。以上のように，育苗時の栽植密度が低い処理区ほど重く，充実した大苗となった。

第1表 定植期の生育[1]

試験区 1穴当たり株数	出葉数	地上部重 (g/株)	葉鞘径 (mm)	草丈 (cm)
1本	3.1a[2]	2.6a	4.5a	26c
1.5本－1	3.0a	2.4a	3.9b	33a
1.5本－2	2.9a	1.9b	3.6bc	30b
2本	2.8b	1.5b	3.3c	27c

注 1) 調査日4月16日
　　2) 異なる英文字間には5％水準で有意差あり（Tukey法）

③**窒素施肥量と1穴当たり株数の違いが生育に及ぼす影響**

第4図は定植後の生育の推移である。定植後の出葉数，地上部重，葉鞘径および草丈には，窒素施肥量と1穴当たり株数の要因の間に2元配置分散分析による，交互作用が認められなかったことから，窒素施肥量と1穴当たり株数のそれぞれの要因に分けて解析した。

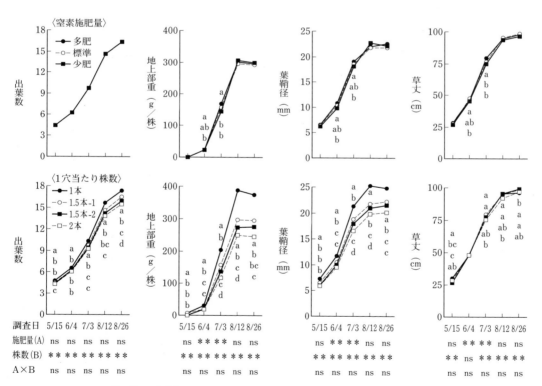

第4図 窒素施肥量と1穴当たり株数が定植後の生育に及ぼす影響

施肥量（A）は窒素施肥量の効果，株数（B）は1穴当たり株数の効果，A×Bは窒素施肥量と1穴当たり株数の間における交互作用を示す．調査日ごとに＊＊は1％水準で有意差あり，nsは有意差なしを示す（2元配置分散分析）
調査日ごとの異なる英文字間には5％水準で有意差あり（Tukey法）

出葉数——密植で出葉スピードが抑制される

出葉数には窒素施肥量の影響が生育期間をとおして認められなかった。しかし，1穴当たり株数の影響は生育期間をとおして認められ，8月26日の出葉数は1本区で17.3枚ともっとも多く，次いで1.5本－1区で16.5枚，1.5本－2区で15.9枚，2本区では15.5枚ともっとも少なかった。

1穴当たり株数の違いが，出葉スピードにまで影響を及ぼすことがあきらかとなり，1穴当たり株数の増加に伴って密植状態となり，出葉スピードが抑制されたと考えられた。

地上部重

地上部重には，生育途中の6月4日と7月3日に窒素施肥量の影響が認められ，6月4日では多肥区が25gと少肥区の21gより大きく，7月3日では多肥区が166gと少肥区の147gより大きかった。しかし，8月12日以降は窒素施肥量の影響が認められず，地上部重はいずれの施肥量区とも同等であった。一方，1穴当たり株数の影響は生育期間をとおして認められ，収穫期の8月12日の地上部重で比較すると1本区で389gともっとも大きく，次いで1.5本－1区で298g，1.5本－2区で274gと順に大きく，2本区では250gともっとも小さかった。

葉鞘径

葉鞘径には，6月4日と7月3日に窒素施肥量の影響が認められ，6月4日では多肥区が10.8mmと少肥区の10.1mmより太く，7月3日では多肥区が19.1mmと少肥区の18.4mmより太かった。しかし，8月12日以降は窒素施肥量の影響が認められず，葉鞘径はいずれの施肥量区とも同等であった。一方，1穴当たり株数の影響は生育期間をとおして認められ，8月12日の葉鞘径で比較すると1本区で25.3mmともっとも太く，次いで1.5本－1区で21.7mm，1.5本－2区で21.0mmと順に太く，2本区では20.0mmともっとも細かった。

草丈

草丈には，6月4日と7月3日に窒素施肥量の影響が認められ，6月4日では多肥区が48cmと少肥区の46cmより長く，7月3日では多肥区が79cmと少肥区の76cmより長かった。しかし，8月12日以降は窒素施肥量の影響が認められず，草丈はいずれの施肥量区とも同等であった。一方，1穴当たり株数の影響は生育期間をとおして一定の傾向は認められず，各処理間における草丈の差は，地上部重や葉鞘径でみられた差と比較して小さかった。

収穫期の生育量に施肥量は関係なく，1穴当たり株数が影響

以上のように，多肥区の地上部重，葉鞘径および草丈は標準区や少肥区と比較して，生育中期の6月4日～7月3日は，やや大きく推移する傾向であったが，収穫期の8月12日には同等となった。一方，収穫期でも，1穴当たり株数の影響が認められることから，窒素施肥量よりも栽植密度が実質的に生育を制限しており，そのため，収穫期には，施肥量に関係なく1穴当たり株数に応じた生育量になったと考えられた。

本試験では，少肥区以上に窒素施肥量を増やしても，収穫期の生育量は大きくならなかった。したがって，少肥区でもネギの生育に十分な施肥条件であったと判断され，このような条件では，地上部重や葉鞘径などの生育には，窒素施肥量より栽植密度が大きく影響を及ぼすことが示された。

④窒素含有率と窒素吸収量に及ぼす影響

第5図は定植後の窒素含有率と窒素吸収量の推移である。定植後の窒素含有率と窒素吸収量には，窒素施肥量と1穴当たり株数の要因の間に，2元配置分散分析による交互作用が認められなかったことから，窒素施肥量と1穴当たり株数の要因ごとに解析した。

窒素含有率には，6月4日，7月3日および8月26日に窒素施肥量の影響が認められ，窒素含有率は，多肥区が少肥区より0.1～0.3％高かった。1穴当たり株数の影響は，生育前半の5月15日～6月4日に認められ，2本区の窒素含有率が低かったものの，それ以降はいずれの処理区とも同等に推移した。

窒素吸収量には，窒素施肥量の影響が認められ，多肥区の窒素吸収量が標準区や少肥区よりやや高い傾向で推移した。一方，1穴当たり株数の影響は生育期間をとおして認められ，窒素吸収量は1本区でもっとも多く，1.5本区，2本区の順に少なく推移した。

窒素が吸収されても収量増にはつながらない

以上のように，窒素含有率と窒素吸収量は多肥区が標準区や少肥区よりやや高く推移する傾向が認められたが，収穫期の地上部重の増加にはつながらなかった。この結果は，田中・小山田（2000）がネギの秋冬どり作型で，山本・松丸（2007）がネギの夏どり作型で報告しているように，窒素含有率が上昇し窒素吸収量がやや高まるが，収穫期の地上部重は増加しないとの内容と一致した。山本・松丸（2007）が窒素をぜいたく吸収した現象であると表現しているように，結果的に収穫期の地上部重の増加に影響しない窒素が過剰に吸収されたと考えられた。

これまでの研究では，窒素無施肥でも収穫期の窒素の吸収量が成分量で1.2〜1.4kg/aと高い養分レベルの土壌ではネギの生育に及ぼす窒素の増肥の効果が低く（田中・小山田，2000），窒素施肥量の増加に伴ってネギの収量は必ずしも増加しないこと（石居ら，1967；小林ら，1990；小田部ら，2013）が報告されている。生産現場では，収量の増加を期待して多肥になる傾向があると指摘されているが（山崎，2014），本試験でも，必要以上の施肥は無効であることが改めて示された。

必要以上の施肥はべと病の発生を助長　第6図は，6月10日にべと病の発生状況を調査した結果である。1穴当たりの株数が多い処理区ほど（密植ほど）べと病の発生が多くなるのに加え，施肥量が多い処理区ほどべと病の発生が多く，とくに1本区では多肥区での発生が顕著に増加した。

したがって，生育に影響しない必要以上の施肥は，肥料のむだになるだけでなく，べと病などの病気の発生を助長することにつながることから，窒素施肥量はネギの生育を遅延させない程度に抑えることが，栽培技術として重要であると考えられた。

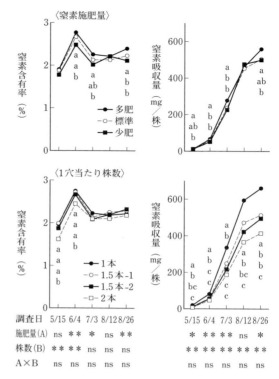

第5図　窒素施肥量と1穴当たり株数が窒素含有率と窒素吸収量に及ぼす影響

施肥量（A）は窒素施肥量の効果，株数（B）は1穴当たり株数の効果，A×Bは窒素施肥量と1穴当たり株数の間における交互作用を示す。調査日ごとに＊＊は1％，＊は5％水準で有意差あり，nsは有意差なしを示す（2元配置分散分析）
調査日ごとの異なる英文字間には5％水準で有意差あり（Tukey法）

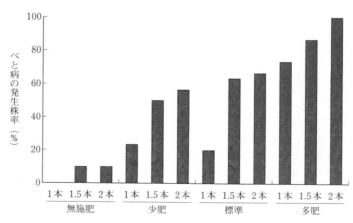

第6図　窒素施肥量と1穴当たり株数がべと病の発生株数に及ぼす影響（調査日：6月10日）

1本区では2本区より窒素施肥量を減らせる

収穫期における窒素吸収量，施肥窒素吸収量および施肥窒素利用率を第2表に示した。窒素吸収量と施肥窒素吸収量は，8月12日，26日とも，いずれの施肥量区においても，1株当たりでは，1本区でもっとも多く，次いで1.5本区で多く，2本区ではもっとも少なかった。しかし，面積（1a）当たりでは，2本区でもっとも多く，次いで1.5本区で多く，1本区ではもっとも少なかった。

また，無窒素区より少肥区のほうが，窒素吸収量が多く，窒素の施肥による生育の促進が認められた。しかし，前述のように施肥した処理区間においては生育に差がみられなかったことから，本試験の場合，ネギの生育に影響を及ぼす窒素吸収量の境界は無窒素区と少肥区の間にあることが示唆された。

施肥窒素利用率は，いずれの施肥量区でも収穫期の窒素吸収量に大きな差が認められなかったことから，施用された窒素量が少ない区ほど高くなり，少肥区でもっとも高かった。また，1本区は2本区と比較して，1株当たりの施肥窒素吸収量は高いものの，面積当たりの株数が少ないことから施肥窒素利用率が低く，施肥された窒素のうちネギに吸収されない窒素が多かったと考えられた。したがって，施肥窒素利用率の観点からは，1本区では2本区よりも窒素の施肥量を減らすことが可能であると考えられた。

⑤収量に及ぼす影響

窒素を増やしても調製後の地上部重と収量は変わらない 収量を第3表に示した。8月12日から26日にかけては，調製後の地上部重と収量の増加は認められなかった。また，8月12日と26日の調製後の地上部重と収量には窒素施肥量の影響が認められず，いずれの施肥量区と

第2表 窒素施肥量と1穴当たり株数が収穫期の窒素吸収量に及ぼす影響

窒素施肥量(A)	1穴当たり株数(B)	8月12日 窒素吸収量(g/株)	(kg/a)	施肥窒素吸収量[1](g/株)	(kg/a)	施肥窒素量[2](g/株)	(kg/a)	施肥窒素利用率[3](%)	8月26日 窒素吸収量(g/株)	(kg/a)	施肥窒素吸収量(g/株)	(kg/a)	施肥窒素量(g/株)	(kg/a)	施肥窒素利用率(%)
多 肥	1本	0.60a[4]	1.20b	0.37	0.73b	1.56	3.12	23.5b	0.72a	1.43b	0.42a	0.84b	1.74	3.48	24.1b
	1.5本	0.44b	1.32ab	0.27b	0.80ab	1.04	3.12	25.5ab	0.53b	1.60ab	0.36ab	1.08ab	1.16	3.48	31.1a
	2本	0.35b	1.41a	0.22b	0.59a	0.78	3.12	28.4a	0.43b	1.74a	0.29b	1.16a	0.87	3.48	33.3a
標 準	1本	0.58a	1.15b	0.34b	0.69b	1.30	2.60	26.5b	0.63a	1.25c	0.33a	0.66b	1.45	2.90	22.6b
	1.5本	0.43b	1.28ab	0.25b	0.75ab	0.87	2.60	29.0ab	0.49b	1.48b	0.32a	0.97a	0.97	2.90	33.5a
	2本	0.36b	1.43a	0.22b	0.90a	0.65	2.60	34.6a	0.41c	1.63a	0.26b	1.05a	0.73	2.90	36.2a
少 肥	1本	0.60a	1.20b	0.37b	0.74b	1.04	2.08	35.5b	0.63a	1.27b	0.34a	0.67b	1.16	2.32	28.9b
	1.5本	0.45b	1.35b	0.28b	0.83ab	0.69	2.08	39.9ab	0.48ab	1.44ab	0.31a	0.93a	0.77	2.32	40.0a
	2本	0.39b	1.55a	0.26b	1.02a	0.52	2.08	49.1a	0.40b	1.60a	0.25b	1.02a	0.58	2.32	43.8a
無窒素	1本	0.23	0.47	—	—	—	—	—	0.30	0.60	—	—	—	—	—
	1.5本	0.17	0.52	—	—	—	—	—	0.17	0.51	—	—	—	—	—
	2本	0.13	0.53	—	—	—	—	—	0.15	0.58	—	—	—	—	—
施肥量 (A)[5]		ns	ns	ns	ns	—	—	＊＊	ns	ns	ns	ns	—	—	＊
株数 (B)		＊＊	＊＊	＊＊	＊	—	—	＊	＊＊	＊＊	＊＊	＊＊	—	—	＊＊
A×B		ns	ns	ns	ns	—	—	ns	ns	ns	ns	ns	—	—	ns

注 1) 多肥区・標準区・少肥区のそれぞれの窒素吸収量から無窒素区の窒素吸収量を差し引いた量
　　2) 化学肥料で施肥された窒素量
　　3) 施肥窒素量に対する施肥窒素吸収量の割合
　　4) 施肥量ごとの異なる英文字間には5％水準で有意差あり（Tukey法）
　　5) 施肥量（A）は窒素施肥量の効果，株数（B）は1穴当たり株数の効果，A×Bは窒素施肥量と1穴当たり株数の間における交互作用を示す。＊＊は1％，＊は5％水準で有意差あり。nsは有意差なしを示す。—は検定なしを示す。無窒素区は除いた（2元配置分散分析）

ネギの生理と栽培

も同等であった。

1穴当たり株数を減らすと肥大促進　一方，1穴当たり株数の影響は認められ，8月12日の調製後の地上部重は1本区で219〜220gともっとも大きく，次いで1.5本区で167〜170g，2本区では151〜160gともっとも小さかった。

8月12日の2L規格の割合は1本区で88〜96％と高く，次いで1.5本区で25〜40％，2本区で4〜21％と低かった。

8月12日の収量は，栽植密度の高い2本区で603〜641kg/aともっとも高く，次いで1.5本区で500〜510kg/a，1本区では418〜440kg/aともっとも低かった。

8月どり作型では，高温によりネギの生育が不良となることから，単価の高い2L規格の割合が減少し，単価の安いM規格の割合が増加する。また，葉鞘部の肥大の程度に応じて行なう土寄せ作業が遅れ，目標とする8月に収穫できない場合がある。本試験では，無加温育苗ハウスを活用した連結紙筒育苗で，1穴当たり株数を慣行の2本から減らすことによって，収穫期が高温となる8月どり作型でも，太い規格のネ

ギを収穫することが可能であることがあきらかとなり，とくに1本区では肥大が顕著に促進された。

栽植本数が減った分の栽培面積拡大は可能

しかし，1本区の収量は，秋田県の夏どり作型の目標である300kg/aより高いものの，2本区と比較して69〜73％と低い。ただし，ネギを出荷する場合，1日当たりに処理できる個体数は規格にかかわらず同程度であり（藤岡ら，2014），単価の高い2L規格の割合が高いほど1日当たりの出荷額は増加する利点がある。

また，1本区で栽植本数が減少した分の本数を確保するために新たに面積の拡大を行なう場合には，労働時間の66％を占める収穫，調製および出荷作業（農水省大臣官房統計部，2009）にもっとも時間を必要とすることは変わらないことから，労力的に栽培面積を拡大することは可能であると考えられる。したがって，1穴当たり株数を減らして面積を増加させることも一つの選択枝であり，機械化体系を確立し大規模化を推進している秋田県のネギの生産にとっては，重要な視点であると考えられた。

第3表　窒素施肥量と1穴当たり株数が収量に及ぼす影響

試験区		8月12日						8月26日					
窒素施肥量 （A）	1穴当たり 株数 （B）	調製後の 地上部重[1] （g/株）	収量 （kg/a）	規格別比率[2]（%）				調製後の 地上部重 （g/株）	収量 （kg/a）	規格別比率（%）			
				2L	L	M	S			2L	L	M	S
多　肥	1本	220a[3]	440c	96	4	0	0	206a	413b	88	13	0	0
	1.5本	170b	510b	40	54	6	0	163b	489b	18	79	3	0
	2本	151b	603a	4	96	0	0	149b	596a	8	92	0	0
標　準	1本	209a	418c	88	13	0	0	203a	405b	88	13	0	0
	1.5本	167b	501b	25	75	0	0	154b	461b	8	92	0	0
	2本	160b	641a	21	71	8	0	141b	563a	0	88	13	0
少　肥	1本	219a	438b	92	8	0	0	203a	405b	92	8	0	0
	1.5本	167b	500b	29	71	0	0	154b	462b	15	69	15	0
	2本	156b	623a	17	79	4	0	148b	591a	4	83	13	0
施肥量（A）[4]		ns	ns	—	—	—	—	ns	ns	—	—	—	—
株数（B）		＊＊	＊＊	—	—	—	—	＊＊	＊＊	—	—	—	—
A×B		ns	ns	—	—	—	—	ns	ns	—	—	—	—

注　1）葉数2.5〜3.5枚，長さ60cmに調製
　　2）2Lは調製後の地上部重が180g以上，Lは120g以上180g未満，Mは80g以上120g未満，Sは80g未満
　　3）施肥量ごとの異なる英文字間には5％水準で有意差あり（Tukey法）
　　4）施肥量（A）は窒素施肥量の効果，株数（B）は1穴当たり株数の効果，A×Bは窒素施肥量と1穴当たり株数の間
　　における交互作用を示す。＊＊は1％水準で有意差あり。nsは有意差なし。—は検定なしを示す（2元配置分散分析）

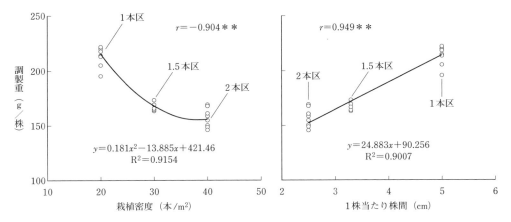

第7図　収穫期（8月12日）における調製重と栽植密度および1株当たり換算株間との関係
1本区，1.5本区および2本区において，各施肥量区の反復ごとのデータ（n＝9）をプロットした
rは相関係数，＊＊は1％水準で有意であることを示す
yは近似式を示す
R^2は近似式の決定係数を示す

⑥調製重と栽植密度（株間）との関係

調製重には，1穴当たり株数のみの要因が影響したことから，1本区，1.5本区および2本区の反復ごとの全データをプロットし，栽植密度（株/m²）と，株間（cm）との関係を解析した（第7図）。

株間が広くなるほど調製重は重くなる　その結果，調製重は栽植密度と負の相関が認められ，その関係は二次式でよく適合した。また，株間とは正の相関が認められ，その関係は一次式でよく適合し，調製重は株間が広くなるのに応じて直線的に増加した。

したがって，窒素施肥量が不足していない条件であれば，株間がネギの生育の制限要因となることから，栽植密度つまり株間を調整することで目標とする調製重を得ることが可能になると考えられた。

2L割合は1本区で88～96％，2本区で4～21％　ネギの場合，土寄せ作業を行なう栽培管理上の都合によりうね間は100cmと広く，株間は1本区でも5cm，2本区では2.5cmとうね間と比較するときわめて狭い。うね間が広くなると栽植本数が減ることになるが，ネギでは土寄せを行なうことで水稲など他の立性の作物より密植に伴う倒伏を回避できる。したがって，うね間が広くなることによる栽植本数の減少分を，株間を狭めることで補うことが可能である。そのため，ネギの場合，栽植本数を確保するために，本来，順調な生育に必要とされる株間よりきわめて狭い環境で栽培されるようになったのではないだろうか。

いずれにしても，本試験区では2本区の株間2.5cmと1本区の株間5cmのわずか2.5cmの株間の違いであるが，第3表で8月12日の2L規格の割合でみると，1本区で88～96％であるのに対し，2本区では4～21％となり，株間の違いが，大きさの規格に強く影響することが示された。

（4）連結紙筒の1穴当たり株数を減らすことで肥大する

本試験の窒素施肥量と栽植密度を組み合わせた結果から，ネギは栽植密度（株間）の影響が大きいことが改めてあきらかになった。また，連結紙筒の1穴当たり株数を慣行の2本から減らすことで，高温期でも葉鞘部の肥大が促進され，単価の高い，太い規格のネギを8月に収穫できる新作型の開発につながった（第1図，新作型）。この新作型が開発されたことにより，寒冷地の秋田県において，加温設備の整ったハ

ウスをもたない場合でも8月どりに取り組むこと，さらに，遅延なく8月からネギの収穫を開始できることが可能となった。今後，この作型がさらに普及することで，秋田県のネギ全体の生産振興がはかられることを期待する。

執筆　本庄　求（秋田県農業試験場）

参 考 文 献

藤岡修・大森定夫・紺屋朋子・本庄求・松本弘・木暮朋晃．2014．高効率ネギ調製機の開発（第1報）空気噴射量を節減できる皮むき用ノズルと皮むきと同時に行なう太さ判別技術．農業食料工学会誌．**76**，78—85．

本庄求・武田悟・片平光彦・屋代幹雄・進藤勇人・齋藤雅憲・吉田康徳・高橋春實・金田吉弘．2015．寒冷地での夏どりネギ栽培に向けた無加温ビニルハウスにおけるセルトレイ育苗条件が生育と収量に及ぼす影響．園学研．**14**，25—35．

石居企救男・細谷毅・柴英雄・秋本俊夫．1967．ネギ栽培における土壌肥料に関する研究．第2報　三要素の影響．埼玉農試研報．**27**，80—89．

板木利隆・比企正治．1957．根深葱の栽培密度に関する試験．神奈川農園研報．**5**，55—60．

小林渡・酒井雄行・中島一成．1990．屏風山砂丘地における根深ネギの栽培技術．青森農試研報．**31**，59—72．

鯨幸夫・神田巳季男．1976．作物の個体間競争に関する研究．第1報　草型の違いと器官間相互作用．日作紀．**45**，401—408．

農林水産省大臣官房統計部．2009．白ねぎ．96．平成19年産品目別経営統計．農林水産省．東京．

奥田延幸・藤目幸擴．2004．NFTにおけるネギの生育に及ぼす栽植密度の影響．園学研．**3**，205—208．

小田部裕・貝塚隆史・植田稔宏・折本善之・飯村強．2013．ネギの初夏どりハウス栽培における土壌の水分管理と効率的窒素施肥法．茨城農総セ園研報．**20**，19—26．

武田悟・本庄求．2010．ネギ育苗時のチェーンポット種類と播種粒数が収穫期・品質・収量に及ぼす影響．園学研．**9**（別2），176．

武田悟．2014．土寄せ等栽培管理．新訂　ネギの生理生態と生産事例．71—76．誠文堂新光社．東京．

田中有子・小山田勉．2000．セル成型苗を利用した秋冬穫りネギの吸肥特性．茨城農総セ園研報．**8**，13—18．

鵜沼秀樹・本庄求・進藤勇人・屋代幹雄・片平光彦．2011．寒冷地におけるセル大苗7月どりネギ栽培の経営評価．東北農研．**64**，165—166．

山本二美・松丸恒夫．2007．ネギのチェーンポット内全量窒素施肥が生育および収量に及ぼす影響．土肥誌．**78**，371—378．

山崎博子・矢野孝喜・長菅香織・山崎篤．2004．ネギの分げつを促進する外部要因の検索1．株間，施肥条件および育苗条件の影響．園学雑．**73**（別2），180．

山崎博子．2014．養分吸収特性と施肥．新訂　ネギの生理生態と生産事例．79—86．誠文堂新光社．東京．

根深ネギの栽培＝5月どりトンネル栽培

1. 5月どりトンネル栽培の背景

(1) 5月は根深ネギの端境期

根深ネギは周年的需要があるが、東京都中央卸売市場における春ネギ（4～6月収穫）の出荷量は他の作型よりも少なく、とくに、5月はもっとも出荷量は減少し、端境期になっている。茨城県では周年的生産を行なうため、かつては5～6月に分げつ性ネギ'坊主不知'を栽培してきていたが、栽培期間が短く、品質がよりよい一本太系ネギが導入されるようになってきた。

(2) ネギ生産の端境期となる理由

根深ネギは花茎が伸長し、花蕾がみえる抽苔が発生すると、軟白部が著しく硬く、空洞となるなど品質低下を招くため、出荷困難になるか、新葉の展開後に形成される軟白部が再度形成されるまで収穫が遅延する。関東地方で抽苔の発生は、年次や品種によって異なるが、4月からみられ5月がピークとなる（第1図）。

(3) 晩抽性品種とトンネル栽培

'坊主不知'ネギには抽苔がほとんどみられないが、親株の選抜から収穫までに1年間程度を要する（第2図）。また、圃場の占有期間も長期となることから、新作型の開発が必要とされた。さらに、晩抽性の一本太系ネギが育成さ

第1図　ネギの抽苔（トンネル撤去時）
左：抽苔株、右：抽苔していない株。品種が異なる

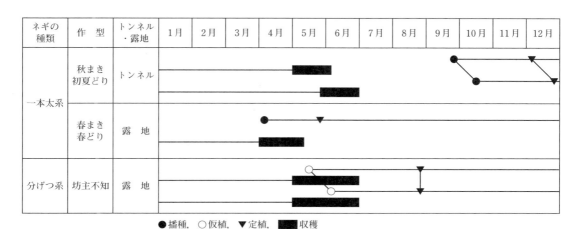

第2図　一本太系ネギの5月どりトンネル栽培と分げつ系ネギ栽培の作型

ネギの生理と栽培

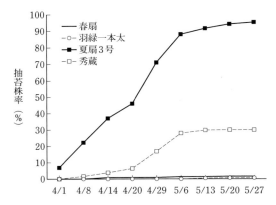

第3図　ネギ品種が抽苔株率に及ぼす影響
播種：9月25日，定植：11月24日，トンネル被覆栽培（4月7日トンネル撤去）

れるようになり，生産現場ではトンネル栽培の導入に至った。

以下に，5月どりトンネル栽培について，ネギの生理特性からみた栽培技術の成立経過および栽培のポイントについて解説する。

2. 5月どりトンネル栽培の成立経過

（1）品種特性と苗の大きさ

①晩抽性品種

5月どりトンネル栽培において，抽苔抑制がもっとも大きな課題のひとつである。ネギの花芽分化特性は緑植物低温感応型で，一定の大きさに達した植物体が低温に一定期間遭遇することによって花芽分化が誘導される。低温として感応する温度域は品種によって異なり，晩抽性品種でも7℃程度でもっとも花芽分化が誘導され，中生品種では10℃以上でも感応するため（Yamasaki *et al.* 2000），国内ネギ産地のほとんどの地域で秋〜春季に花芽分化誘導の条件下になる。気温が上昇してくると，ネギの生育とともに花芽も発育して，やがて花茎が伸長し，花毬がみえるようになり抽苔に至る。

そこで，晩抽性品種を探るべく，'春扇'，'羽緑一本太'，'夏扇3号'，'秀蔵'を供試し，トンネル栽培を行なった。その結果，'春扇'および'羽緑一本太'は供試した品種のなかで抽苔発生株率が著しく低く，5月中の収穫が可能であった。'夏扇3号'および'秀蔵'では，収穫できる大きさには達しない4月から抽苔の発生がみられ，5月どりには適さなかった（第3図）。

生産現場では圃場内の10％程度が抽苔すると，花毬が目立ち，5％を超えると経営的なダメージを受ける基準とされている。

②定植する苗の大きさ

ネギは一定の大きさに達した植物体が低温感応することから，定植する苗の大きさを変えて抽苔との関係を調査した。

播種時期と葉鞘径　品種'夏扇3号'を9月26日から4，5日おきに5回播種し（10月1日，10月6日，10月10日，10月15日），60日程度育苗して定植し，ビニールでトンネル被覆した。2月26日までトンネルは密閉して，その後，トンネルの裾を10cm上げ開放した。

その結果，ネギの葉鞘径は播種が早いほど太く推移し，とくに，10月15日播種区では9月26日から10月10日播種区より著しく細かった（第4図左）。

播種時期と抽苔株率　3月31日から6〜13日おきに抽苔株を計数し，抽苔株率を算出したところ，3月31日は10月6日播種区と10月10日播種区は同等であったが，播種が早いほど抽苔株が高く推移し，4月28日は9月26日播種区，10月1日播種区，10月6日播種区および10月10日播種区で90％を超え，10月15日播種区は68％であった（第4図右）。

また，同じ作型で育苗期に株当たりの培養土量を変え，苗の大きさと抽苔株率との関係をみてみても，苗の大きさに比例して抽苔株率が高まる傾向がみられた（データ省略）。

したがって，定植時の苗が大きいと，低温感応する期間が長くなるため花芽分化が誘導されやすくなることがわかった。茨城県では，晩抽性品種であっても9月20日までに播種すると，トンネル栽培でも抽苔発生が多いようである。

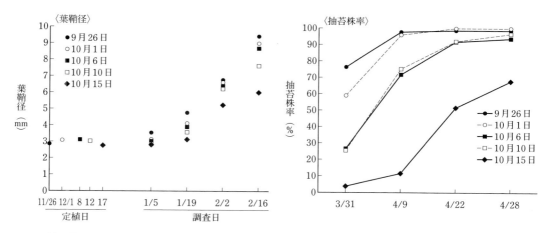

第4図 5月どりネギ栽培におけるの播種時期の違いが葉鞘の生育および抽苔株率に及ぼす影響
品種：夏扇3号
播種：9月26日，10月1日，10月6日，10月10日，10月15日
定植：播種約60日後，トンネル栽培（4月7日トンネル撤去）

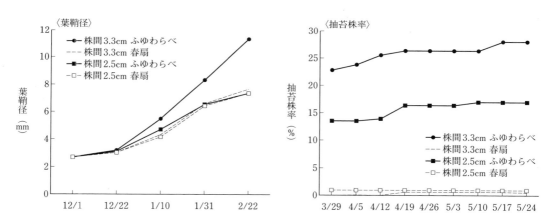

第5図 5月どりネギ栽培における株間の違いが葉鞘径および抽苔株率に及ぼす影響
播種：9月22日
定植：12月2日，トンネル被覆（3月4日まで密閉，3月5日からトンネル内気温25℃を目安に日中換気，4月7日撤去）

③**栽植密度**

トンネル栽培では，定植から気温が高まる2月下旬ころまでトンネルを密閉する。トンネル密閉条件下の栽培管理と抽苔に及ぼす影響をみるため，栽植密度を変えて抽苔株率との関係を調査した。

栽植密度と葉鞘径 花芽分化しやすい'ふゆわらべ'と晩抽性品種の'春扇'を9月22日に播種し，それぞれの品種で株間を2.5cmおよび3.3cmで12月2日に定植してトンネル被覆を行なった。3月4日までトンネルは密閉して，3月5日から4月7日までトンネル内の気温が25℃になるよう，日中はトンネルの裾を上げて換気を行なった。

ネギの葉鞘径は'ふゆわらべ'で株間3.3cm区が2.5cm区よりも大きかったが，'春扇'は同等に推移した（第5図左）。

栽植密度と抽苔株率 3月29日から7日おき

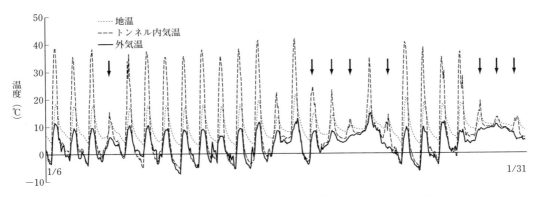

第6図　5月どりネギ栽培におけるトンネル内気温・地温および外気温の推移（2009年）
2009年1月6日〜31日の推移。トンネル被覆2008年12月2日〜2009年4月7日
トンネル内気温：トンネル内中央部の地上15cm
地温：ネギの盤茎付近（地下2cm）
外気温：トンネル付近の地上15cm
矢印：曇天や降雨・降雪

に抽苔株を計数し，抽苔株率を第5図右に示した。'ふゆわらべ'の抽苔株率は，株間2.5cm区より3.3cm区が調査期間中10％程度高く推移したが，'春扇'はいずれの株間でもほとんど抽苔の発生はみられなかった。

本研究で供試した低温感応温度が高い'ふゆわらべ'では，株間が広がり生育が促進し，低温感応する生育ステージに達したため低温遭遇期間が長く，花芽分化が誘導され抽苔株率が高まったと考えられた。'春扇'では花芽分化を誘導する低温量に達しなかったか，脱春化により花芽が消失したものと推察されたが，本研究で生育と抽苔との関係は判然としなかった。

したがって，5月どりトンネル栽培では晩抽性品種が適しており，過度な早まきによる大苗定植やトンネル密閉条件下での過剰な生育促進は花芽分化を助長し，抽苔発生につながる。

(2) 保温の効果

①トンネル

花芽分化にもっとも影響を及ぼす低温の影響をみるため，厳寒期のトンネル密閉条件での環境調査を行ない，2009年1月のトンネル内気温・地温および外気温を第6図に示した。

密閉条件でのトンネル内気温・地温　外気温の最高は6.1〜14.7℃（平均9.5℃程度），最低−7.5〜8.6℃（平均−1.6℃程度），平均気温は3.5℃で，平年並みの気温であった。トンネル内の気温は最高12.5〜41.9℃（平均30.6℃程度），最低−5.8〜8.8℃（平均−1.1℃程度），平均気温は9.0℃と最低気温は外気温よりやや高いが，密閉であるため最高気温が40℃を超えることがあり，トンネル内の最高気温は外気温の最高より著しく高く，平均気温では外気温より5.5℃も高く推移した。日射量が多い晴天時にはトンネル

第1表　茨城県水戸市の平年値（1980〜2010年）

		最高気温 （℃）	最低気温 （℃）	平均気温 （℃）	雲　量	降水量 （mm）
1月	上旬	9.4	−1.9	3.3	4.0	14.0
	中旬	8.7	−2.1	2.9	4.5	17.4
	下旬	8.8	−2.4	2.9	4.1	19.6
2月	上旬	8.9	−2.4	2.9	4.4	14.5
	中旬	9.4	−1.4	3.7	5.4	26.4
	下旬	9.9	−0.6	4.4	5.5	18.5

注　データは気象庁ホームページより引用。雲量は全天を10として雲の占める面積の割合

内最高気温は著しく高く，曇天や降雨・降雪時の日射量が少ないとき（第6図矢印）に，トンネル内の気温上昇は小さかった。

このようにトンネル密閉条件下において日射量が多いと，気温上昇は著しく，日射量が少ない場合は0〜2℃程度の保温性が認められる。

茨城県水戸市の平年値は，気温は1月が2月よりやや低く，雲量および降水量は2月が1月より多いが（第1表），ネギの花芽分化に及ぼす影響は日射量とトンネル内気温の関係から，ネギが低温感応する生育ステージに達する1月下旬（データ省略）からトンネルの換気を始めるまでの2月中旬の間の天候に左右されると推察される。

一方，トンネル内地温（ネギ盤茎付近）は2.9〜21.5℃（平均9.4℃）で，氷点下には達しないが，ネギが低温感応するには十分な温度であった。

夜温と抽苔株率　ネギの花芽分化誘導条件には品種間差があり，温度は花芽の発育にも影響を及ぼしている（Yamasaki *et al.* 2000）。ネギの花芽分化および抽苔に及ぼす低温の影響をあきらかにするため，夜温と処理期間をそれぞれ3水準（夜温：3，7，11℃，期間：20，40，60日）に設定し，処理終了後の花芽分化率および処理終了90日後の抽苔株率を調査した。その結果，‘ゆめわらべ’は3〜7℃に20日間処理でも半数が，60日間処理ではすべてが花芽分化誘導され，‘春扇’は3〜11℃に20日間では花芽が未分化であったが，60日間処理では7℃区および11℃区ですべて分化した（第2表）。処理終了90日後の抽苔株率は‘ゆめわらべ’は20日処理で40，60日処理区より低く，40〜60日処理で7℃区がもっとも高かった。また，‘春扇’でも20日処理で低く，それぞれの期間で7℃区が高かった（第3表）。

花芽分化率と抽苔株率の関係から，‘ゆめわらべ’は‘春扇’よりも花芽分化率は高いが，‘春扇’がすべての区で抽苔株率が花芽分化率を上回ったのに対し，花芽分化率より抽苔株率が低くなることもあり，花芽の発育速度にも温度要求量に起因した品種間差があると推察され

第2表　3〜11℃の夜温下におけるネギの花芽分化率　　（河田ら，2011）

品　種	処理日数（日）	花芽分化率（％）		
		夜温3℃	夜温7℃	夜温11℃
ゆめわらべ	20	58.3	58.3	50.0
	40	75.0	91.7	83.3
	60	100	100	100
春　扇	20	0	0	0
	40	41.7	33.3	33.3
	60	75.0	100	100

注　n＝12。茎頂肥厚期以降を花芽分化とした
　　葉鞘径が8mm以上になった株を昼温15℃（光周期昼8時間，夜16時間）処理終了時に解体し，光学顕微鏡で検鏡調査

第3表　3〜11℃の夜温下におけるネギの抽苔株率　　（河田ら，2011）

品　種	処理日数（日）	抽苔株率（％）		
		夜温3℃	夜温7℃	夜温11℃
ゆめわらべ	20	20.0	6.7	6.7
	40	80.0	100	86.7
	60	93.3	100	100
春　扇	20	13.3	33.3	0
	40	40.0	93.3	93.3
	60	60.0	100	93.3

注　n＝12，15。出蕾をもって抽苔とした
　　葉鞘径が8mm以上になった株を昼温15℃（光周期昼8時間，夜16時間）処理終了90日後に抽苔株を計測

第4表　ネギ品種および昼温の違いが抽苔発生に及ぼす影響

品　種	抽苔株率（％）	
	昼温15℃	昼温25.0℃
春　扇	25	0
羽緑一本太	17	0
夏扇3号	92	75
ホワイトタイガー	100	83

注　n＝12。
　　葉鞘径が8mm以上になった株を夜温7℃（光周期昼10時間，夜14時間）60日間処理し，以降60日間の抽苔株を計測した

る。

昼温の違いと抽苔株率　また，ネギ株を夜間は花芽分化誘導条件下におき，日中の温度を変えて抽苔株率を調査した。その結果，昼温を高めると抽苔株率は低下し，本研究で供試した品

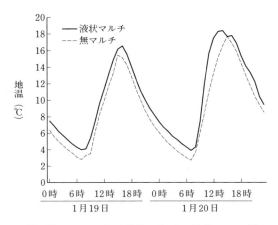

第7図 ハウスネギ栽培における液状マルチ散布が地温に及ぼす影響
1月19～20日測定（ネギ盤茎付近，地下2cm）
液状マルチ：生分解性樹脂（カーボンフミン；固形分約30％）5倍液を1月15日に1,000ml/m^2 土壌表面に均一散布
播種：10月7日
定植：12月14日，うね間110cm，条間5cm，植え穴間隔6cm（1穴2株立ち）2条千鳥植え

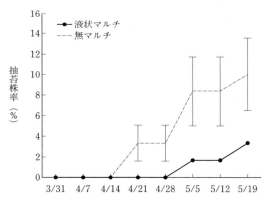

第8図 ハウスネギ栽培における液状マルチの散布が抽苔株率に及ぼす影響
縦棒は標準誤差を示す
品種：春扇
液状マルチ処理および栽培概要は第7図に同じ

種のなかで'春扇''羽緑一本太'は昼温を25℃にすると抽苔の発生はみられなかった（第4表）。

したがって，5月どりネギ栽培におけるトンネルによる保温は，低温遭遇を軽減させるより

も日中の高温による抽苔抑制の効果が高いと考えられる。

②マルチ

トンネル栽培ではマルチを展張し，生育を促進する。マルチは農ポリを利用し，黒またはダークグリーン色でトンネルを撤去すると同時に回収する。マルチの目的は，地温上昇，土壌水分の保持，抑草などである。マルチの効果はよく知られているが，5月どりネギ栽培では，抽苔抑制および生育促進にトンネルと併用している。

マルチの有無と抽苔株率 ネギの抽苔発生には低温が大きく関与しているが（山崎・田中，2002），ネギの周辺にマルチを展張してみると（本研究では液状マルチを供試），地温がマルチ区で無マルチ区より0～4.6℃（平均1.4℃）上昇し（第7図），その結果，抽苔発生はマルチ区では無マルチ区より14日おそく抑制された（第8図）。

また，ハウスネギ栽培において，生育中に適度な灌水を行なうと，ネギの窒素吸収量が増加して生育が促進される（小田部ら，2013）。白岩ら（2005）および山崎・田中（2005）は土壌の乾燥による窒素成分の吸収量減少が抽苔発生の要因のひとつであることを報告していることから，マルチは5月どりネギ栽培には欠かせないものとなっている。

なお，地温上昇および土壌水分保持効果だけであれば，透光性が高いマルチを利用するが，雑草を抑制する観点から黒またはダークグリーン色ポリマルチを利用する。

③換 気

2月中旬～下旬になると，ネギの葉身先端がトンネルに接してくるとともに，気温の上昇に伴いネギの生育が衰えることから，これまでトンネルの裾を開放していた。しかし，トンネルの開口方法によってトンネル内の部位による気温変化と抽苔発生が異なることがわかった。そこで，開口方法と抽苔株率との関係を調査した。

トンネルの開口方法と温度 開口方法は東西うねでトンネルの南側を，1) 部分換気区：ト

ンネル内気温25℃を目安に部分的（5mおきに幅3m，高さ20cmの三角形）開閉，2）全体換気区：トンネル内気温25℃を目安に一定の高さ（10cm）に全体を開閉，3）部分開放区：1）と同様に開放，4）全体開放区：2）と同様に開放（対照：慣行）を設置した。なお，トンネル南側面の開口率は部分換気区および部分開放区で6.9％，全体換気区および全体開放区では11.5％であった。

その結果，処理を開始した晴天日（3月5日）のトンネル内気温は，日中に部分換気区が高く，夜間では部分換気区および全体換気区が部分開放区，全体開放区を上回って推移し，換気を行なわなかった曇天日（3月6日）では，終日晴天日の夜間と同様に部分換気区，全体換気区が部分開放区，全体開放区より高く推移した（第9図）。

トンネルの開口方法と抽苔株率 抽苔株率をみてみると，開口側は部分換気区および全体換気区が部分開放区および全体開放区より有意に低かったが，抽苔の発生はやや早まる傾向がみられた（第10図）。また，トンネルの開口側と閉鎖側の抽苔株率を比較すると，いずれの区でも開口側が閉鎖側より高かった（データ省略）。

したがって，抽苔株率は2月下旬からのトンネル内気温の変化によっても影響を受け，トンネルの開閉を行なって低温に遭遇させないことが抽苔抑制につながると考えられた。

3. 5月どりトンネル栽培のポイント

5月どり栽培では，抽苔抑制と厳寒期の生育促進を目的に晩抽性品種とトンネル被覆を組み合わせることで多収栽培が可能になる。

ここでは，圃場準備，播種から収穫までの栽培管理において，とくに抽苔抑制に関する技術を中心にポイントを解説する（第5表）。

(1) 育　苗

①品種選定，播種，出芽

品種は晩抽性品種が適し，肥大性に優れる

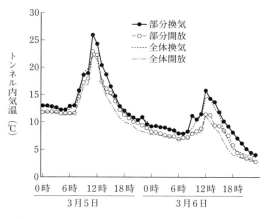

第9図 5月どりネギ栽培におけるトンネル開口方法の違いがトンネル内気温に及ぼす影響

3月5日：晴天，3月6日：曇天
トンネル被覆：11月25日（4月7日撤去）（ビニール：幅230cm，厚さ0.075mm）
黒色ポリマルチ展張，開口開始：2月25日

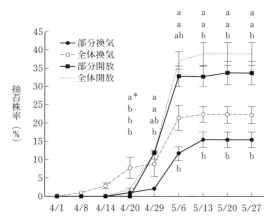

第10図 5月どりネギ栽培におけるトンネル開口方法の違いが抽苔株率に及ぼす影響

＊：同列の異なるアルファベット間にχ^2検定（ボンフェローニ補正）により5％水準で有意差あり（n＝3）
縦棒は標準誤差を示す
品種：秀蔵
播種：9月25日
定植：11月24日
トンネル被覆：11月25日（4月7日撤去）（ビニール：幅230cm，厚さ0.075mm）
黒色ポリマルチ展張，開口開始：2月25日

ネギの生理と栽培

第5表　5月どりトンネルネギ栽培における栽培管理とポイント

栽培ステージ		技術目標と栽培のポイント
育苗	1) 品種選定，播種，出芽	・品種は晩抽性品種の春扇，羽緑一本太を9月下旬〜10月上旬，初夏扇，龍まさりは10月上旬に播種する ・育苗容器は200穴セルトレイやチェーンポットを利用する ・培養土の窒素含有量は600〜800mg/lを用いる ・200穴セルトレイには1穴2粒または3粒まき，チェーンポットは1穴2粒または1粒，2粒の交互まきとする ・地温が27℃以上にならないように管理する
	2) 出芽後の管理	・晴天日の1日当たりの灌水量は，生育前期がセルトレイで150ml/枚，チェーンポットでは250ml/冊 ・播種35日後からの灌水量は徐々に多くし，晴天日，1日当たりセルトレイで300ml/枚，チェーンポットでは400ml/冊 ・定植10日前から灌水量を徐々に少なくし，晴天日，1日当たりセルトレイで200ml/枚，チェーンポットでは300ml/冊 ・出芽後の温度管理は12〜20℃とし，定植10日前からハウスやトンネルを徐々に開放して，低温にならす
	3) 剪葉と定植時の苗の大きさ	・定植時の苗の大きさは，出葉数3〜4枚（葉鞘径5mm），葉長20〜25cm ・数回剪葉を行なうと充実した苗となる（剪葉後の葉長は10cm以上を確保）
本圃	1) 土つくりと施肥	・保水性と排水性を向上させるため，堆肥を施用する ・作土の土壌酸度はpH（KCl）6.0〜7.0を目標に石灰資材などで矯正 ・基肥は緩効性肥料や有機質肥料を主体に，窒素成分で12〜15kg/10aを全面全層施用 ・植え溝施肥では必ず緩効性肥料を施用する（いずれも家畜糞堆肥施用時には，含有肥料成分を考慮する）
	2) うねづくり	・平ベッドは幅120cm（天板100cm），高さ5cmのベッドを土壌水分が十分にあるときつくり，135cm幅のマルチを展張する ・植え溝切り栽培は条間85〜90cm，深さ15cmの植え溝をつくり，1列おきに条間に90cm幅のマルチを展張する ・平ベッド栽培では1穴2本植えでは穴間隔6〜7cm，1穴3本植えで穴間隔10cmにとり，深さ15〜18cmの植え穴をネギロケットであける ・植え溝切り栽培でのセル成型苗利用では，1穴2本植えで穴間隔5〜6cm，1穴3本植えでは穴間隔9〜10cmにとり，深さ3cmの植え穴をあける
	3) 定植	・平ベッド栽培ではセル成型苗を植え穴に落とし，覆土の必要はない ・植え溝切り栽培では簡易移植器を用いてチェーンポットを引くか，セル成型苗を移植し，培養土がみえなくなる程度に覆土する ・定植後，3日以内に80cm間隔で支柱を立て，幅210〜230cmのビニールで被覆する
	4) 雑草・病害虫防除	・雑草防除は耕起前に行ない，トンネル被覆中の除草剤散布は避ける ・黒腐菌核病は前作での発生が軽微な場合，作付け前にカラシナなどのすき込みを行ない，中程度以上の発生では作付け前の土壌消毒および定植後の薬剤灌注を併用する ・べと病は育苗期から病害の発生が目立つ4月中旬ころまで予防を心がけるとともに，圃場周辺の雑草防除，残渣処理も行なう ・タネバエやタマネギバエは未熟有機物や残渣からネギへ寄生するので，堆肥などの施用に注意する
	5) トンネル管理	・トンネルは2月中〜下旬ころからトンネル内気温が25℃を目安に換気を始め，開閉とする ・4月上旬にトンネル撤去およびマルチ回収を行なう
	6) 追肥，土寄せ	・追肥は窒素およびカリで，トンネル撤去直後から4〜5kg/10aを生育に合わせ量を勘案して3回施肥する ・追肥とともに土寄せを行ない，最終土寄せまではネギの首部が隠れない程度とする

40

'春扇'‘羽緑一本太'は5月上旬からの収穫が可能で、5月下旬からは'初夏扇'‘龍まさり'なども収穫できる。

播種時期は'春扇'‘羽緑一本太'が9月下旬から10月上旬に、'初夏扇'‘龍まさり'は10月上旬に播種すると5月中に収穫できるが、10月中旬になると、収穫は6月にずれこむ（年次変動がある）。

育苗容器は200穴セルトレイやチェーンポット（連結紙筒264穴）を用い、200穴セルトレイには1穴2粒または3粒まき、チェーンポットで1穴2粒または1粒、2粒の交互まきとする。

培養土はネギ専用が望ましく、窒素成分が600〜800mg/l程度がよい。200穴セルトレイで1穴2粒播種の必要なトレイ数は90〜100枚、チェーンポットは1穴2粒播種で50〜70冊、1穴1粒・2粒の交互まきでは70〜100冊である（36,000〜40,000株/10a）。培養土量は200穴セルトレイで約3l/枚、チェーンポットでは約4.7l/冊を充填する。

セルトレイでは底面からしみ出る程度に灌水し、播種する。種子が完全に隠れるように均一に覆土、鎮圧して再度灌水を行なう（灌水量は合計1.0l/枚以上）。

チェーンポットでは播種、覆土後、数回に分けて底面からしみ出るまで灌水する（灌水量は合計1.5l/冊以上）か、底面給水の場合は水槽に2〜3cmの水を張り、表面まで吸い上げたら水槽から出し、育苗箱を斜めにして余分な水を抜いてからビニールハウスやトンネルなど育苗場所に並べる。いずれの容器を利用しても出芽まで培養土が乾かない程度に灌水して、不織布などを被覆する。出芽を確認したら、夕方に被覆資材を除去する。発芽適温は15〜25℃であるが、地温は27℃以下に管理する（5℃以上で出芽する）。

②出芽後の管理

晴天日の1日当たりの灌水量は、育苗前期がセルトレイで150ml/枚、チェーンポットでは250ml/冊を目安とする。播種35日後からは徐々に灌水を多くして、晴天日の1日当たりの灌水量をセルトレイで300ml/枚、チェーンポ

ットでは400ml/冊程度とする。定植10日前から乾燥に順化させるため、徐々に灌水量を少なくし、晴天日の1日当たりの灌水量をセルトレイで200ml/枚、チェーンポットでは300ml/冊として、定植の前日に十分に灌水を行なう。徒長を防止するため、いずれも午前中1回の灌水ですむようにし、乾燥や灌水ムラがあるときは、水槽に水を溜め底面給液を行なうとよい。また、育苗容器を育苗ベンチなど地面から浮かせると、通気性が向上し根鉢の形成が良好となるが、培養土の水はけもよいので、灌水量はやや多くなるよう勘案する。

温度管理は、出芽揃いまでは15〜22℃を目安とし、その後12〜20℃にする。しかし、夜温は目標温度を下回るが、加温の必要はない。定植の10日前からハウスやトンネルを徐々に開放し、低温にならす。

③剪葉と定植時の苗の大きさ

定植時の苗は、本葉の出葉数が3〜4枚（葉鞘径5mm）がよい。葉長は数回剪葉して20〜25cm程度がよい。最終の剪葉は定植の7日前には終わらせ、剪葉したときの葉長は10cm以上とし、必ず殺菌剤を散布する。

（2）本　圃

①土つくりと施肥

保水性および排水性を向上させるため、本圃には堆肥を施用することが望ましい。ただし、家畜糞主体の堆肥施用時には、含有肥料成分を考慮した施肥量とする。作土のpH（KCl）は6.0〜7.0を目標に石灰資材などで矯正し、基肥は緩効性肥料や有機質肥料を主体に、窒素成分で12〜15kg/10aを全面全層に定植の10日以上前に施用する。

植え溝施肥では全面全層施肥より20％の減肥ができ、全量基肥施用で必ず緩効性肥料を用いる。

②うねづくり

うねは平ベッドまたは植え溝切りの2種類がある。

平ベッドは幅120cm（天板100cm）、高さ5cmのベッドを定植7日前に土壌水分が十分にある

ネギの生理と栽培

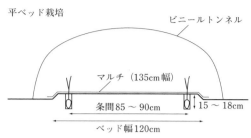
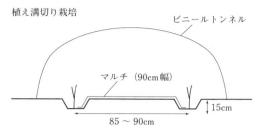

平ベッド栽培 / 植え溝切り栽培

第11図　5月どりネギ栽培におけるトンネル被覆および栽植様式
「野菜栽培基準」（茨城県農業総合センター，2016）より抜粋

第12図　平ベッド栽培での定植（トンネル被覆前）

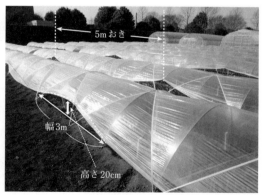

第13図　トンネルの開口方法（部分換気）

状態でつくり，135cm幅のマルチを展張する。条間85〜90cm，間隔6〜7cmか10cm，深さ15〜18cmの植え穴をネギロケットなどであける（第11図左）。

植え溝切りでは，条間85〜90cm，深さ15cmの植え溝を切り，1列おきに条間にマルチを展張し，植え溝の側面に這わせて植え穴付近まで覆う。セル成型苗を利用する場合は，植え穴を5〜6cm（1穴2本植え）または9〜10cm（1穴3本植え）の間隔であける（第11図右）。

③定　植

平ベッドへの定植はセル成型苗を植え穴に落とし，覆土の必要はない（第12図）。溝定植では，チェーンポット苗を簡易移植器（ひっぱりくん）で移植する。セル成型苗を用いるときは，植え穴に移して培養土がみえなくなるくらいの覆土をする。

定植して3日以内にビニール（幅210〜230cm，厚さ0.075mm）でトンネル被覆を行ない，2月下旬ごろまで密閉して管理する。

④雑草・病害虫防除

雑草防除は耕起前に行ない，トンネル被覆中の除草剤散布は避ける。溝植えではトンネル密閉期間中に雑草発生がみられることもあるので，トンネル被覆前に使用方法を確認して処理を行なう。

5月どりトンネル栽培では，黒腐菌核病の発生が多くみられ，防除がむずかしい病害のひと

つとなっている。前作での発生が軽微な場合，カラシナなどのすき込みでもある程度の作付けが可能になるが，中程度以上の発生では作付け前に土壌消毒を行ない，定植後の薬剤灌注を併用する。低温期に発病するので，本作型では定植時から注意する。

また，4月中旬ころからべと病の発生がみられるが，育苗期に感染し，圃場に持ち込むときと，前年の秋ごろに発生したものが感染するときもあるので，圃場周辺の雑草防除，残渣処理，育苗からの予防を心がける。

害虫はタネバエやタマネギバエの発生がみられることがあり，未熟有機物や残渣からネギに寄生する。堆肥は完熟を利用し，残渣は圃場外で適切に処理する。

⑤トンネル管理

2月中～下旬ころになると，ネギの葉身先端がビニールに接しつかえるとともに，気温が上昇する。トンネル内の気温が25℃を目安に換気を行なう（第13図）。トンネルは開放せず，夜間や低温時には閉めるようにする。開口部は徐々に広げ，位置は7～10日ごとにかえるとよい。極端に乾燥しているときは，雨天時に裾を開け雨水を入れる。トンネルの撤去は4月上旬が望ましく，同時にマルチをはがす（第14図）。

⑥追肥，土寄せ

追肥は窒素およびカリで，トンネル撤去直後から4～5kg/10aを段階的に3回施肥するとともに，土寄せを行なう。最終の土寄せまでは，ネギの首（葉鞘基部）が隠れないようにする。

　執筆　貝塚隆史（茨城県農業総合センター園芸研究所）

第14図　トンネルの撤去と同時にマルチを除去

参　考　文　献

茨城県農業総合センター．2016．野菜栽培基準．

貝塚隆史・中原正一．2010．4，5月どりネギ栽培における抽台特性．園学研．9（1），186．

貝塚隆史・植田稔宏．2010．5月どりネギ栽培における換気法の違いが抽苔発生に及ぼす影響．園学研．9（2），177．

貝塚隆史・河田真澄・植田稔宏・金子賢一．2012．5月どり短葉性ネギ栽培における株間の違いが抽苔性および収量に及ぼす影響．園学研．11（2），204．

河田真澄・貝塚隆史・植田稔宏・若生忠幸．2011．夜温の違いが短葉性ネギの花芽形成と抽苔に及ぼす影響．園学研．10（2），493．

小田部裕・貝塚隆史・植田稔宏・折本善之・飯村強．2013．ネギの初夏どりハウス栽培における土壌の水分管理と効率的窒素施肥法．茨城農総セ園研報．20，19—26．

白岩裕隆・鹿島美彦・井上浩・板井章浩・田辺賢二．2005．初夏どりネギ栽培における花芽分化時期の液肥が植物体の窒素レベル，抽台および収量に及ぼす影響．園学研．4，411—415．

Yamasaki, A., K. Tanaka, M. Yoshida and H. Miura. 2000. Effect of day and night temperature on flower-bud formation and bolting of Japanese bunching onion (*Allium fistulosum*). J. Japan. Soc. Hort. 69, 40—46.

山崎篤・田中和夫．2002．ネギの抽台に及ぼす地温の影響．園学研．1，209—212．

山崎篤・田中和夫．2005．ネギの抽だいに及ぼす窒素の影響．園学研．4，51—54．

根深ネギの栽培＝地中点滴灌水装置の利用

1. 露地栽培における地中点滴灌水

　地中点滴灌水は，点滴チューブを地下に埋設して灌水するもので，水の利用率向上と作物の増収などを目的として1960年代にアメリカで研究が始まり，1980年代に注目されるようになり，アメリカやイスラエルなどで普及しつつある灌水法である。

　わが国の野菜では施設の養液土耕栽培などを中心に点滴灌水が行なわれているが，露地栽培で，しかも点滴チューブを地中に埋設して使用する例はほとんどない。

　筆者らは露地野菜の収益性向上を目的として，土地生産性が高く，通常の管理である土寄せによって地中灌水になる根深ネギで試験をしたところ，顕著な増収効果および収益性の向上が認められた。

　その後，各地で現地試験を実施し，併せて灌水装置をキット化した商品を開発したので，これらの概要を紹介する。

2. 地中点滴灌水の効果

　露地野菜の一般的な灌水法であるスプリンクラーやチューブを用いた散水と比べ，点滴灌水のメリットとしては，均一に灌水できる，むだになる水が少ない，土壌表面を固めない，葉を濡らすことや土の跳ね上がりがないために病気の発生が少ない，通路部分の雑草の発生が少ない，ことなどが指摘されている。

　この点滴チューブを地中に埋設して灌水を行なう地中点滴灌水に

すると，土壌からの蒸発による水分損失が少ないために水の利用効率がさらに高まり，地下の湿潤域が拡大して作物の根域が深くなり，キャベツやスイートコーン，トマトなど多くの野菜で増収効果が認められている（Camp，1998）。

3. 根深ネギの収量に及ぼす影響

　試験は神奈川県茅ケ崎市にある全農営農・技術センター場外圃場（普通褐色低地土）で実施した。'夏扇3号'（サカタのタネ）を供試し，2014年3月28日に播種，5月8日に定植，8月22日に点滴灌水チューブを株元に設置して灌水を開始し，ネギの生育に伴って適宜土寄せを行なった。試験区は1日当たりの灌水量を2.5l，5l，10l/m^{2}とする区と無灌水区の計4区設けた。

(1) 土壌水分の推移と生育，収量

　その結果，土壌水分は無灌水区で頻繁にpF2.7以上になったが，灌水区ではpF2.3以下で土壌水分が適正に推移した。灌水によりネギは葉鞘の肥大が促進され，灌水量が多いほど増収した。もっとも多収となった10l/m^{2}区の上物収量は，無灌水区より42％増加した（第1表）。

第1表　地中点滴灌水が根深ネギの収量に及ぼす影響　（東野ら，2015）

試験区	調製重 (g)	総収量 (kg/10a)	上物収量 (kg/10a)	規格別重量割合（%）		
				L	M	S
2.5l/m^{2}区	169ab	5,800ab	5,620ab（115）	46	47	7
5l/m^{2}区	189a	6,320ab	6,270a（129）	53	41	6
10l/m^{2}区	193a	7,050a	6,910a（142）	73	25	2
無灌水区	143b	5,070c	4,870b（100）	32	50	18

注　葉鞘長が25cm以上のものを以下の条件で規格分けした
　　L規格：葉鞘径20mm以上，M規格：葉鞘径20～15mm，S規格：葉鞘径15～10mm
　　異符号間には5％水準で有意差あり（Tukey法）
　　上物収量の（　）内は無灌水区を100とした場合の割合（%）

（2）収支の試算

このときの収支を試算したところ、$10l/m^2$区では灌水装置と増収に伴う出荷経費増を含む経営費を差し引いた所得が無灌水区に比べて10a当たり約38万円多くなり、灌水装置の設置・回収に余分の時間を要したにもかかわらず、1時間当たり所得も増加した（第2表）（東野ら、2015）。

2013年に同試験圃場で'夏扇4号'（サカタのタネ）を供試して実施した試験では、地中点滴灌水により窒素の利用率が向上した。また、液肥による追肥の併用により、低温期のリン酸吸収量が有意に増大し、灌水のみよりも収量が13％増加した（梶ら、2017）。

4. 現地試験の結果

全農の圃場で試験を実施するとともに、これと並行して現地試験も開始した。

（1）8～10月の大幅増収

茨城県で根深ネギを年間8ha作付ける農業生産法人では、2014年に地中点滴灌水を40a導入して好結果を得たことから、翌年には1.8haに設置面積を拡大した。同法人は加工・業務用に契約販売しているため毎月定量出荷が必要で、出荷時期が早い8～10月の収量は例年2t/10a前後と低収であった。それが、地中点滴灌水を行なった結果、3.5t/10aと大幅に増収した（第1，2図）。

第1図 地中点滴灌水と無灌水の生育差（茨城県）
左：灌水区，右：無灌水区

第2表 根深ネギにおける地中点滴灌水の経済性 （単位：円/10a） （東野ら、2015）

	$10l/m^2$区	無灌水区
粗収益	1,865,700	1,314,900
販売量	6,910	4,870
平均単価	270	270
経営費合計	676,494	505,771
物財費合計	304,932	243,903
点滴灌水資材費	51,029	0
その他	253,903	243,903
出荷経費合計	371,562	261,868
出荷運賃	62,190	43,830
出荷手数料	206,609	145,613
その他経費	102,763	72,425
農業所得	1,189,206	809,129
労働時間合計	833	606
点滴灌水資材設置	6	0
点滴灌水資材回収	7	0
収穫・調製・出荷	725	511
その他	95	95
時間当たり所得	1,428	1,335
所得率	64％	62％

注　点滴灌水設置費以外は「野菜経営収支試算表」（千葉県）に準じた
　　点滴灌水設置費は30a規模で設置したものを10aに換算した
　　耐用年数は点滴チューブ3年、その他灌水制御部、配管などは5年とした
　　平均単価は東京都中央卸売市場2012～2014年の12月平均単価を使用した

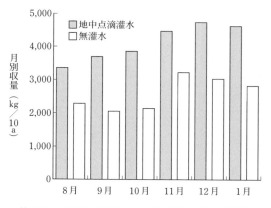

第2図 地中点滴灌水による根深ネギの月別増収効果（茨城県）

(2) 厳寒期も増収

この地域では冬季の気温が低いため，根深ネギの収量は11月に最大となり，その後厳寒期に向かって漸減していくが，地中点滴灌水を実施したところは11月以降においても増収効果が維持された。

5. 全農式点滴灌水キットの構成と利用

灌水装置の設置にさいしては，個々の圃場の大きさに合わせて必要とする水量や水圧を計算したり，それに合わせて多くの部品を選定するなど，かなり面倒な作業が必要であった。

そこで，誰でも簡単に設置できるよう，必要な部品一式をひとまとめにした全農式点滴灌水キットを開発した（第3図）。

(1) キットの構成と利用圃場

これは，1) タイマーで灌水を制御する灌水ヘッド部，2) 灌水ヘッドから圃場まで水を送る配水パイプ，3) 点滴チューブ，4) これらを接続する専用継手類から構成される。

灌水ヘッドは総チューブ長7,500m（うね間1mで約75a）まで拡張できる標準型と，より簡便で総チューブ長2,500m（うね間1mで約25a）まで灌水できる小規模型がある。

灌水するには，灌水面積とうねの長さに応じて一定の水量と水圧が確保できる水源が必要であるが，100mを超えるうねの長さでも灌水できるため，国内のほとんどの圃場で利用できる。

畑地灌漑施設などの加圧水栓のない圃場では，自動灌水はできないが，エンジンポンプなどを灌水キットに直結して給水する使用例もある。

(2) 使用方法

使用方法は，ネギの定植後，株元にチューブを設置し，生育に応じて土寄せをしていく（第4図）。付属のコントローラーで電磁弁をタイマーによって開閉することで自動灌水できる。

灌水量 灌水量は灌水時間により調整する。ネギのうね間が1mの場合，10a当たりの総チューブ長は1,000mとなり，点滴孔間隔20cm，1穴の吐出量0.4l/時間の点滴チューブで1時間灌水した場合，10a当たり2,000l（雨量換算で2mmに相当）の灌水量となる。

灌水時期 灌水が必要となる時期は，日蒸発散量が2mmを超える時期を目安とし，関東では3〜11月となる。過度の灌水は病気の発生を助長するおそれがあるので，テンシオメーターなどを使用して土壌水分をおおむねpF1.8〜2.3で管理することが望ましい。土壌水分計などを使用しない場合は，土壌水分や蒸発散量，日射量，土質なども考慮し，1日2〜6mmを目安に灌水し，降雨などで土壌水分が多いときは

第3図　全農式点滴灌水キット

第4図　土寄せにより点滴チューブが地中に埋設される

灌水を中止する。

収穫時の取扱い ネギの収穫時には事前に点滴チューブを回収する必要がある。回収は，まず点滴チューブを配水パイプから取り外し，次いでチューブを順次持ち上げて末端部に向かって地中から引き出す。1うね分のチューブを引き上げたあと，市販のホース用の巻取り器などで回収する。

(3) 年間経費

通常，点滴チューブは3年以上，その他は5年以上使用でき，耐用年数から年間経費を算出すると，10a当たりの導入コストは設置面積10aで26万円，40aで13万円ほどになる。導入初年度ですべての経費を回収することも可能である。

なお，部品や組立て方などの詳しい説明は，全農式点滴灌水キット設置マニュアル（第5図）を参照していただきたい。そのほか，灌水装置の各部品を説明したものや問題が発生したときの対処方法を記載したQ＆A，現地の事例をまとめた冊子も用意している。

第5図　全農式点滴灌水キット設置マニュアル

6. 利用の広がりと今後の課題

(1) 各種作型と地域での利用

2015年からは全農式点滴灌水キットを全国の生産者に貸出し，各地で実証を進めている。その結果，灌水回数が少なかったところでは増収効果が2％とわずかであったものの，その他では慣行のスプリンクラー灌水や無灌水と比べて14～46％と大幅に増収した（第3表）。

新潟県の事例では，5～10月にかけて2～3日おきに2mmの地中点滴灌水を行なったところ，慣行のスプリンクラー灌水との比較で18％増収した。出荷量は10a当たり500kg以上増加し，販売単価が400円/kgを超えたため，10a当たりの販売額は20～25万円増加した。

また，千葉県ではトンネル栽培による6月出荷で46％の増収効果が得られており，地中点滴灌水は生育促進による端境期の安定生産にも活用することが期待される。

(2) 今後の課題

これまで根深ネギを中心に試験を行ない，現地での実証を重ねてきた。根深ネギでは生育促進，増収効果に加え，夏季干ばつ下における幼苗の欠株防止，生育促進効果を活用する端境期生産，液肥利用による施肥の高度化・省力化などが期待され，地中点滴灌水は可能性の大きな技術と考える。

全農式点滴灌水キットはシンプルな構造で，配水パイプなどの加工も容易なため，工夫しだいでさまざまな露地作物に活用できる。これまで葉ネギ，タマネギ，ジャガイモ，アスパラガスなどの露地野菜でも点滴灌水による生育促進，増収効果を確認しており，今後，根深ネギ以外にも広く利用されることが期待できる。

執筆　東野裕広（ＪＡ全農耕種総合対策部営農企画課）

地中点滴灌水装置の利用

第3表　根深ネギで実施した現地結果の概要

作　型	試験場所	上段：定植日 下段：収穫日	試験区	収量 (kg/10a)	収量比	規格別数量割合（%）			上段：灌水期間 下段：灌水量
						2L	L	M	
秋ネギ	鳥取県	2015/5/22 2015/10/14	地中点滴 無灌水	6,680 5,230	1.28	3 0	52 33	43 60	7月10日〜10月14日 毎日2〜4mm（自動灌水）
	千葉県	2015/5/22 2015/10/27	地中点滴 スプリンクラー	5,860 5,140	1.14	0 2	51 53	49 36	7月31日〜10月27日 毎日2mm（自動灌水）
	新潟県	2017/4/16 2017/10/27	地中点滴 スプリンクラー	3,611 3,056	1.18	0 0	64 39	26 50	5月10日〜10月25日 2〜3日おきに2mm灌水
冬ネギ	鳥取県	2016/5/8 2016/11/28	地中点滴 無灌水	5,460 3,940	1.39	68 58	27 39	5 0	5月15日〜11月28日 毎日2mm（自動灌水）
	鳥取県	2017/4/13 2017/11/30	地中点滴 無灌水	3,889 3,316	1.17	43 26	28 33	20 29	6月9日〜11月19日 毎日2mm（自動灌水）
夏ネギ	秋田県	2015/4/10 2015/7/23	地中点滴 無灌水	5,920 5,080	1.17	63 17	37 80	0 3	4月22日〜7月23日 5〜10mm（計47回）
	北海道	2017/5/4 2017/7/31	地中点滴 無灌水	3,142 3,074	1.02	29 17	67 77	2 0	5月4日〜6月30日 4〜8mm（計7回）
春ネギ （トンネル栽培）	千葉県	2016/11/28 2017/5/31	地中点滴 無灌水	5,140 3,525	1.46	33 6	55 49	1 43	2月中旬〜3月下旬 週1回4〜6mm

注　収量比＝｛(地中点滴区収量) / (無灌水もしくはスプリンクラー区収量)｝

参 考 文 献

Camp, C. R. 1998. Subsurface drip irrigation: a review. Transactions of the ASAE. **41** (5), 1353—1367.

東野裕広・末貞辰朗・荻野智洋・川城英夫・平野幸教・佐藤博之. 2015. 地中点滴灌水が根深ネギの収量に及ぼす影響とその経済性評価. 園学研. **14** (別2), 194.

JA全農. 2017. 全農式点滴灌水キット設置マニュアル. 1—72.

梶智光・東野裕広・小林新. 2017. 地中点滴灌水同時施肥が根深ネギの収量および養分吸収に及ぼす影響. 土肥誌. **88**, 1—9.

葉ネギ（小ネギ）の栽培

1. 葉ネギ，小ネギとは

葉ネギは葉身部，葉鞘部とも食用として利用されるネギである。この葉ネギのなかで，草丈が50〜60cm，葉鞘径が5mm程度で収穫されるものが「小ネギ」とよばれる。小ネギより収穫サイズが大きい葉ネギが中ネギや大ネギとよばれる。

小ネギは，昭和52年に「博多万能ねぎ」と命名された福岡県朝倉町（現，朝倉市）で生産される商品がヒットしたことがきっかけで全国的に認知され，ネギのなかの一品目として位置づけられるようになった。

その後，同様の小ネギ産地が各地に形成されて現在にいたっている。

なお，「万能ねぎ」は筑前あさくら農業協同組合のもつ商標名で，「博多万能ねぎ」は日本で初めて本格的に空輸された農産物でもある。栄養的には，根深ネギと比較してビタミンC，β-カロテン，カルシウムなどを多く含む。

2. 小ネギの荷姿と求められる品質

小ネギは収穫後1.5葉程度（産地や時期で異なる場合がある）まで下葉が除去され，100g束などに結束される（第1図）。結束されたネギは集出荷施設などでフィルム包装され，発泡スチロールまたは段ボール容器で出荷される。

小ネギに求められる品質は外観がよいこと，すなわち，葉色が濃い，葉身が細くスタイルがよい，葉折れがない，揃いがよい，虫害や葉先枯れがないことや，食味がよいことである。また，流通性がよいことも求められる。

3. 小ネギ栽培の概要

小ネギは無加温ハウスの土耕栽培（第2図）での周年栽培が一般的である。ほかに，NFT耕などの水耕栽培や露地（トンネル）栽培も取り組まれている。

おもな作型を第3図に示した。栽培の概要は次のとおりである。

ネギは播種機で播種されたあと，65〜130日程度で収穫される。年間にハウス当たり2〜3回転程度作付けされる。

福岡県における生産規模は，1生産者当たりで栽培面積70a，ハウス数20棟程度が平均的である。1作当たりの収量は，0.9t（夏出し）〜2t（冬春出し）/10a程度である。

また，一年を通して下葉除去やネギを揃えて結束する調製作業に多くの労力を必要とし，雇用労力や調製機を活用した経営が広く行なわれている（第4図）。一方で，雇用労力の確保や，雇用労賃が経営の負担になるといった課題もみられる。

第1図
結束された小ネギ

ネギの生理と栽培

第2図　小ネギの土耕栽培

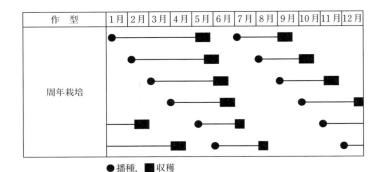

●播種，■収穫

第3図　小ネギの作型

4. 福岡県における小ネギ栽培

　福岡県における小ネギは朝倉地域や福岡市近郊などで古くから栽培されており，1977年の「博多万能ねぎ」の登場以降に栽培が拡大した。2016年現在，県内の栽培面積は約109haとなっており，そのうち約8割が筑後川中流域に位置する朝倉市で栽培されている。

5. ネギの生理生態と小ネギ栽培

(1) 温　度

　一般に，ネギの生育適温は20〜25℃，発芽適温は15〜25℃である。小ネギ栽培では，夏期から冬期まで温度が大きく変化し，また，各時期に播種から収穫までの各生育ステージが存在している。ネギは温度の適応幅が広いとされているが，生育や発芽の適温から大きくはずれた時期も多く，温度が栽培に大きな影響を及ぼしている。

第4図　調製作業のようす

①生育適温よりかなり高温で推移

福岡県における夏期と冬期のハウス内気温および地温を第5図に示した。夏期のハウス内気温は最高／最低気温が35/25℃程度，播種深度付近である深さ1cmの最高地温は40℃程度と，適温よりもかなり高い温度で推移する。

②夏期は葉先枯れ症が発生，発芽率が低下しやすい

ネギは昼／夜温が30/20℃以上の高温，とくに35/25℃では著しく生育が抑制され，葉先枯れ症の発生も多くなる。このため，夏期の小ネギは生育が抑制され，葉先枯れ症の発生が多くなる。夏期の生育はハウスサイド付近と比較して，より高温となるハウス中央部が不良になりやすい。小ネギ7品種を用いて温度が発芽に及ぼす影響を調べた結果，平均の発芽率は25℃が97.2％と高いのに対し，40℃は8.0％と著しく低下した。このことからわかるように，夏期は発芽率が低下しやすく，出芽を揃えることがもっともむずかしい時期で，播種をやり直す場合もみられる。

③冬期は生育速度がおそくなる

一方，冬期のハウス内気温は最高／最低気温が15/2℃程度，深さ1cmの最低地温は3℃程度と，適温よりもかなり低い温度となる。このため，冬期のネギの生育速度はおそくなり，播種から出芽までの日数も多く要する。冬期の生育はハウス中央部と比較して，冷気が直接当たるサイド付近が不良になりやすい。

(2) 栽培時期とネギの外観

千住系，九条系，加賀系および国外のネギ181品種を供試し，小ネギ夏出し栽培と冬出し栽培を行なったところ，小ネギの外観品質で重視される葉色は夏出し栽培が冬出し栽培と比較して緑色およびワックスの程度とも薄くなった。

また，葉身の細さは夏出し栽培が冬出し栽培と比較して細くなり，それに伴い一本重は軽くなった。葉身は夏出し栽培ではどの品種もよく伸長し，冬出し栽培では国外の寒地品種や加賀系の品種において休眠によりほぼ枯れた状態と

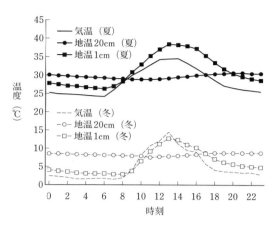

第5図 夏期と冬期における小ネギハウス内の気温および地温

福岡県筑紫野市の近紫外線カットPOフィルムを被覆した無加温ハウス内で測定
気温は床面からの高さ20cm，地温はネギのない裸地部で深さ1cm，20cmの温度
夏：2009年8月11～20日の平均，冬：2010年1月1～10日の平均

なった。小ネギの外観は時期で変わり，変化の程度は品種間差がみられる。

(3) 休眠

ネギは冬期に葉身部の生長を抑制し，葉鞘部に養分を蓄積して越冬する低温・短日の休眠性をもっている。一方，休眠の程度は品種間差が大きい。

葉身部が商品となる小ネギの冬出し用品種としては，加賀系のような休眠程度が強い品種は不向きであり，一般に，冬でも葉身が伸長する休眠程度が弱い千住系や九条系のような品種群が用いられる。

(4) 抽苔

抽苔は葉ネギの中ネギ，大ネギや根深ネギでは栽培の大きな問題となるが，小ネギではほとんど問題にならない。

ネギは緑植物春化型で，葉鞘径5～6mmになったあとに花芽分化の条件である低温短日への感応を始める。これは，小ネギでは収穫期ごろにあたり，基本的には花芽分化前に収穫を終

えるためである。ただし，「南方系」とよばれる国外の低緯度地域原産の品種が夏出し用品種として栽培されることがあり，この品種は生育日数が長くなると抽苔することがある。

小ネギを端境期がなく周年出荷できるのは，抽苔しないサイズで収穫することが大きな要因である。

(5) 分げつ

収穫時にネギが分げつしていると，葉鞘が細く分かれて扁平となるため外観が悪く，調製作業も煩雑となる。このため，小ネギの収穫時には分げつしていないことが好ましい。

分げつの発生程度は品種間差が大きく，ネギ開花時の分げつ数が数本程度までの品種であれば，おおむね小ネギの収穫サイズでは分げつしない。

(6) 収穫後の生理活性

ネギをはじめ青果物は収穫後も呼吸や蒸散を盛んに行なう。収穫後も鮮度を保つためには，これらの生理活性を適切に抑制することが重要で，温度を下げる方法と，周りの空気の酸素濃度を低く，二酸化炭素濃度を高くする方法（MA包装）があり，ネギはとくに後者の効果が高い（茨木，2002）。

ネギの品温は低いほど呼吸が抑制されるため，小ネギは品温が低い朝の時間帯に収穫され，その後，予冷される。また，商品の100g束はフィルムに包装することでMA効果が得られる。

6. 小ネギ栽培の実際

(1) 生産計画

小ネギ栽培の最大のポイントは1）生産計画の策定と2）時期に応じた栽培管理を徹底し一年を通して品質のよいネギを生産すること，である。

とくに生産計画は重要で，周年定量出荷を目指す，単価が高い夏期に確実に出荷する，など

個別の経営規模に応じ策定する。生産計画が十分でなく，収穫終了後に随時播種していくと，夏期に出荷するネギが途切れるなどのケースが出てくる。

生産計画にあたっては，播種日と播種面積を策定する。播種日の策定にはＡ：播種日ごとの生育日数が必要である。また，播種面積（a）はＢ：1日当たり出荷量（kg/日）×Ｃ：収穫適期日数（日）÷Ｄ：見込み収量（kg/a）によって決定される。Ａ，Ｃ，Ｄは時期で変動し，Ｂは個別の出荷能力で異なる。福岡県においては一年を通した生産計画を策定することで，周年安定的な出荷を目指している。

(2) 生育ステージごとの栽培のポイント

生育ステージごとの栽培のポイントを第1表に示した。

収穫時の生育の揃いが悪く規格がばらつくと，収穫や調製作業の効率が低下するとともに，収穫期間が長くなり，圃場の利用効率も低下する。生育の揃いをよくするためには灌水管理が重要となる。とくに，播種前後の十分な灌水は出芽揃いをよくすることとあわせて，収穫時の葉先枯れ症の発生軽減のためにも重要である。

また，播種時は夏期の黒寒冷紗などの遮光資材被覆や，冬期のハウス密閉＋黒寒冷紗などによる保温など出芽を揃える工夫が必要である。

生育初期までの灌水は，基本的に地表面が若干湿っている程度を保つよう十分に行ない，その後は生育後期に向けて徐々に灌水を制限し，収穫時の葉色を濃く，生理活性を抑える。

以上は基本的なポイントである。灌水の管理の詳細や夏期，冬期，梅雨期など「時期」にあわせて応用した栽培のポイントについては，以下の記載を参考にされたい。

(3) 作型と品種

一作の収穫適期日数は気温が高い時期で5日程度，気温が低い時期で10日程度と幅があるが，言い換えると長くても10日程度しかない。必然的に，周年出荷するためには一年の各時期

葉ネギ（小ネギ）の栽培

第1表　生育ステージごとの栽培のポイント

生育ステージ	栽培のポイント
生産計画の策定	・個別の経営規模に応じ生産計画を策定する ・播種日と播種面積を決定する
品種の選定	・時期，個別の栽培条件（土壌条件，灌水管理など），目標とする商品の姿の観点から選定する ・新品種を採用するさいは試しまきを行ない1m当たりの落下種子数（苗立ち本数）を確認する
圃場準備	・除草対策を兼ねて，毎作ごと～少なくとも年1回のダゾメット粉粒剤などによる土壌消毒を実施する ・ハウス内の栽培床は高く土盛りし，排水が悪い圃場では暗渠を設置する ・年間5～6t/10a程度の堆肥など有機物を施用する。過剰施用にならないよう留意する ・基肥施用，耕うん，整地，鎮圧する ・基肥は有機質肥料などを窒素成分で10a当たり20～30kg施用する。カリ成分が蓄積している圃場においては，カリ成分が少ない肥料を使用する
播　種	・播種前後で十分量の灌水を行なう。出芽揃いをよくし，収穫時の葉先枯れ症の発生軽減のため ・播種機を利用し，条間15cm程度にすじまきする ・播種量は2.7～3l/10a程度が標準で，夏期収穫は播種量を少なくし，冬春期収穫ではその1割程度多くする ・夏期は播種～出芽揃い期に黒寒冷紗などの遮光資材をハウスに展張するか床面にべた掛けして地温を下げるとともに乾燥を防止する。冬期はハウスを密閉し，床面に黒寒冷紗をべた掛けして保温することで出芽揃いをよくする
生育初期（草丈20cmごろまで）	・地表面が若干湿っている程度を保つようしっかり灌水し，生育を揃える ・春～秋期において，本葉展開～草丈10cmごろまでに土壌水分が多いと立枯性の病気が発生しやすいため，この間は灌水をやや控える
生育中期（草丈20～40cmごろ）	・灌水を徐々に制限していく
生育後期	・灌水制限をする。生理活性を抑え，ネギの流通性を高めるほか，葉色が濃くなる ・収穫時の土壌水分は品種や土壌条件で異なるが，深さ20cmのpF値で2.3前後が適正である
病害虫防除	・虫害（ネギハモグリバエ，アザミウマ類）を中心に，定期的な薬剤防除と近紫外線カットフィルムや防虫ネットによる物理的防除を併用する ・害虫蛹の羽化防止を目的とし，夏期にハウス密閉＋床面ビニール被覆を行なう
収穫・調製	・品温が低い早朝の時間帯に収穫する ・収穫後は1.5葉程度まで下葉を除去し，100g束などに結束する。結束したネギはフィルム包装し，発泡スチロールまたは段ボール容器で出荷する

注　本表は基本的なポイントであり，時期により応用した管理が必要である

に播種する必要がある。播種日ごとの生育日数は6～8月ごろの播種で65日程度と短く，12月ごろの播種で130日程度と長い。

品種に求められる特性を第2表に示す。品種は外観形質や食味特性に加えて，耐暑性，耐寒性，低温伸長性，耐湿性などの環境条件に適応する特性が異なり，時期を中心に，個別の栽培条件（土壌条件，灌水管理など），目標とする商品の姿の観点が加味され，複数の品種が使い分けられている。

品種選定に当たっては，特性を十分に把握したうえで利用することが重要である。時期では，一般に夏用と冬用とで品種が使い分けられ，冬用で（低温伸長性があり，外観形質がよい特性を有し）かつ耐暑性を有する品種は周年用としても使用される。

(4) 時期別の課題

①夏　期
夏期は需要期で単価が高いにもかかわらず，

55

ネギの生理と栽培

第2表　時期別の課題と品種に求められる特性

基本特性

葉色濃, スタイル良, 葉身硬, 食味良

＋

収穫時期	課題と品種に求められる特性
1) 夏　期	葉先枯れ症少, 出芽安定, 収量性高, 苗立枯病強
2) 梅雨期	倒伏少, 葉先枯れ症少, 耐湿性あり
3) 初秋期	出芽安定
4) 春　期	葉太り少, 春の葉先枯れ症少, 葉鞘基部肥大なし
5) 厳寒期	低温伸長性あり, 寒さによる葉折れ少
6) 秋冬期	葉鞘短, 冬の葉先枯れ症少

生産不安定

一年間のなかで生産がもっとも不安定である。この要因は, 1) 出芽や生育がばらつき, ネギハモグリバエやアザミウマ類などによる虫害および葉先枯れ症による規格外品の発生が多いこと, 2) 重量が軽いこと, 3) 台風被害である。

夏期はハウスを可能な限り換気するとともに, 播種〜出芽揃い期は黒寒冷紗などの遮光資材をハウスに展張するか, 床面にべた掛けして, 地温を下げるとともに乾燥を防止することが出芽を揃えるうえで有効である。

出芽揃い以降の生育期も遮光資材の展張が生育抑制の回避に有効であるが, ネギはもともと強光条件を好むため, 気象条件によっては軟弱に生育する。このため, 生育期の遮光は気象条件や遮光の強さ, 期間に留意する必要があり, とくに遮光を途中でやめた場合, 倒伏や葉先枯れ症の発生を誘発しやすい。

台風対策として, 補強型ハウスや耐候性ハウスなどの導入が増えている。

②梅雨期

梅雨期は土壌水分が高く推移しやすいため, 生育中期ごろより灌水制限をする必要がある。灌水制限をしないと, 軟弱な生育となり葉折れが発生しやすく, 梅雨明け時や梅雨の晴れ間に倒伏が発生しやすい。ただし, 極端な灌水制限は葉先枯れ症を誘発するため, 天候に応じた灌水が必要である。

③春期, 秋期

春期と秋期はネギの生育にとって適温に当たり, 栽培しやすい時期である。ただし, 春期は「葉太り」とよばれる葉身径が太いネギとなりやすく, 品種や播種量の選定に留意する必要がある。また, 生育の早さに灌水量が追いつかないことに起因する「春の葉先枯れ症」や, 「ラッキョ玉」とよばれる葉鞘基部が肥大して調製作業が煩雑となるネギが発生しやすいため, 極端に灌水を制限しないように留意する。

④冬　期

冬期は一度灌水すると, 土壌がなかなか乾きにくい。このため, 灌水間隔を長くする必要がある。土壌水分が多く軟弱に生育させると, 強い寒による葉折れ・葉先のいたみが発生しやすい。

また, 休眠に伴う「冬の葉先枯れ症」の発生や, 葉鞘部が長くなりすぎることがあるが, これらは品種特性に大きく起因しているため, 品種選定が重要である。

冬期はハウスを密閉し, 床面に黒寒冷紗をべた掛けして保温することで出芽揃いをよくする。

また, 生育期もハウスサイドのビニールを10℃以下を目安に閉め込み, 保温する。ただし, 閉め込みを継続し軟弱に生育させると, ボトリチス属菌による葉枯れ症や－3〜－5℃以下で発生する凍害の発生を助長する。このため, 適度な換気も必要で, 換気のさいはハウス内地際部に風よけのビニールフィルムを設置したり, 風下側の肩部のフィルムを開けて換気するなど, 冷気がネギに直接当たらないよう工夫する。

(5)　土つくりと施肥

土性は埴壌土, 壌土, 砂壌土が適する。

生育期間中, 根に多くの酸素を必要とすることから排水性, 通気性が良好で土壌が膨軟であることが望ましい。このため, ハウス内の栽培床は高く土盛りし, 排水が悪い圃場では暗渠を

設置する。

このネギに適した土をつくるためには，消耗する有機物の補給の観点からも，年間5～6t/10a程度の有機物の施用が重要であり，有機物の施用によりネギの生育は良好になる。ただし，年間10t/10aを超えるような多量施用を続けると，土壌の粗孔隙率が高く過乾燥になりやすいことや塩類が集積することに起因する葉先枯れ症が発生しやすいため注意が必要である。

施肥は基肥主体とし，有機質肥料などを窒素成分で10a当たり20～30kg施用する。カリ成分が蓄積している圃場においては，カリ成分が少ない肥料を使用する。

秋冬期播種の生育日数を多く要する作型において，生育中に葉色が薄くなれば化成肥料を窒素成分量で3～4kg/10a程度を1～2回追肥する。

一般に，ハウス被覆フィルムは数年間張り替えることなく連作が続く。連作が続くことによる塩類集積は発芽不良，生育不良，葉先枯れ症の発生原因となり，生産を不安定にする。このため，収穫終了後に土壌分析を実施し，その値に基づき適正量を施肥することが重要である。除草対策を兼ねて，毎作ごと〜少なくとも年1回のダゾメット粉粒剤などによる土壌消毒を実施する。土壌消毒後やハウス被覆フィルム張り替え時の雨水による除塩後はネギの生育が良好となる傾向にある。

(6) 播 種

基肥施用，耕うん，整地，鎮圧後に，播種機を利用し条間15cm程度にすじまきする。

播種量は2.7～3l/10a程度が標準で，量が少ない（栽植密度が低い）としっかりとした生育をするが，葉太りの原因となる。一方，量が多い（栽植密度が高い）と葉身が細くなるが，軟弱な生育になり倒伏などの原因となる。

一般的には，一本重が軽く葉太りしにくい作型（夏期収穫）は播種量を少なくし，葉太りしやすい作型（冬春期収穫）ではその1割程度多くする。

また，種子の粒径は品種間差が大きく（15

第6図　播種前の灌水

万粒〜23万粒/l），とくに新品種を採用するさいは試しまきを行ない，1mあたりの落下種子数（苗立ち本数）を確認する必要がある。

(7) 灌 水

灌水のムラは発芽および生育のムラにつながる。播種前（前作収穫後）および播種後に十分量を灌水し（第6図），出芽揃いをよくするとともに，深さ20～30cmの土壌水分を保持し，生育後期の毛管水として働かせる効果を高めておくことが重要である。播種前後での灌水量が十分でないと，発芽が揃わず，夏期は葉先枯れ症が発生しやすい。

草丈20cm程度の生育初期までは，乾きすぎず地表面が若干湿っている程度を保つようしっかり灌水する。生育初期の葉鞘の太さにバラツキをなくすことが，収穫時の生育のバラツキをなくすことにつながる。

生育後期は収穫に向けて徐々に灌水を制限する。収穫時の土壌水分は品種や土壌条件で異なるが，深さ20cmのpF値で2.3前後が適正である。最近は，灌水量が多めの管理でも品質がよい（葉色が濃く，細く，軟弱になりにくい）品種が好まれる傾向にある。

時期別では，春〜秋期は，苗立枯病の発生を防止するため，本葉展葉期〜草丈10cmころまでの灌水をひかえる。また，夏期は生育後期まで少量多回数の灌水を心がけ，収穫まぎわまで灌水を継続する。灌水を制限しすぎると，収量

が少なく，葉先枯れ症が発生しやすくなる。秋〜冬期は，灌水過多により軟弱な生育になりやすい。また，急激な冷え込みによる凍害，葉折れなどが起こりやすいため，生育後期は灌水間隔をあけて，収穫前は無灌水とする。

(8) 灌水制限

一般に，土耕栽培ではネギの草丈が20〜25cm程度になって以降，灌水量を徐々に制限して栽培する。小ネギは新生第2（〜3）葉までが商品となるが，灌水を制限することで，葉色を濃く，葉身を細く，硬くできる。また，収穫時の生理活性を抑制できるため，流通性が向上する。

(9) 葉先枯れ症

葉先枯れ症（第7図）は虫害とともに小ネギの商品価値を著しく低下させる。発生は土壌の乾燥，高温，多日照，カルシウム欠乏，多量の有機物施用による土壌理化学性の悪化などが複雑に絡み合って誘起される。また，発生時期は夏期が多いが，もっとも多いのは弱日射から強日射へ，過湿から乾燥へと日射および空気湿度が急変する梅雨の晴れ間や梅雨明け時である。また，この時期はネギの「倒伏」も多く発生する。

根が土壌水分の乾湿差の少ない深い土層まで

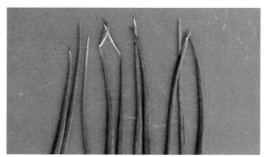

第7図　葉先枯れ症が発生したネギ

分布する品種は葉先枯れ症の発生が少ないとされており，生産者の間では一般に葉先が鈍角な品種が発生しにくいとされている。

(10) 病害虫防除

小ネギの無加温ハウス土耕栽培における発生病害虫は，ネギハモグリバエ，アザミウマ類の2大害虫を中心とした虫害が多い一方で，苗立枯病，疫病，べと病，さび病，ボトリチス葉枯れ症などの発生がみられることがあるが病害は少ない。虫害が多く病害が少ないことは，灌水制限による乾燥状態が継続することが一因と考えられる。

ネギハモグリバエ（第8図）およびアザミウマ類は病害虫被害の大部分を占め，葉身部が商品である小ネギの価値を著しく落とす。とく

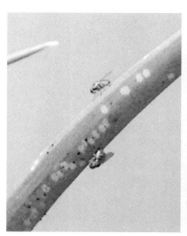  

第8図　ネギハモグリバエの成虫・吸汁痕（左），潜行被害（中）と卵（右）
卵（右）は葉身の内側を撮影

に，ネギハモグリバエはネギハウスの密集地に多く，卵や幼虫は葉身内部に存在するため，有効な農薬が少なく，甚大な被害を及ぼすことがある。

対策として，両害虫の侵入防止を目的とした近紫外線カットのハウス被覆フィルムや0.6mm以下の防虫ネットが広く普及しており，高い侵入防止効果が認められている。この物理的防除とあわせ，定期的な農薬散布や，害虫蛹の羽化防止を目的とした夏期のハウス密閉＋床面ビニール被覆を行なう。

(11) 収穫，調製，流通

収穫は品温の低い早朝に行なう。収穫後の調製は産地や時期で異なる場合があるが，1.5葉程度まで下葉を除去し，100g束などに結束する。結束したネギは集出荷施設などでフィルム包装され，発泡スチロールまたは段ボール容器で出荷される。

執筆　末吉孝行（福岡県農林業総合試験場）

参 考 文 献

茨木俊行．2002．MA包装による葉ネギおよびカット葉ネギの鮮度保持に関する研究．福岡農総試特別報告18．1—83．

末吉孝行．2014．新訂ネギの生理生態と生産事例．誠文堂新光社．106—115，216—223．

ワケギの露地栽培（北九州地域）

1. 栽培の生い立ち

北九州市の馬島地域では，古くからワケギ栽培が行なわれている。明治期に山口県下関安岡地区から在来品種が導入され，系統選抜が行なわれてきており，現在にまで栽培が続いている（第1図）。

当地域は，九州本土に近い島であり，冬季も比較的温暖でワケギの生育に適した環境である。栽培する生産者は，漁業の漁閑期にワケギと赤シソを同じ圃場に定植しており，ワケギ年2作＋赤シソの組合わせで生産を行なっている。

出荷は，漁船で対岸にある北九州青果にしており，荷の鮮度が十分に保たれている。

2. おもな作型

当地域でのおもな作型は，第2図に示すように8〜9月に定植して年内に収穫する秋冬どりと，秋冬どり圃場に植えつぎをして4〜5月に収穫する春どりがある。

(1) 秋冬どり栽培

8月下旬〜9月の高温期にかけて植え付けて，10月末〜12月に収穫する。この作型の定植期は高温期であり，25℃以上の日が続くと生育が遅れる場合がある。また，秋雨前線による長雨が続くようだと病害の発生が懸念される。

(2) 春どり栽培

秋冬どり栽培で収穫した一部を，春どり栽培の種球として，収穫の終了した圃場に植えつぎ

第1図　ワケギの栽培圃場

栽培型		品種名	7月	8月	9月	10月	11月	12月	1月	2月	3月	4月	5月	6月
秋冬どり	10〜12月収穫	下関在来系統		▼▼		■■■■■							
春どり	4〜5月収穫				▼---▼						■■■■■		

▼ 定植，■ 収穫

第2図　北九州地域におけるワケギの作型

ネギの生理と栽培

を行ない，4〜5月に収穫する。冬季を経過する作型のため，球は葉先が見える程度に深植えにすることが必要である。

3. 品　種

在来の下関系統の品種を選抜して利用している。この品種は，りん球が比較的大きく，茎の赤みがないのが特徴である。

4. 栽培技術の要点

(1) 秋冬どり栽培

当地域の圃場は一部粘土質であるが，大半は砂壌土〜砂土で，排水性は良好な圃場が多い。このため，定植期が高温時期にあたる秋冬どり栽培は，とくに定植後に乾燥しやすいのが特徴である。

また，灌水設備がないため，降雨のタイミングを見計らって定植作業を行なうが，乾燥が続く場合には手灌水して発根を促すことが必要となる。

さらに，秋雨前線の停滞と気温の低下で，べと病の発生が懸念されるので，予防的な防除が必要である。

(2) 春どり栽培

冬季は，気温の低下とともに葉の枯れ込みが多くなるが，早春のころから気温の上昇とともに新葉が伸長するので，追肥を遅れずに行なうことが必要である。また，春先はべと病の発生適期であるので，年内からの予防的な防除を行なっておくことが必要である。

5. 栽培方法と生理，生態

(1) 植付け期

①技術目標

植付け期の技術目標は第1表のとおりである。

第1表　植付け期の技術目標

技術目標	技術内容
種球の準備	発根部を平等につけるよう分割する。褐変していたり，スポンジ状になっているものは除外する。必要種球量は，1a当たり1,400〜2,000球を準備する
圃場の準備と基肥の施用	排水不良の粘土質土壌圃場については，やや高うねとする。土壌改良材として，完熟堆肥を1a当たり200kg投入する。基肥は窒素：リン酸：カリ＝16：16：16の高度化成肥料を1a当たり8kg施用する
植付け方法と栽植密度	秋冬どり栽培は8月下旬〜9月，春どり栽培は10月下旬〜11月に植え付ける。植付けは球の高さの4分の1を土の上に出す。ただし春どり分については，防寒対策として，葉先が見える程度の深植えとする。栽植密度は，うね幅120〜140cm，条間20〜30cm，株間12〜15cmを基本とする

②種球の準備

5月の上中旬に春どり栽培で収穫した一部を次作の種球として利用する。必要種球量は，1a当たり1,400〜2,000球を準備する。種球は好天時に半日〜1日ほど陽光にさらすと外皮がはがれやすくなるので，手でもんで外皮をはがす。外皮をはがすさい，小球では2〜3個ずつ結合させ，大玉では1個ずつ発根部が平等につくように分割することが必要である。

また，種球は，褐変していたり，スポンジ状になっているものは除外してから利用する。

③圃場の準備と基肥の施用

砂質の圃場が多いため，完熟堆肥を1a当たり200kg程度投入する。昔は，海岸に打ち上げられた海藻を堆肥化して投入していたが，手間がかかることから現在は行なわれていない。

排水のよい圃場が多いので，高うねにする必要はないが，一部の粘土質土壌では，滞水しているところもあるため，やや高うねとする。

基肥は，窒素：リン酸：カリ＝16：16：16の高度化成肥料を1a当たり8kg施用する。また，過去の土壌分析結果より当地区の圃場はマグネシウムが少ないため，酸度矯正およびマグネシウム供給資材として苦土石灰を1a当たり10kg施用する。

ワケギの露地栽培（北九州地域）

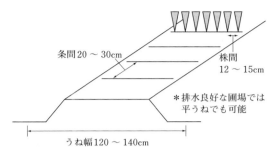

第3図　植付け方法

第2表　生育期の技術目標

技術目標	技術内容
灌　水	秋冬どり栽培の植付けと初期生育期である8〜9月は，乾燥時に手灌水が必要となる
追肥・中耕	追肥1回目は，草丈が15〜20cmのころに行なう。2回目は1回目の約3週間後に行なう。春どり栽培では1月下旬〜2月上旬ころに行なう。施用量は，窒素：リン酸：カリ＝16：0：16の高度化成肥料を1a当たり2kg施用する。併せて中耕・土寄せを行ない，生育促進をはかる
病害虫防除	15℃前後で降雨の多い時期でのべと病防除，および高温・乾燥期でのアザミウマ類，ネギハモグリバエ，ネギコガの防除を中心に行なう

④植付け方法と栽植密度

栽植密度により異なるが，1,400〜2,000球/1aを植え付ける。

栽植密度は，うね幅120〜140cm，条間20〜30cm，株間12〜15cmを基本とする（第3図）。

栽培期間が短い秋冬どり作型は，分げつが少ないため，多めに植え付けることが必要である。春どりでは，条間，株間ともに間隔を広くとることが必要である。

また，植付け時は球の高さの4分の1を土の上に出すことが必要である。ただし，春どり分についての定植は，防寒対策のため葉先が見える程度の深植えとする。

(2) 生育期

①技術目標

生育期の技術目標は第2表のとおりである。

②灌　水

8〜9月の植付け時は，夏季高温乾燥の時期であるため，適期に降雨がある場合を除き，手灌水が必要となる場合が多い。

灌水することで発根を促して早期の活着をはかることが必要である。

③追肥・中耕

1回目の追肥は，草丈が15〜20cmのころに行なう。圃場は砂質土壌が多く，肥料持ちがよくないので，降雨が続くと早期に肥料切れが発生しやすい。また，追肥が遅れて肥料切れが起こると，葉色が落ちるとともに病害の発生が多くなるので注意する。

2回目の追肥は，1回目の約3週間後に実施する。併せて追肥のさいに中耕・土寄せを行ない，生育促進をはかる。

④病害虫防除

べと病　ワケギはネギ類の中でも柔らかい部類に入るため，べと病には弱い。年内15℃前後の気温が続き，降雨が多いと発生する。

秋冬どりでは収穫直前に発生する場合があるので，9月に予防的な防除を開始する。春どりでは年内にしっかりと予防防除を実施するとともに，早めに罹病株を取り除いて感染の広がりを防ぐことが必要である。

また，罹病株を圃場に放置しておくと二次感染源となるので，必ず圃場外に持ち出して処分する。

虫害　ネギ類一般に発生する害虫，とくにアザミウマ（ネギアザミウマ），ネギハモグリバエ，ネギコガの発生が多い。秋〜初冬にかけて高温・乾燥が続くと発生しやすいので，被害株を確認したら早めに防除を実施する。

(3) 収穫期

①技術目標

収穫期の技術目標は第3表のとおりである。

②収　穫

草丈が30〜40cmになったら収穫を行なう（第4図）。収穫適期を過ぎると葉鞘基部がラッキョウのように肥大して商品価値を落とすた

ネギの生理と栽培

第3表　収穫期の技術目標

技術目標	技術内容
収　穫	草丈30～40cmで収穫する。春どり栽培では収穫期が気温上昇期に当たるので，取り遅れのないよう注意する。収穫した株は，古葉や外皮を除去して束ねる

め，約2週間くらいで収穫を終わらせるようにする。抜き取った株は，古葉や外皮を除去して束ねる。

　執筆　友田正英（八幡農林事務所北九州普及指導センター）

第4図　収穫されたワケギ

稼げるニラをめざして
――ニラの基本技術と経営

ハウス栽培（関東型）

1. ハウス栽培の意義と目標

(1) 作型のおいたち

　昭和30年代なかばから，食生活の変化にともなってニラの需要が急速に増加し始め，これに並行して各地に新しい産地が形成されるようになってきた。同時に，それぞれの地域に適応した栽培法の検討が行なわれ，今日のような各地各様の作型やそれらの組合わせ方式が確立し，定着するに至った。

　関東地方でも1960年ごろ，主産地千葉県の栽培法に習って群馬県に冬期の換金作物として，トンネルなどを利用した冬春どり栽培が導入され，その後栃木県などにも同様の産地が生まれ始めた。当時千葉県では，年間の収穫回数を制限しながら，同一株で3年程度収穫する方法がとられていた。収量や品質を重視するこの技術は新興産地に受け継がれ，現在，関東型といわれる栽培法の基礎を成した。昭和40年代以降，トンネルから徐々にハウス栽培へと移行してきたが，この間栽培技術の研究や開発もすすみ，ニラの特性を十分に生かした今日のハウス栽培の基本ともなる品質重視の栽培法が確立され，定着をみた。

(2) 栽培法の生理的意義

①生育適温と株養成

　ニラの収量や品質向上の第一条件は，作型に関係なく，充実した根株を確保することにある。自然条件下では，生育適温（20℃前後）となる5〜6月および9〜10月にかけて生育量は増大するが，とくに，秋は根の増加量も多く，地上部が最も繁茂する時期である。この時期はまた，低温や短日の影響をうけ光合成産物が葉から地下部に移行し，貯蔵養分の蓄積が行

なわれ，株が充実するきわめて重要な時期でもある。光合成産物が地下部へ急速に移行し始めるのは，日長時間が12時間，日平均気温20℃，日最低気温が15℃以下となるころで，関東地方では9月20〜25日前後にあたる。

　根量が多く，養分の蓄積が十分に行なわれている株ほど収量や品質は優れる。反対に，過繁茂や病害虫などにより早期に倒伏したり，葉の損傷の程度が激しい株ほど減収する。したがって，低温などで地上部が枯死してくるまで，できるだけ健全な状態に株を維持し，貯蔵養分の蓄積をはかることが大切で，この時期における肥培管理の良否が，収量や品質を大きく左右するといっても過言ではない。

②休眠と休眠回避

　春から秋まで順調に生育してきた株は，その後，多くの宿根性野菜と同様に休眠に入る。休眠は冬期に収穫するハウス栽培だけで問題となるが，その影響がどのようなものであるかを理解したうえで栽培に取り組むことが必要であり，ハウス栽培では株養成とともに重要な課題である。

　ニラの休眠は，ほかの作物と同じように短日や低温によって誘発されるが，ニラの場合にはある時期までは短日が，その後低温がそれぞれ主要因として働き，休眠が進行する。これらの作用は品種によって多少異なるようで，休眠の浅い品種は短日が，深い品種は低温と短日の両方が関与しているものと思われる。休眠にはいる時期は10月下旬ごろで，11月下旬〜12月上旬が最も深く，その後徐々に覚醒し，1月下旬には完全に明ける（第1図）。この間，萌芽の遅れや生育の低下や遅延などの現象がみられるが，その程度は品種によって大きく異なる（第2図）。

　品質のよいものをつねに生産していくためには，休眠期であっても順調に生育させることが

ニラの基本技術と経営

第1図 休眠の時期と深さ

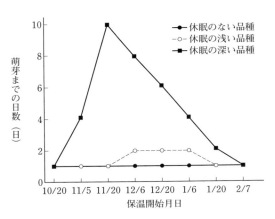

第2図 保温開始時期と萌芽所要日数（1971）

望ましい。萌芽性の問題は別として，生育について考えた場合は，16時間日長や株の冷蔵処理などによってほぼ解決可能である。しかし，これらの技術も経済的な面を考慮すると実用化はむずかしく，現状では品種の選定や作型，作期の組合わせに頼る以外に解決の方法はなさそうである。

ハウス栽培では，株養成期間をできるだけ確保しながら，保温までに充実した根株を養成する一方で，保温時期や株の効率的利用によって休眠の影響を最小限にとどめる方策が要求される。また，これらを基本に，品種の選定，さらには収穫回数，温度管理などの適正化が求められるが，とくに収穫回数は，株の寿命と同時に，その栽培が収量と品質のどちらを重視したものであるかを決定づける大きな要因となる（第3図）。

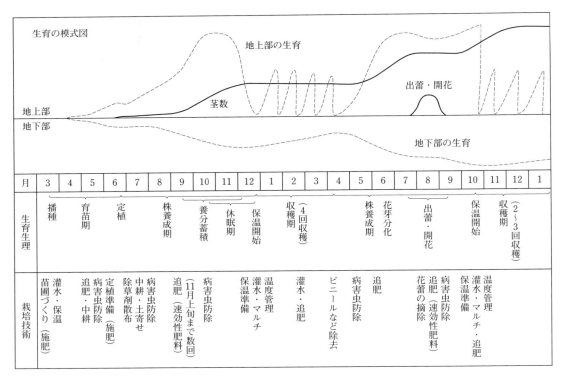

第3図 1月と10月保温の組合わせによるハウスニラの生育生理と栽培技術

(3) おもな作期と生育の特色

10月保温 保温は休眠に入る前に行なわれるが，その後徐々に休眠が進行していくため，収穫回数がすすむにつれて収量や品質は急激に低下し，収穫までに多くの日数を要するようになる。

この作期は休眠の浅い品種を用い，できるだけ充実した根株を使用することが大切で，品種選定を誤ると収穫中に地上部が枯死し，その後2か月以上も収穫できないことがあるので注意しなければならない。

また，保温時は，養分の蓄積が盛んに行なわれている時期でもある。したがって，貯蔵養分の蓄積が不十分な新植株を用いるよりも，株の充実している2年株などを使用するほうが，株の利用上からも得策である。

11〜12月保温 休眠の最も深い時期，あるいはその前後に保温が行なわれるため，一般に初期生育は緩慢で，収穫までに日数を要するが，収穫回数がすすむにつれ徐々に回復する。ただし，11月上〜中旬と12月中旬ごろの保温では，相反する生育特性を示し，前者は10月保温に，後者は1〜2月保温の特性に類似した生育経過をたどるようになる。

この時期になると，新植した株もかなり充実してくるので，栽培には2年株より，若くて力のある1年株を利用する場合が多い。なお，品種は10月保温同様，休眠の浅い品種を用いる。

1〜2月保温 各作期のなかでは最も栽培が容易で，しかも収量性に富み，品質も優れる。低温下でも順調に生育し，むしろ気温の上昇する3月以降は，1日の伸長量が必要以上に増大しすぎるので，温度管理には十分注意し，適期収穫を心がける。

品種は，休眠の影響が多少みられる1月上〜中旬保温には，休眠の浅い品種を用いなければならないが，1月下旬以降は収量や品質の優れた品種であれば，休眠性に関係なく利用できる。

(4) 作期と品種の選び方，生かし方

ハウス栽培のニラは，11月から翌年の5月ごろまで収穫・出荷されるが，関東以北では，この間同一株で連続生産する事例はほとんどない。地域性や経営内容を考慮しながら，保温時期や形態の異なる株の組合わせによって，連続的に生産されているのが現状で，数多くの組合わせ方が存在する。なお，栽培品種は，どの作型にも作期にも利用可能な休眠の浅い品種がおもに用いられ，作期が限定される休眠の深い品種の利用はきわめて少ない。

地域の気象条件 ニラは，充実した根株を養成しないかぎり収量や品質の向上は望めず，定植から収穫までの期間，つまり株養成期間の長短が株のできに大きく影響する。たとえば同じ状態の株をつくろうとする場合，株養成を含めた播種から収穫までの期間は，暖地で短く，寒

第1表 ハウス栽培のおもな作期

	播種期	定植期	保温期	収穫期	収量・品質など 栽培のねらい
10月保温	7月中旬〜8月下旬	5月中旬〜6月上旬	10月下旬〜11月上旬	11月中旬〜1月下旬	収穫回数がすすむにつれ収量・品質は急速に低下。休眠突入前の保温
	3月上旬〜3月下旬	6月中旬〜6月下旬			
11〜12月保温	3月上旬〜3月下旬	6月中旬〜6月下旬	11月中旬〜12月中旬	12月下旬〜3月中旬	1〜2回収穫時の生育緩慢。休眠の最も深い時期の保温
1〜2月保温	3月中旬〜4月上旬	6月中旬〜7月上旬	12月下旬〜1月中旬	1月中旬〜4月中旬	栽培容易で多収性。品質良好
			1月下旬〜2月中旬	2月中旬〜5月上旬	休眠明けの保温

地ほど長期間を必要とする。この点では温暖な地方ほどいろいろな作型や作期が設定しやすいことになる。ハウスの冬どり栽培は経済性を考えると、無加温で栽培できるかどうかが導入の目安となるが、一方、生産可能な根株を養成するには、7～8月の月平均気温が20℃以上ないと困難と思われる。したがって、これらの条件を満たさない地域での経済栽培は不可能であろう。

適品種の条件 ほかの作物と同様、収量だけでは品種を選ぶことはできず、品質がよくしかもつくりやすいことが条件となる。このほかに休眠性、分げつ性や花芽分化の早晩なども考慮しなければならないが、とくに休眠性はハウス栽培における品種選定の第一条件で、いかに収量や品質が優れていても休眠の深い品種は利用価値が少ない。つまり、冬どりでは休眠がなく、良質・多収で耐暑・耐寒性に優れるなど、栽培しやすい品種が理想であるが、現状ではこのような理想的な品種は存在しない。したがって、少しでもこれらの条件にあった品種を選定することが重要である。

品種選定にあたっては分げつの多少も重要な要素で、分げつの多い品種は茎数の増加により葉幅がせまくなりやすく、分げつの少ない品種は定植本数を多くしないと収量が期待できないなど、それぞれ欠点をもっているので、この点を理解したうえで、選ぶべきである。

株の有効利用と作期の組合わせ方 保温は10月から2月まで随時行なわれるが、休眠の浅い品種を利用しても、安定した生産が期待できるのは12月下旬からで、この時期以降がニラの保温適期といえる（後述）。しかし、すべて12月下旬以降に保温することは連続生産をはかるうえからも、また、労力的にも不可能である。そこで、いかに保温時期を上手に組み合わせるかが問題となるが、このことは株の利用法とも密接な関係がある。

早期保温（10～12月上旬）は、保温時期に関係なく休眠の影響をうけ、収量や品質低下が認められるため、この時期に用いる株は収量的に最も安定している株を利用するのが得策である。この期間は、新植株にとっては株が充実しつづけている大事な時期でもあり、できれば、新植株は株が十分充実して休眠の影響を受けなくなった時期から保温するほうがよいと思われる。つまり、10月下旬～11月上旬保温には2年株を、12月下旬～1月上旬に1年株を保温することが、ニラの生態を生かした基本型と考えられる。この基本型を軸として地域や個々の経営に応じた組合わせを検討することが大切である（第4図）。

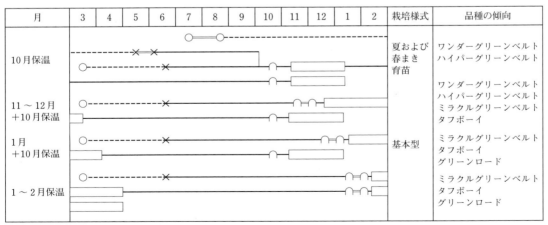

第4図　無加温ハウス栽培における作期の組合わせ

ハウス栽培（関東型）

(5) 近年ニラ品種における低温遭遇時間と保温後の生育との関係

先述のとおり，ニラは低温条件や短日条件になると休眠状態に入るが，その特性には品種間差がある。休眠の深い品種はある一定の短日条件によって休眠に入り，新葉の出葉がほぼ完全に止まる。一方，休眠の浅い品種はおもに低温条件によって休眠に入ると考えられているが，新葉の伸長が完全に止まることはなく，伸長速

第2表　低温遭遇時間ごとの収穫日および収穫所要日数

保温開始日 (月/日)	低温遭遇 (時間)	収穫日（月/日）			収穫所要日数（日）			
		1回目	2回目	3回目	～1回目	～2回目	～3回目	平　均
10/19	1	11/22	1/22	3/26	34	61[1)	63[1)	53
11/5	58	12/21	2/8	4/5	46	49	56	50
11/15	96	1/11	3/11	4/11	57[1)	59[1)	31	49
12/2	300	1/25	3/4	4/11	54	38	38	43
12/14	487	1/22	2/20	4/5	39	29	44	37
1/2	793	2/5	3/11	4/11	34	34	31	33

注　ミラクルグリーンベルト，タフボーイ，ワンダーグリーンベルト，グリーンロード，スーパーグリーンベルトを1/2000aワグネルポットに定植後，露地環境に置き，株養成を行なった
　　上記の低温遭遇時間に達した時点で温室に移動して保温を開始し，地上部を刈り取り，3回収穫を行なった
　　収穫はスーパーグリーンベルトの最長葉が25cm程度になった時点で，全品種一斉に行なった
　　温室内は暖房により最低夜温5℃以上を確保した
　　1) は葉長が25cmに達しなかったため60日を目安に収穫した

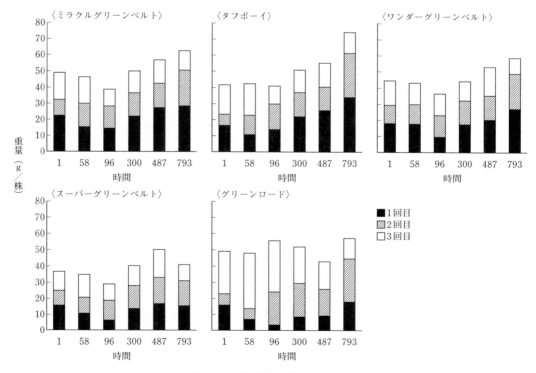

第5図　低温遭遇時間ごとの収量

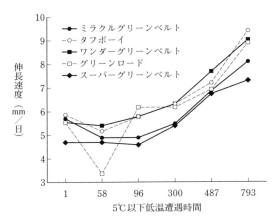

第6図　低温遭遇時間と保温後の葉の伸長速度
収穫1～3回目までの平均値を示した

度の低下がみられる。近年開発されている周年栽培用の品種は休眠の浅いものがほとんどで，ある一定の低温に遭遇した時間の長短が保温後のニラの生育に影響を及ぼす。

5℃以下の低温に遭遇する時間の長短が，保温後の葉の伸長速度や収量および品質に及ぼす影響をみたのが，第2表，第5，6図である。

休眠打破については，'ミラクルグリーンベルト''ワンダーグリーンベルト'および'スーパーグリーンベルト'では，5℃以下の低温遭遇96時間で収穫1回目および合計収量が最も低く，収穫1回目までの所要日数が最も長くなったことから，5℃以下の低温遭遇100時間程度で最も休眠が深くなると考えられる。'タフボーイ'も同様の傾向を示したが，収穫1回目の収量が50時間程度で最も低かったため，最も休眠が深くなる5℃以下の低温遭遇時間は50～100時間程度の幅があると考えられる。また，休眠が打破される低温遭遇時間については，'グリーンロード'以外の品種は低温遭遇300時間以上になると収量が増加し，葉の伸長速度が速くなったことから，低温遭遇300時間以上で，遭遇時間が増加するにつれて休眠が打破されると考えられる。'グリーンロード'は，800時間以上の低温に遭遇させることで安定した収量を確保できると思われる。

栃木県内の無加温パイプハウス栽培において

は，厳寒期にはハウス内が5℃以下の低温になる時期があり，0℃以下に遭遇する場合もある。保温前に十分な低温遭遇がなく，休眠が打破されないまま保温を開始してしまうと，ハウス内で徐々に低温遭遇して伸長の停滞や収量の低下につながる。無加温パイプハウスで十分な収量を確保するためには露地状態で少なくとも300時間以上の低温に遭遇させ，休眠を打破してから保温を開始することが必要である。一方，ハウスを積極的に保温できる設備（最低夜温約5℃以上を確保できる）が備わったハウスであれば，10月下旬から保温を開始することで，休眠の影響を受けずに十分な収量を確保できると考えられる。

2. 栽培技術の要点

(1) 作期別の生育と栽培技術

現在市販されている品種は，休眠の浅いものから深い品種まで，草姿などの形態，分げつ性，耐暑性などが著しく異なる品種もあり，一方では類似品種の多いのも特徴である。この作型では，品種の休眠特性を把握せずに選定することは絶対に許されない。

育苗期の生育促進と適期定植，株養成期間の周到な施肥管理などによって，保温までに充実した根株をつくりあげることが大切であるが，施肥管理を一歩誤ると株の充実を阻害する要因となる倒伏につながるので，注意しなければならない。

保温後の生育は温度管理に左右されやすく，厳寒期の保温，とくに夜温の確保は収量や品質を向上させるためにも重要である。

10月保温　株できの良否が収量に大きく影響する作期で，基本的には収量の安定している2年株を使用する。保温後は順調に生育し，1回目の収穫では高収量が得られるが，その後は生育も徐々に抑制され，収量や品質ともに急速に低下し始める。なお，保温時の追肥は効果が大きい。病害は初期に株腐細菌病，後半は白斑葉枯病が発生しやすいので，これらに対する適

切な防除が必要である。

11～12月保温 新植株, 2年株のどちらを使用するかが問題となるが, 新植株も12月上旬ごろには, ほぼ一人前の株に生長する。また, 休眠の浅い品種は12月下旬になると休眠の影響をほとんど受けなくなる。したがって, 12月中旬以降は新植株を, それ以前は株の利用法や保温時における株の充実度合を考慮して, 使い分ける必要がある。ただし, 新植株を11月から用いる場合は, 株養成期間をできるだけ確保し, 短期間で株を充実させる栽培法が要求される。12月上旬までの保温は, 休眠の影響を強くうけるため, 温度管理に関係なく保温後の生育はおそい。

1～2月保温 1月下旬の保温からは, 休眠の深い品種も利用できる。生産が最も安定している作期でつくりやすい反面, 近年は株腐細菌病が多発するようになり問題となっている。この病気は雨が多く低温の年ほど多発するので, このような年は, 秋のうちから防除を徹底する必要がある。また, 気温の上昇する2月下旬以降は, 追肥と灌水を適宜行ない, 収量と品質が低下するのを防止する。

(2) 苗づくりと適期定植

播種は春まきが圧倒的に多く, 一部の地域で夏まきが行なわれている。春まきの育苗期間は90～100日で, この間に2本程度に分げつした苗をつくらなければならない。播種から育苗前半は気温が低いので, ビニールトンネルなどで保温し, 発芽の均一化と初期生育の促進に努める。乾燥すると生育が著しく悪くなるので, 灌水には十分気をつけ, 定植までに数回の追肥や中耕を行なうことにより生育の促進と苗の充実をはかる。

一方, 夏まきは高温期に播種するので, 発芽までは敷わらなどで地温低下と乾燥防止に努め, 育苗初期は灌水量を多くし, 乾燥による生育の停滞を防ぐことが大切である。追肥や中耕などのおもな管理は9～10月に重点的に行ない, 越冬前に充実した苗をつくるようにする。

定植にさいしては, 栽植密度や株当たりの植付本数が問題となるが, これらの差は収量や品質に大きく影響する。通常は密植で収量が, 疎植では品質が向上するので, どちらを重視するかによって定植のしかたは異なってくる。なお, 定植は6月中には完了させたい。

(3) 良品生産のための株づくり

適期に定植された苗は, 8月下旬ごろから生育が旺盛となり, 平均気温が20℃になる時期から貯蔵養分の蓄積が始まる。したがって, この時期はできるだけ健全な状態で地上部を繁茂させ, 葉面積を確保することが大切で, 施肥管理がきわめて重要となる。株づくりを急ぐあまり, 早期から追肥を開始すると秋には茎葉が徒長して倒伏することが多い。倒伏を防ぐと同時に追肥を効果的にするには, 早期追肥はできるだけ避けて, 追肥の中心を9月以降におくべきである。ただし, 根は平均気温が5℃くらいまで増加しつづけるので, 最終の追肥時期はこの点を考慮したい。

(4) 温度管理と収量, 品質

厳寒期はハウス内でも0℃以下になることが多いうえ, 夜温が低下することを考えて, 一般に昼間は生育を促すため高温管理が行なわれている。しかし, 高温は生育の促進には有効であるが, 葉幅はせまくなり, 葉も薄くなるので収量は低下し, さらに葉色が淡くなるなどの欠

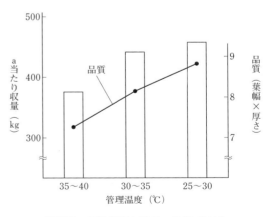

第7図 昼温管理と収量, 品質 (1980)

点がある。逆に低温では，収穫日数はかかるものの，増収と品質向上が期待できる（第7図）。冬どりでは，収益性を考えると25日前後で収穫に達するのが望ましく，夜温の高低に応じて昼温を操作する必要がある。

生育に対する光の影響は忘れられがちであるが，日照時間が短く，しかも光の弱い12〜1月は温度以上に光の強弱が葉の生長に大きく影響してくるので，この時期は少しでも多くの光を株に与えるような対策が望まれる。

(5) 収穫後（2年株）の株づくり

収穫後は株の回復をはかり，次の収穫までに再度充実した根株をつくりあげなければならない。したがって，1年目と同様施肥管理が重要となるが，新植株ほど神経をつかう必要はない。

施肥は春と秋の2回に分かれ，春肥は株の生育状況をみて施用するかどうかを判断する。秋の施肥は，新植1年目にほぼ準じて必ず行なうが，2年目は保温時期が早いことなどを考慮し，施肥開始時期は1年目よりもやや早くする。なお，施肥管理と同時に，発生してきた花蕾を早期に除去することも，収量や品質低下を防止するために必要である。

第3表　育苗期の技術目標

技術目標	技術内容
苗圃の選定	日当たりがよく，肥沃で排水のよい土壌。連作地を避ける
苗圃づくり	土壌酸度の矯正（6.5〜6.8），完熟堆肥と肥料の適量施用，深耕
適期播種	3月中〜下旬播種，早期播種による株養成期間の確保
発芽揃いの向上	種子を18〜20時間水に浸漬，覆土は薄く，適量灌水と乾燥防止。保温による地温の確保（20℃）
健苗の育成	低温期の保温管理。間引き，追肥・中耕
病害虫の防除	主要病害：苗立枯病，白斑葉枯病，べと病，乾腐病 主要害虫：アブラムシ類，アザミウマ類，ネギコガ，タネバエ 苗圃の土壌消毒，適薬剤の散布・灌注

3. 栽培法と生理・生態

(1) 育苗期

ニラの育苗で最も注意しなければならないのは，播種床の土壌酸度である。酸性を極度にきらう作物で，とくに苗が小さいうちほど酸性の影響をうけやすいので，酸度を矯正しておくことが大切である。また，春まきでは初期生育を促すために，温度管理の容易なパイプハウスを利用するのも一方法である。

この時期の技術目標は第3表のとおりである。

播種床のつくり方　播種床は本圃10a当たりに2〜3aを必要とし，連作地を避け，日当たりがよく，しかも肥沃で排水のよい圃場を選ぶ。苗床のpHは6.5〜6.8に矯正する必要があり，6.0以下になると生育になんらかの影響が出てくるので注意する。播種の30日前までには1a当たり堆肥400〜500kgと酸度矯正のために苦土石灰20kgを施し，深く耕起しておく。

施肥は播種10〜15日前に，三要素とも成分量で1.5kgを施し，播種前に通路50cm，床幅90〜120cmの床をつくり，整地，鎮圧して播種床とする。床は排水などを考え7〜10cmの高さとするが，乾燥しやすい圃場ではむしろ平床とし，土壌の乾燥を防ぐようにしたい。

播種期と育苗中の管理　春まきの播種適期は，3月中下旬である。播種量は10a当たり1〜1.5l必要で，発芽ぞろいをよくするためには種子を18〜20時間水に浸した後，陰干ししてからまくとよい。播種の方法は，まき幅10〜15cm，深さ5mmの溝に条播し，覆土する。覆土が厚いと発芽が遅れたり，場合によってはまったく発芽してこないこともある。覆土後は敷わらを行ない，十分灌水し，発芽適温の20℃前後の地温を保持するため，マルチやビニールトンネルを被覆し，発芽を促す。ただし，高温時に播種する夏まき（7月中旬〜8月下旬）では，逆に地温低下と乾燥防止のためのくふうが必要である。

播種後10～12日で発芽してくるが,70～80％発芽したころ敷わらやマルチを除去し,トンネル内の温度はできるだけ30℃を保つよう心がける。なお,発芽の状況によっては間引きも必要となる。気温の上昇とともに換気を十分行ない,最低気温が6～7℃になるような日は夜間も被覆せず,平均気温が15℃前後になったとき完全に被覆を除去すべきであろう。乾燥すると生育が停滞するので,灌水には十分気をつける。追肥は1a当たり0.3～0.5kgを,育苗中2～3回行なうが,このとき肥効を高めると同時に土壌を膨軟にし根へ酸素を供給するために,軽い中耕,土寄せを併せて行なうと効果的である。いずれにせよ,定植までの数か月間に2～3本に分げつした生産力の高い苗をつくる必要があり,そのためには育苗管理に手抜きがあってはならない。

夏まきの苗は,翌年の5月に定植されるため,越冬中の寒害や凍害が大きな問題となる。苗が小さかったり,養分の蓄積が不十分な苗は,寒さの厳しい地域では越冬できないことが多いので,10月までには寒さに耐えるような充実した苗をつくりあげておくことが大切である。

育苗中の病害虫防除 育苗中にみられるおもな病害は苗立枯病,白斑葉枯病,べと病,乾腐病などで,とくに白斑葉枯病と乾腐病の防除が重要である。

(2) 定植期

定植時期の相違が収量に大きな影響を与え,遅れるにしたがって減収する。したがって苗の大小にかかわらず,適期に定植することを心がけるべきである。

この時期の技術目標は第4表のとおりである。

①定植圃場の準備

定植から株を廃棄するまでの在圃期間が長いので,苗床に準じてよい圃場を選定する。ニラの根は,一般的な圃場では全体の90～95％が地下20cmまでに分布しているが,根は収穫とともに減少(第8図)し,根量低下の激しい株ほど収量は少なく,品質も低下する。つまり,

第4表 定植期の技術目標

技術目標	技術内容
圃場づくり	土壌酸度の矯正(6.5),堆肥および肥料の適量施用,火山灰土壌ではリン酸増施,深耕
適期定植	2～3本分げつ苗を6月中～下旬定植,活着の促進
適正な栽植密度	管理作業などに適したうね間株間。密植ほど株当たり植付本数減(収量は密植,品質は疎植で向上)
適正な植付け深度	10cm程度の深植え(浅植えは分げつ多く,品質低下大),植付け方法は作業性や栽培密度を考慮する
病害虫の防除	ネダニ:定植前に適薬剤土壌混和,連作圃は土壌消毒

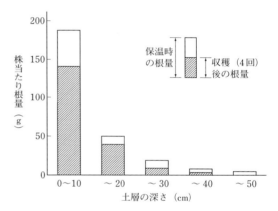

第8図 根の分布と収穫による根量の減少程度
(1983)

量的および質的に優れた根を確保することが,生産性を高める大きな要因となるため,定植圃場はできるだけ深耕し,堆肥などを多量に施して通気性と保水力のある圃場をつくるようにする。

定植20日前までには,1a当たり堆肥500kgとpHが6.5前後になるよう苦土石灰を投入し,酸度を矯正しておく。

②施肥法

定植から収穫までの期間が長いので,施肥は基肥よりも追肥を重点に考える。もともと多肥を好む作物であるが,養分吸収量(第5表)などを考慮した場合,収穫終了時までの施肥量は,1a当たり三要素とも成分量で5kg前後あれ

ニラの基本技術と経営

第5表　冬どりにおける養分吸収量（1982）

施肥量	吸収量（kg/a）					収量
（kg/a）	N	P2O5	K2O	CaO	MgO	（kg/a）
4	3.6	0.9	4.6	1.0	0.3	416
8	3.9	0.7	4.5	0.9	0.3	416

注　品種はグリーンベルト。施肥量は三要素とも同量
3月25日播種，7月2日定植，12月21日保温で4
回収穫

ば十分で，基肥2kg，追肥3kgがひとつの目安
となる。

収量や葉幅に最も影響を与えるのは窒素なの
で，施肥量はおもに窒素を基準に考えればよ
い。ただし，火山灰土壌ではリン酸の施用効果
が大きいので，これらの地域では基肥のリン酸
を多めにする。肥料は全面に散布し，できるだ
け深耕する。

③栽植密度と植付本数

うね幅，株間の広狭　1株当たりの面積が広
くなるにつれて葉幅は広くなるが収量は低下
し，1株当たりの面積がせまくなるほど収量は
増加するが，葉幅は逆にせまくなる。定植はう
ね幅40〜45cm，株間20〜25cmを基本とする
が，これらは株当たり面積を基準に考えるべき
で，収量重視の栽培では密植とし，品質を重視
した場合は株当たり1,000〜1,200cm^{2}の面積が
必要である。なお，面積が同じであれば，うね
幅と株間をどのようにかえても収量差はほとん
どないので，作業性を主体に決めるとよい。

株当たりの植付本数　定植時期や栽植密度に
よって異なるが，早期定植や密植ほど少なくす
る。茎数の増加は定植後の気象条件にも影響さ
れるが，株当たり800〜1,000cm^{2}の面積に定
植する場合の植付本数（茎数）は，春まきの6
月下旬定植で5〜6本，秋まきの5月定植では
4〜5本とする。

④定植方法

春まきの定植と秋まきの定植　春まきの定植
は6月中下旬，おそくとも7月上旬には完了さ
せる。2〜3本に分げつした15〜20gの苗を定
植するのが望ましいが，収量は苗の大小よりも
定植時期の早晩に左右されるため，苗が小さく
ても早期に定植するようにしたい。秋まきの定

植は，平均気温が15℃（5月）を超えてからの
時期がよく，早期定植は低温の影響を受け，む
しろ生育が悪くなるので注意する。

植付けの方法　単位面積当たりの植付本数が
同じ場合，どのような方法で植えても収量や品
質の差は少ないので，定植労力や作業性などを
考えて決めるべきである。ただし，植付けの深
さはその後の生育に大きく影響し，深植え（10
〜15cm）ほど分げつは抑制される反面，品質
は優れ，浅植え（5cm）ではその逆の結果とな
る。

（3）株養成期

保温までに，充実した根株ができるかどうか
は，定植後の追肥のしかたいかんで決まるとい
ってよく，株養成期間中の施肥管理はきわめて
重要である。なお，収量や品質低下の要因とな
る倒伏には，十分注意する必要がある。

この時期の技術目標は第6表のとおりであ
る。

追肥と倒伏防止　追肥は生育が旺盛となり，
貯蔵養分の蓄積がはじまるころから行なうのが
理想である。7〜8月に追肥を開始すると9〜
10月には新葉が黄緑色となって伸びだし，茎
葉が徒長して倒伏することが多い。実際には，
9月上旬からほぼ2週間間隔に11月上旬まで連
続して行なうのがよく，1回の施肥量は，1a当
たり成分量で0.5kg前後とする。

倒伏の原因は，台風などの気象的要因を除け
ば，施肥管理の失敗が大部分である。したがっ

第6表　株養成期の技術目標

技術目標	技術内容
生育の増進	適期追肥と施用量，中耕・土寄せ，高温乾燥時の灌水
倒伏防止	追肥時期と量の適正化，ネットなどの有効利用
病害虫の防除	主要病害：白斑葉枯病，株腐細菌病，べと病，乾腐病，白絹病，ニラえそ条斑病，さび病 適薬剤の散布，乾腐病の発病株は除去 主要害虫：アブラムシ類，ネギコガ，ネダニ，アザミウマ類

て，適正な施肥管理を心がけることが倒伏防止の第一条件で，場合によっては，キュウリ用のネットを株上に張るのも効果的である。

病害虫の防除 この期間は，乾腐病，株腐細菌病，ネダニや萎縮病の原因となるアブラムシ類の防除が中心となる。乾腐病は連作圃場で発生が多く，また，土壌の過乾や過湿，さらには酸性土壌で発病しやすいので注意する。株腐細菌病の発生は9～10月に多い。

ネダニは，高温時に土壌が乾燥しやすい畑地に多く発生し，水田では比較的実害が少ない。連作によって被害が増大するので，発生の多い圃場では連作を避ける。

(4) 収穫期

収穫中，とくに問題となるのは白斑葉枯病と株腐細菌病の発生である。温度管理は，生育や収量に大きな影響を与えると同時に，これらの病害の発生にも関与するので，十分注意しなければならない。

この時期の技術目標は第7表のとおりである。

温度管理 ビニールを被覆後地上部を刈り取り，灌水チューブを配置してマルチを行なう。

夜温と日中の温度管理のめやすを第9図に示したが，ハウス内が0℃前後になる時期は，日中35℃をひとつの目安とした高温管理を行ない，生育の促進をはかる。このような条件下では，ハウスを密閉する日が多くなるので，ときどき換気をして空気を入れかえることが大切である。また，夜温の高い時期は25～30℃に抑え，徒長を防ぐ。温度管理はたとえ厳寒期であっても夜温が0℃前後にならないことが理想であり，できるだけ生育がほぼ停止する5℃を目標に保温し，昼間の温度を30℃以下に抑える努力が必要である。

灌水と施肥 保温時には灌水を十分行なうが，気温が低く換気をほとんどしない12～2月中旬の灌水は，必要最低限とする。過剰な灌水は病害の発生を助長するので注意する。気温が上昇し，換気をするようになってから灌水をはじめればよい。また，施肥も灌水同様，地・気温が上昇してこないと効果はなく，実際に効果がみられるようになるのは3月下旬以降の収穫からである。したがって，追肥も2月下旬～3月上旬が開始時期となる。とくに，肥効の認

第7表 収穫期の技術目標

技術目標	技術内容
適正な温度管理	日中の管理温度は最低気温を基準に決定（高温ほど生育促進，収量や品質は低下），生育には最低5℃，適温20℃前後光線透過率の優れた保温資材の利用
灌水・追肥	地・気温と灌水および追肥の効果，湿度と病害発生
病害虫の防除	主要病害：株腐細菌病，白斑葉枯病，萎縮病 適薬剤を保温および収穫直後に散布，萎縮病は汁液伝染，収穫用刃物の消毒

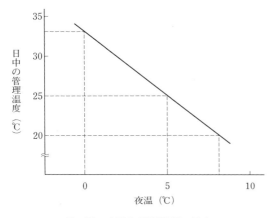

第9図 夜温と昼温管理の目安

第10図 ハウス内の生育状況（2月）

ニラの基本技術と経営

第8表 2年目（収穫後）における株養成期の技術目標

技術目標	技術内容
適正な施肥管理	生育に応じた施肥，適期追肥と量，中耕による土壌通気性の向上
倒伏防止	早期多量施肥の回避，追肥時期の適正化，ネットなどの利用
摘　蕾	花蕾の早期摘除，7〜10日間隔
病害虫の防除	1年目の株養成期に準ずる

められない12月や1月から追肥を行なうと，5〜6月に施肥の効果が一度に現われ，7月ごろには過繁茂となり倒伏することがあるので，低温期の施肥には注意しなければならない。

病害虫の防除　白斑葉枯病や株腐細菌病が発生すると，商品価値を著しく低下させる。白斑葉枯病は低温・多湿下で，株腐細菌病は湿度が高く，気温がやや高くなると発生しやすい。

防除には，登録薬剤を用いるが，刈取り直後の株に散布するのが最も効果的である。

（5）収穫後の株養成

収穫終了後，約6か月の株養成期間があるので，新植株のように株づくりを急ぐ必要はない。株養成の考え方は1年目と同様であるが，新たに花蕾の摘除という重要な管理が追加されてくる。

この時期の技術目標は第8表のとおりである。

施肥管理　株の回復を早めるために，春肥と

して5月上・中旬に1a当たり，三要素とも成分量で1〜1.5kgを施す。しかし，その時期や量，あるいは施用の有無については株の生育状況を見極めたうえで判断するのがよい。5月の施肥を中止し，6月中旬ごろにそれまでの生育経過を見たうえで施肥するのも一方法である。ただし，収穫までの施肥量が多いため，定植時に比較して収穫終了時にはpHが0.7〜1.0程度低下していることが多い。5.5以下になると生育への影響が出始めるので，春肥を行なわない場合でも石灰だけは施し，酸度矯正に努める。石灰はうね間に施し，施用後は中耕して土壌と混和する。

秋の施肥は新植1年目に準ずるが，8月以降は花茎に支えられて倒伏しにくいこと，保温が早いことなどを考慮し，1年目より早い8月中旬ごろから行なうようにする。

花蕾の摘除　2年目の株は，7月下旬から9月上旬にかけてつぎつぎと花茎が伸長し，とう立ちしてくる。これをそのまま放置しておくと開花・結実のために養分が奪われ，株が衰弱し，冬の収量低下の大きな要因となるので，早めに取り除かなければならない。

摘除の回数は，収量や品質に直接影響するため，できるだけ多くすることが望ましく，少なくとも7〜10日おきに4回程度は実施して，収量低下を防ぐことが大切である。

執筆　長　修（栃木県今市農業改良普及所）

改訂　村川雄紀（栃木県農業試験場）

ハウス栽培（西日本タイプ）

1. ハウス栽培の意義と目標

(1) 栽培法のおいたち

日本におけるニラ栽培の歴史は古く，西暦900年からといわれている。西日本では，岡山県で1897年ごろから軟化栽培が行なわれた。

現在西日本で最も出荷量の多い高知県には，1954年に北村益美氏が香美郡野市町（現香南市）に導入したのが初めである。冬場のギョウザ用に栽培を始め，出荷したところ，大阪市場で1束60〜70円の高値で取引きされたため，栽培面積は急増し産地として成長した。当初の栽培方法は間口2m，高さ1m程度の小型トンネルで，夜間はこもで覆って保温した。その後ハウス栽培が導入され施設が大型化するとともに，二重ビニール被覆法に変わり，保温管理労力が大幅に軽減され，1戸当たりの栽培面積は拡大した。

一方，近隣市町村へ栽培が広がるにつれて出荷時期の前進化や延長など作期の改良が行なわれ，鮮度保持技術の向上とあいまって高温時期の出荷が可能となり，栽培技術体系は多様化した。

その後，宮崎県，大分県などでニラの栽培が始まったが，これらは高知県から技術導入されたものである。

(2) 栽培法の生理的意義

ニラの生育適温は18〜23℃であるため（第1図），西南暖地に位置する高知県でも，低温期の露地栽培では，温度が不足して地上部は枯死あるいは生育を停止し，収穫できない。この時期に最低5℃程度の温度に保ち，ニラの生育を促し，収穫可能にし，周年生産できるのがハウス栽培の第一の意義である。西日本では，10

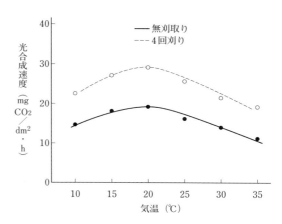

第1図　気温が光合成速度に及ぼす影響
(長，1984)

月中旬から4月下旬のあいだに5回前後収穫できる（第2図）。これは関東地域における同時期に比べて2回くらい収穫回数が多く，総収量は増す。しかし，収穫回数が多いので，葉肉が薄い，葉幅が狭いといった品質低下をまねき，問題となっている。

第二の意義は，ハウス育苗することによって抽苔を抑制することである。9〜10月に播種した秋まきニラの花芽分化は，翌年の6〜7月の高温・長日期（15〜16時間）に始まり，その後の高温で抽苔する（第1表）。ところが，12月以降にハウス内に播種したハウス育苗のニラは，ほとんど抽苔せず，抽苔率は秋まきや2年株に比べて著しく低下する（第3図）。この特性を生かすと，抽苔に伴う養分の消耗がないので，収量の増大と品質向上に役立つ。

第三の意義は，夏期に雨よけをして，出荷流通過程における腐敗を防止することである。夏期の高温と多湿はニラの茎葉を軟弱徒長にし，その結果出荷流通過程での腐敗事故が多発する。また，水分の蒸散も多く鮮度は低下しやすい。収穫時に降雨にあうと腐敗事故はさらに増加し，長年かかって築いた市場の信用を失い，

ニラの基本技術と経営

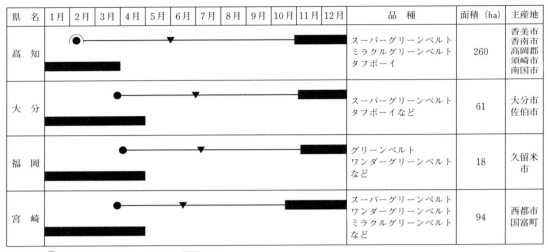

第2図　西日本各県のおもな作期

面積は「平成27年産野菜生産出荷統計」より

第1表　ニラの主要品種の花房分化と発育

(高橋ら，1970)

品　種	月/日	未分化	分化初期	花房分化	花弁分化	雄ずい分化
グリーンベルト	6/2	2				
	6/17	4				
	6/24	2	4	1		
	7/1	3	2	6		
	7/9			3	1	1
	7/16				3	4
満州ニラ	6/11	1				
	6/17	1	1			
	6/24				1	1
	7/1			1	1	1
	7/16					1
蒙古ニラ	6/11	1				
	6/17	2				
	7/1	3				
	7/9				4	
	7/16					1
台湾ニラ	6/7				2	
	6/11				1	1
	6/24				1	1
在来種 (千葉県)	6/11			1		
	6/17			1	1	
	7/9					1
	7/16					
大葉ニラ	6/11	1	1			
	6/17			1	1	
	7/1			1		

注　数値は個体数

以後有利な取引きはとても望めない。しかし，ニラの生育適温時期であっても，雨よけ栽培をすることで収穫前の降雨を遮断し，土壌水分を低下させれば，日持ちがよく腐敗の少ないニラができる。

以上のハウスニラ栽培の特色を生かし，これに露地栽培を組み合わせ，高品質のニラを周年安定して生産することが最終目標となる。

(3) おもな作型と生育の特色

高知県におけるハウス栽培の作型は，ハウス冬作およびハウス夏作に大別される（第4図）。

ハウス冬作　1～3月にハウス内に播種し，100～150日育苗後の5月中旬～8月上旬に定植，80～120日の株養成期間を経て1回目の収穫を行ない，その後，40～50日間隔で6回

ハウス栽培（西日本タイプ）

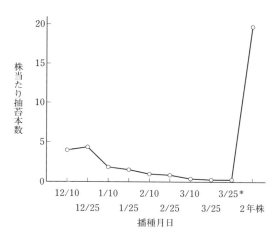

第3図　播種期が抽苔に及ぼす影響
(室井ら，1984)
ハウス育苗，ただし＊は露地育苗

程度連続して収穫する作型である。

以前は最初の収穫をゼロ番刈りとして刈り捨てていたが，近年では株養成期間中でも栽培管理を適切に実施し，一番刈りとして出荷できるニラに仕上げている。

ハウス夏作　11月下旬〜12月下旬にハウス内に播種し，4月中旬〜5月上旬までに定植，90日程度株養成して，収穫は年内に4〜5回とし，2月末までに計6回行なう作型である。

(4) 品種の特性と利用

ニラの休眠は，深い品種（'蒙古'など），浅

第2表　休眠性による品種分類

休眠の程度	品種名
ほとんどない品種	テンダーポール，大葉（台湾）
浅い品種	グリーンベルト，大葉（坂田）
深い品種	蒙古，在来，野生

い品種（'グリーンベルト'など），ほとんどない品種（'大葉（台湾）'など）の3つに分類される（第2表）。ニラは低温短日によって休眠に入るため，冬の作期では品種の選定に注意する。また，品種によって，夏期に生育が劣るものや，冬期に劣るものがあるので，作型に応じた品種選定が必要である。

高知県で栽培されているニラの主要品種は，導入当初は'グリーンベルト'であった。この品種は，年間を通して生育が最も安定し，休眠は浅いことから全国で使用されていたが，西日本では関東に比べて収穫回数が多いため，同一品種でありながら葉幅は狭く，葉肉の厚さも薄くなりがちで，市場から品質低下として指摘されていた。そのため，より葉幅が広く葉肉の厚い'キングベルト'や'スーパーグリーンベルト'が導入された。その後，'スーパーグリーンベルト'が主流となっていたが，近年，収穫や出荷調製作業のしやすさなどから，分げつ数は少ないものの，立性で葉鞘が長くしっかりした'ミラクルグリーンベルト'や'タフボーイ'などの導入面積が増えつつある（第5図）。

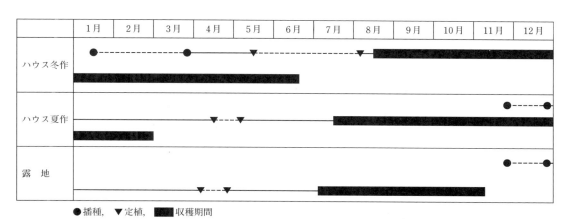

第4図　高知県におけるニラの栽培体系

ニラの基本技術と経営

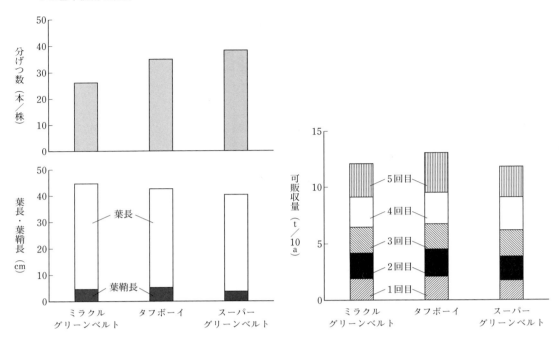

第5図 ニラの品種特性（分げつ数，葉長・葉鞘長，可販収量）
2016～2017年度，1～5回目収穫時の平均値

　スーパーグリーンベルト　休眠が浅く，ハウス冬作に適する。草姿はやや開く。葉は濃緑色。分げつ数は多いが，茎が細くなりやすい。葉鞘が短く，作業性が悪い。抽苔は8月上旬。
　ミラクルグリーンベルト　草姿はごく立性で，低温伸長性が強い。葉は濃緑色。分げつ数が少なく，苗の本数を確保する必要があるが，葉肉が厚く，葉数も多くて多収性である。葉鞘は長く，作業性がよい。抽苔期間が7月下旬～9月上旬と長い。
　タフボーイ　草姿は立性。伸長性が強く，収穫サイクルが短くなる。葉は緑色。分げつ数はやや少ない。葉肉がやや厚く，葉鞘は長い。茎が硬く倒伏しにくい。

2．栽培技術の要点

（1）土つくり

　ニラは酸性土壌では生育が劣るので，播種床，本圃とも石灰資材を施用し，pH6～6.5に矯正する（第6図，第3，4表）。
　また，定植後から収穫終了までの期間がおよそ12か月で，他のハウス野菜に比べて長い。したがってその期間，土壌構造（固相，気相，液相）をバランスよく保持し，根圏を広く深くするため，有機物を施用し深く耕起する。

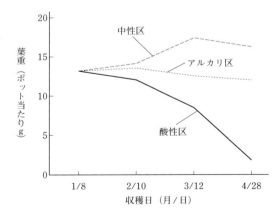

第6図　葉の生育に及ぼす土壌pHの影響
（加藤ら，1975）

近年ハウスは大型化、固定化しているため連作となり、これに伴う生理障害や病害虫の発生が多くみられる。土壌中の塩類濃度が高くなるとともに肥料成分の不均衡が起こり、生理障害の原因の一つになっていると思われる。また病害虫として、株腐れやネダニなどの発生も多くなった。これらの発生防止のため、前作の根茎を圃場外に出し、本圃は湛水処理を行なう。湛水処理後、土壌診断を行ない施肥量を決定することが、連作するうえで重要なことである。

(2) 充実した苗づくり

ニラの栽培では苗半作といわれ、苗づくりが重要なポイントである。

種子は薄く均一にまき、発芽揃いをよくし、充実して揃いのよい、硬く大きな苗に育てる。そのためには、10a当たりで播種床は200m²以上確保し、種子1lを播種適期にまく。

育苗期間が長いのでその間の病害虫防除の徹底および除草に努め、肥料切れしないよう適正な追肥を行なう。

(3) 実生苗による1年どり

ニラは定植すると1～2年間収穫できる。たとえば、秋まき作期では、春に定植し10月から翌年3月末ごろまで収穫する（以後1年株という）。さらにこの株をそのまま株養成し、秋から翌春まで収穫する。これを2年株と称している。

2年株利用は1年株に比べて葉幅が狭く、葉肉も薄く品質が劣る（第7図）。2年株は茎数が多いにもかかわらず後半の収量が少なくなり、総収量は必ずしも多くない（第5表）。また株元は写真（第8図）のように中央部に空間ができるため収穫しにくく、結束作業能率も劣る（第9図）。ニラ栽培では収穫・調製作業時間が全体の70％を占める（第6表）。これらのことから、ニラの栽培は実生苗の1年株利用が最適である。

(4) 充実した株養成

ニラは連続して収穫するため、貯蔵養分の消耗ははげしく、それに伴って品質は低下する。この品質低下を少なくするために、次の点に注意する。

1) 定植時の植えいたみを少なくし、定植から収穫開始までの株養成期間を120日以上にする（第10図）。

第3表　石灰施用量と収量および品質 (宮崎総農試, 1979)

区	収量 (kg/a)	3月1日・収穫時調査			
		1株重量 (g)	草丈 (cm)	1株茎数 (本)	葉幅 (cm)
無石灰区	875	108.8	37.1	34.8	0.8
少石灰区	974	127.2	39.2	38.0	0.9
多石灰区	1,051	138.7	39.8	41.8	0.9

注　少石灰区：苦土石灰10kg/a，多石灰区：苦土石灰30kg/a

第4表　石灰施用量と時期別収量（単位：kg/a）(宮崎総農試, 1979)

収穫月日／区	9/16	10/11	11/16	12/19	1/25	3/1	3/26	4/17	5/14
無石灰区	134	88	91	90	65	81	92	104	130
少石灰区	169	103	99	88	74	94	105	117	125
多石灰区	204	114	105	100	79	102	110	112	125

注　少石灰区：苦土石灰10kg/a，多石灰区：苦土石灰30kg/a

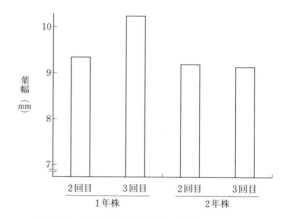

第7図　1年株および2年株の葉幅（1988年調査）

ニラの基本技術と経営

第5表 ニラの1年株と2年株の生育状況

項目 品種		草長(cm) グリーンベルト	2年株	葉幅(mm) グリーンベルト	2年株	茎数(本) グリーンベルト	2年株	収量(kg/10a) グリーンベルト	2年株	備考
農家1	11/25	35.6	27.4	8.7	7.4	28.2	—	1,654	1,344	1年株は株分け定植日6/16
	1/8	36.8	34.3	8.8	8.3	29.8	39.1	1,740	1,757	
	2/20	35.4	31.7	9.2	8.9	27.9	38.4	1,550	1,654	
	3/25	39.2	35.7	10.2	8.8	27.6	—	1,550	1,550	
	4/20	41.2	33.0	9.3	8.8	30.7	50.2	1,653	1,654	
	(平均)計	(37.6)	(32.4)	(9.2)	(8.4)	(28.8)	(42.6)	8,147	7,959	
農家2	11/6	—	40.5	—	7.9	—	36.3	1,415	1,147	定植は1年株8/15,2年株前年7/5
	12/16	40.8	40.3	10.0	9.0	18.6	37.5	1,246	1,190	
	1/27	37.0	35.3	10.9	9.4	24.7	46.5	2,620	1,895	
	3/1	40.6	42.3	10.6	9.7	23.8	47.3	2,129	2,241	
	4/3	42.3	45.0	9.9	9.7	25.4	—	2,403	2,162	
	5/29	42.3	—	8.6	—	23.8	—			
	(平均)計	(40.6)	(40.7)	(10.0)	(9.1)	(23.3)	(41.9)	9,813	8,635	

注 1987年調査

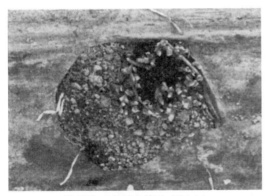

第8図 2年株の株元(刈あと)

第6表 ニラ栽培の労働時間
(1988年調査)

作業名	労働時間
播種床準備	31
播種	5
育苗管理	57
本圃の準備	70
定植	114
定植後の管理	76
収穫期の管理	278
後片づけ	91
収穫・調製	1,730
合計	2,452

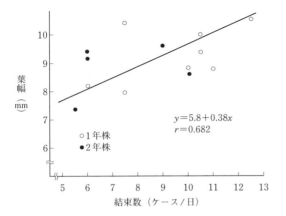

第9図 葉幅と結束数 (1988年調査)

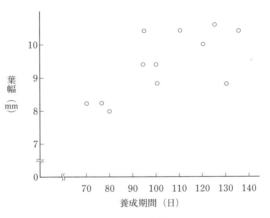

第10図 株養成期間と葉幅 (1988年調査)

2) 株養成期間の倒伏防止，病害虫の防除，花茎の除去などを行ない養分の消耗を防ぐ。
3) 適正な追肥と灌水を行なう。

(5) ハウスの温度管理

保温開始は，関東以北では低温にあてたあととされているが，西日本では定植時期の早晩によって変動し，株養成期間が120日以上経過したときが一般的であり，必ずしも低温にこだわらないが，西日本でも低温にあててから保温を始めると品質は向上し，収量も増大する。しかし，ある程度以上の栽培面積があるときには，保温開始は10～12月のあいだに行ない，出荷時期の調整と労働力配分を行なうほうがよい。

刈揃いあるいは収穫から収穫までの日数（収穫到達日数）は1回目が25日，2回目が30日前後と少ない。これは外気温が高いのが一つの要因である。収穫到達日数が少ないと貯蔵養分の消耗が早まり品質低下をまねく。したがってこの時期は換気を十分行ない，灌水はひかえめにして，軟弱徒長になるのを防ぐ。

12～2月のあいだは低温期にあたるので，夜温を最低5℃に保つため，ビニールを二重被覆して保温する。日中は冬期であっても生育適温以上になることもあるので，25℃以上にならないよう換気する。

3月以降は日中の気温がさらに高くなるので，サイド換気を十分行なう。換気しても高温になることがあるので，そのときは夜間の温度を低くする（第11図）。

生育後半にニラの葉先が枯れる症状が多くみられるが，これは追肥量が多く，換気時間が遅れ高温になると発生しやすい（第7表）。したがって早朝の換気開始が遅れないよう注意する。

3. 栽培法と生理・生態

(1) 育苗期

播種床は排水のよい場所を選び，10a当たり秋まきおよび1～2月まきで240m²，春まきで200m²用意し，これに完熟堆肥と石灰資材を施用して2～3回耕うんする。酸性土では生育が劣るので必ずpHを矯正しておく（第8表）。

①ハウス育苗

播種床のつくり方 1m²当たり完熟堆肥を5kg，石灰資材をpH6～6.5になるよう0.15～0.2kg程度施用して耕起する。2週間後に窒素13g，リン酸20g，カリ20gを施し，土が細かくなるまで耕うんする。うね幅は150cmで，肩幅120～135cmのまき床をつくる。

播種 播種はガス抜き2～7日後（厳寒期は多めとする）とし，播種床には前日十分灌水しておく。種子は発芽揃いをよくするために一昼夜水に浸漬し，240m²当たり1ℓを均一にまき，厚さ5mm程度の覆土をしてかるく鎮圧する。

発芽までに土が乾燥すると発芽が遅れて不揃いとなるので，切わらなどを薄く敷きその上に

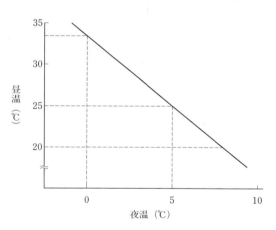

第11図　ハウス栽培における昼夜温管理の目安
(長, 1984)

第7表　ハウスの温度管理および1回当たり追肥量と葉枯れ発生
(宮崎総農試)

区	開放時刻		施肥量		
	ハウス	トンネル	0.2kg/a	0.5kg/a	0.8kg/a
1	夜間を含め1日中開放	—	1.2	1.1	1.0
2	8時30分	—	1.2	2.4	4.9
3	8時30分	9時30分	8.7	10.3	11.8

ニラの基本技術と経営

第8表　育苗期の技術目標

技術目標	内　　容
育苗圃の確保	・10a当たり200m²以上 ・実生苗による植付けで古株は使用しない
播種床づくり	・完熟堆肥と石灰資材の投入 ・pHを6～6.5に矯正 ・深耕と排水対策
発芽揃い	・適期播種 ・種子240m²当たり1ℓを24時間水に浸漬処理 ・発芽までの乾燥防止 ・播種前・後の灌水
健苗の育成	・雑草除去 ・うすまき ・定植前の灌水中止
病害虫の防除	・おもな病害：苗立枯病，灰色かび病，さび病 ・おもな害虫：アザミウマ類，コオロギ，ネダニ，ネギアブラムシ

第9表　置床温度とニラ種子の発芽率

(青葉，1966)

温度(℃) ＼ 日数	6日	12日	20日	30日	40日	50日
2～4	—	—	0	0	0	0
7	0	1	4	9	—	—
10	2	5	8	—	—	—
16	10	70	79	—	—	—
20	38	85	92	—	—	—
25	6	8	17	—	—	—
30	6	6	6	—	—	—

注　供試種子の100粒重は436mg

第10表　定植期の技術目標

技術目標	内　　容
土つくり	・堆肥5t/10a施用と石灰資材の投入 ・pHを6～6.5に矯正 ・深耕と排水対策 ・前作の残渣の完全除去 ・土壌消毒
適期苗の定植	・2～3本に分げつした大きい苗を使用 ・1株6本定植する ・植付けの深さ6cm
植えいたみの防止	・定植前後に十分灌水する ・苗は大きくてがっしりした苗を使用 ・置苗をせず定植日に苗とりをする
適正な栽植密度	・ハウスの間口に合わせたうねどり ・3.3m²当たり29～37株どり ・1株当たり6本植え収穫時に30～40本の茎数を確保する

有孔ポリマルチをする。発芽後は徒長と高温による障害を防ぐため早めにマルチを除去する。

②春まき

春まきでは早まきすると低温のため発芽が悪くなる（第9表）ので，3月中旬～4月上旬が播種適期である。遅すぎると定植時期が遅れる。

育苗期間が短いので10a当たりの播種床は200m²でよい。播種床の準備，施肥，土壌消毒はハウス育苗と同様に行なう。

③秋まき

播種適期は9月上旬～10月上旬で，遅くなると低温のため発芽が悪く，年内の生育期間が短くなり，春の生育が劣る。

秋まきは発芽および初期の生育は良好であるが，低温期に向かうので，生育速度は徐々に遅くなり，厳寒期になると生育は停止するかあるいは地上部が枯死する。しかし，翌春，早いところでは2月下旬ごろから萌芽する。ニラの萌芽までに，硬くなった地表面をかるく中耕すると発芽が早くなり大きく充実した苗がつくれる。

④病害虫防除

暖かくなり，ニラの生長とともに苗立枯病や白斑葉枯病などが発生する。

アザミウマ類やコオロギなどの食害が発生するので，防除が遅れないよう注意する。

(2)　定植期

本圃の準備　ニラは過湿に弱く，通気性，保水性のよい土壌を好むので，有機物を入れるが，これを定植直前に施すと白絹病が発生しやすいので，定植の20～30日前に完熟した堆肥を5t/10a施用する。また，酸性土壌では生育が劣るので酸土矯正のため苦土石灰を150～200kg/10a施用し深く耕起する（第10表）。

連作圃場では連作障害回避のため収穫終了後，古株はハウス外に出し，残渣分解のため石灰窒素60kg/10aを散布し15日以上湛水する（第12図）。

施肥とうね立て　基肥は定植1週間前に10a当たり窒素，リン酸，カリをそれぞれ34kg，

ハウス栽培（西日本タイプ）

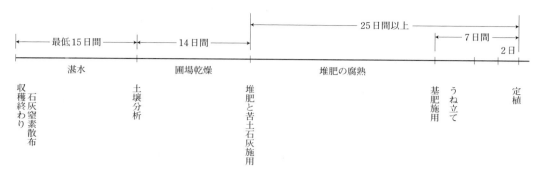

第12図　連作圃場における本圃の準備

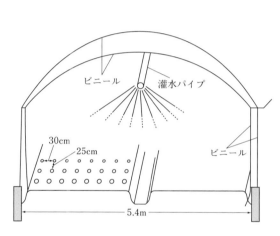

第13図　ハウスの被覆とうねどり例

第11表　施肥例（単位：kg/10a）

肥料名	基肥量	追肥 6月	7月	8月	9月	10月
堆　肥	4,000					
鶏　糞	500					
ニラ専用配合肥料（スーパーグリーン）	300	40	40	40	60	150[1]
重焼燐	35					

注　1）マルチ前施用
　　成分量（N－P_2O_5－K_2O）：基肥＝34－47－17,
　　追肥＝38－39－24

第12表　ハウスの間口とうね数，条数，株間

ハウスの間口(m)	うね数	条数/1うね	株間(cm)	株数/3.3m²
4.5	2	6	25	35
5.4	2	7	25～30	29～37
5.4	3	5	25～30	31～37
6.0	3	5	25	33

第13表　定植後の茎数の変化

品　種	7/30	9/1	9/30	11/1	11/28	1/7	2/16
グリーンベルト	7.6	8.8	17.2	25.3	25.2	28.9	27.6
キングベルト	7.5	7.7	8.4	8.1	9.9	12.3	16.1

注　定植5月25日，1本植え

47kg，17kg施し，耕うんする（第11表）。

　うね立てはハウスの間口幅に応じて行なう（第12表）。高知県では間口5.4mハウスに2うねどりし，1うねに7～8条植えるのが一般的である（第13図）。

　定植時期　ニラの分げつ期はおもに春と秋なので（第13表）定植時期が遅くなると収穫時の茎数は少なくなり減収する。また，定植時期が遅くなると1回目の収穫まで期間が短くなり，株養成期間が不足して品質が早くから低下するので，適期に定植する（第14表）。やむをえず遅くなるときは，植付け本数は多めにして，1回目の収穫時期を遅らせる。

　苗の大きさと栽植本数　定植する苗は大きいほどその後の生育がよく，増収する（第15表）。しかし大苗は植えいたみしやすいので，大きくて硬くがっしりした苗を用いる。適期苗は第14図のように2～3本に分げつしたときである。

　株数と収量，品質とは関係が深いので，

ニラの基本技術と経営

第14表 定植期が収量, 葉幅に及ぼす影響

(長ら, 1984)

定植月日	収穫時の茎数	収量 株当たりg	比(%)	葉幅(mm)
6/23	31	502	100	8.6
7/8	27	434	86	8.5
7/21	22	344	69	8.1

第15表 苗の大きさと収量, 葉幅(現地)

(長ら, 1984)

分げつ数	定植時の苗重(g)	収穫時の茎数	1a当たり収量(kg)	葉幅(mm)
1	7	40	456	8.1
2	16	34	448	8.4
3	23	34	454	8.5

注　3本分げつ苗は9茎(3株)植えとした

第16表 株当たり面積と収量, 葉幅の関係

(長, 1984)

株当たり面積(cm²)	収穫時の茎数	収量 1株当たり(g)	1a当たり(kg)	葉幅(mm)
400	27	271	477	7.6
600	31	369	432	7.9
800	36	458	393	8.2
1,000	42	569	398	8.3
1,200	47	673	388	8.6

注　1a当たり収量は, 間口4.5mのパイプハウスに400cm²が16うね(1,760株), 以下13うね(1,170株), 11うね(858株), 10うね(700株), 9うね(576株)として算出

第17表 株養成期の技術目標

技術目標	内　容
倒伏の防止	・防風ネットの設置 ・多灌水, 多N施用を避ける ・土つくりの徹底
株養成の増進	・花茎は早めに刈り取る ・株を軟弱徒長にせず倒伏させない ・株養成期間を120日確保する ・雑草の除去
病害虫の防除	・さび病が多発しやすいので定期防除 ・ネダニの防除

第14図 定植時の苗の大きさ (5月上旬)
左:ハウス2月まき, 右:露地10月まき

3.3m²当たり29〜37株とする。定植時期が早いときは分げつ茎が多くなるので疎植とし, 遅いときは密植にする。また, 'キングベルト'は葉幅の広い特性を生かすため, 株間と条間をそれぞれ30cmにする。

1株に植え付ける本数も株数と同様に収量, 品質に及ぼす影響は強い。定植時期が早いときは6本植えとし, 遅くなるに伴って多くする。

このように栽植密度は収穫時の単位当たり茎数として, 収量, 品質の両方を考慮すると, 1株の茎数は30〜40本, 株当たり面積は600〜1,000cm²が適正である(第16表)。

植付けの深さは6cm前後の深植えとする。浅いと分げつ茎は多くなるが開張型に生育し, 収穫, 結束作業がしにくく, 逆に深すぎると分げつ茎が少なくなり減収する。

植えいたみ防止のため, 定植前と後は十分灌水し活着を早めることが大切である。

ハウス栽培（西日本タイプ）

第18表 刈取り（摘蕾）回数と収量　　　　　　　　　　　　　　　　　　　（高橋ら, 1970）

刈取り回数	1回目収量(g)	2回目収量(g)	3回目収量(g)	4回目収量(g)	合　計(g)	同指数(％)
刈取り1回（9/25）	750	1,030	590	450	2,820	58.9
刈取り2回（8/2, 9/25）	1,040	1,280	840	675	3,835	80.0
刈取り4回（8/2, 8/15, 8/30, 9/25）	1,370	1,500	860	630	4,360	91.0
刈取り11回（7/21～9/25）	1,550	1,500	990	740	4,780	100.0
刈取り2回（8/15, 9/25）	875	1,200	675	530	3,280	68.5

注　10株当たり収量。1区制, 2年生株, グリーンベルト
　　8月15日の2回刈りは地ぎわから

第19表　収穫期の技術目標

技術目標	内　容
適当な温度管理	・保温開始は株養成期間120日以上経過し, 低温にあってからを原則とする ・10～12月および3月以降は高温となるのでサイド換気を十分行ない25℃以下に管理する ・厳寒期の夜間は5℃以上に保温する
収穫到達日数の調節	・温度管理により収穫到達日数を10月：30日, 11月：35日, 12月：40日, 1月：45日, 2月：45日, 3月：35日にする
適正な追肥	・多追肥は葉枯れの原因となるので基準を守り, 灌水と同時に施用する ・冬期はNO₃-Nを主体に施用する
腐敗の防止	・葉温の低い早朝収穫, 当日出荷 ・古葉の混入を避ける ・雨にぬれたものは避ける ・よく切れる刃物で収穫する ・完全な予冷処理

第15図　ハウスニラの栽培
収穫直後（上）と収穫後15日（下）

（3）株養成期

定植から刈揃えまでの期間を株養成期とする。この時期はおもに夏期の高温・乾燥期に当たり, 西日本での気温はたいがい生育適温以上に経過するので, ニラは軟弱に生育する。これに多追肥や過灌水が加わるとさらに軟弱となり倒伏しやすい。また台風に伴う強風があると倒伏する。倒伏すると風通しが悪くなり, 茎葉は腐敗し, さび病が多発する。したがってこの期間は倒伏防止のため, 追肥と灌水はひかえめにして, 圃場の周囲には防風ネットを設置する。倒伏したときには, 倒れた部分を刈り捨て, 病気の発生を防ぐ（第17表）。

秋まき苗では7月中旬ごろから8月中旬ごろまで花茎が順次伸長してくるが, 花茎を放置すると養分の消耗がはげしくなり減収するので2～3回刈り取る。（第18表）。

養成期間については本項「2. 栽培技術の要点」を参照。

（4）収穫期

定植後120日以上経過し, 株が充実したら地ぎわ部から高さ3cmに刈り揃え, 三要素を10a当たりそれぞれ10kg, 15kg, 10kg施し, かるく中耕してから灌水する。再生して新葉が伸びないうちに黒マルチをする。マルチ後ただちに

ニラの基本技術と経営

第20表　収穫期間の追肥の種類

種　類	肥料名	1回当たり施用量 (kg/10a)
液肥	硝酸苦土入液肥 液肥2号	10～15 10～15
化成肥料	燐硝安加里 園芸化成	10～15 10～15
有機質肥料	野菜追肥配合 ネオペレット	30～40 20～30

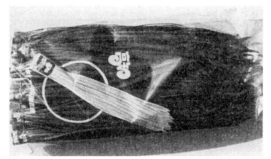

第16図　調製後ポリ袋詰めの荷姿

第21表　ニラの高知県出荷規格表

作期	等級	階級	葉幅	選別基準
冬期 (12～3月)	特	M	1cm幅以上が70%占めるもの	無傷，無病で鮮度，品質，品位が特別優秀なもので，葉の長さが35cm以上，40cm未満のもの
	A	L	7mm幅以上が50%以上占めるもの	無傷，無病で鮮度，品質，品位の優れたもので，葉の長さが40cm以上，45cm未満のもの
		M	7mm幅以上が50%以上占めるもの	無傷，無病で鮮度，品質，品位の優れたもので，葉の長さが30cm以上，40cm未満のもの
		S	5mm幅以上が50%以上占めるもの	無傷，無病で鮮度，品質，品位の優れたもので，葉の長さが30cm以上，40cm未満のもの
	B	—	5mm幅以上が50%以上占めるもの	A品に次ぎ商品価値のあるもので，葉の長さが28cm以上，45cm未満のもの
	E	—	5mm幅以下が大勢のもの	A・B品に次ぎ商品価値のあるもので，葉の長さが45cm以上50cm未満，15cm以上28cm未満のもの
夏期 (4～11月)	特	M	1cm幅以上が70%占めるもの	無傷，無病で鮮度，品質，品位が特別優秀なもので，葉の長さが38cm以上，43cm未満のもの
	A	L	7mm幅以上が50%以上占めるもの	無傷，無病で鮮度，品質，品位の優れたもので，葉の長さが43cm以上，45cm未満のもの
		M	7mm幅以上が50%以上占めるもの	無傷，無病で鮮度，品質，品位の優れたもので，葉の長さが33cm以上，43cm未満のもの
		S	5mm幅以上が50%以上占めるもの	無傷，無病で鮮度，品質，品位の優れたもので，葉の長さが33cm以上，43cm未満のもの
	B	—	5mm幅以上が50%以上占めるもの	A品に次ぎ商品価値のあるもので，葉の長さが28cm以上，45cm未満のもの
	E	—	5mm幅以下が大勢のもの	A・B品に次ぎ商品価値のあるもので，葉の長さが45cm以上50cm未満，15cm以上28cm未満のもの

注　品名：にら，容器容量：D.B (5kg)，荷姿：—，使用期間：全期
　　早朝刈りを励行
　　根元の枯草の完全除去
　　1束100gでシールを使用し，輪ゴム止め
　　包装：全期（100g束×10束）×5袋，限定（120g束×10束）×5袋
　　1kg防曇袋（長さ50cm，幅27cm，厚さ0.02mm），窒素ガス処理袋（長さ70cm，幅65cm，厚さ0.035mm）

直径10cmくらいの穴をあけ，ニラの株を出す（第19表，第15図）。

ビニールの被覆は刈揃えまたは収穫後，ニラが伸びないうちに，屋根部分だけ行なう。サイドビニールは最低の平均気温が10℃以下になるころ（高知では11月上～中旬）に張る。

温度管理は「2. 栽培技術の要点」を参照。

灌水は収穫後から生育前半に2～3回十分行ない，収穫2週間前からは鮮度保持のため，灌水はひかえる。

追肥は灌水のときに液肥として施用すると省力化できる。暖かい時期は有機質肥料と化成肥料を交互に使用し，低温期は速効性の硝酸態の窒素を使用する（第20表）。

(5) 病害虫防除

収穫期間中に発生する病気として白斑葉枯病，さび病，株腐れなどがあり，また，害虫としてネダニが発生するので収穫後は予防のため薬剤を散布する。

(6) 収穫・調製

収穫は草丈が30～45cmのとき行ない，鮮度を保つため葉温の低い早朝どりを原則とするが，低温期にあっては夕方でもよい。流通過程における腐敗事故防止のためよく切れる刃物で刈り取り，下の古い葉および茎から離れた葉はていねいに除く。出荷規格に準じて選別し，1束100gに結束し，10束をポリ袋に入れ，ポリ袋5個を段ボール箱（35×19×38.6cm）に入れ，収穫当日に出荷する（第16図，第21表）。

執筆　村上次男（高知県園芸試験場）

改訂　橋本和泉（高知県農業技術センター）

ウォーターカーテン保温

1. ウォーターカーテン保温のねらいと目標

(1) 栽培の特徴とねらい

①現状の多重被覆保温の問題点

軽装備ハウスが主流 関東地方におけるパイプハウスを用いたハウス栽培では、厳寒期の生育促進のため多重被覆による保温が行なわれており、加温を行なう生産者は少数である。ニラは水稲の裏作として冬期間の現金収入確保を目的に導入されてきたこともあり、現在でも軽装備の無加温パイプハウスでの栽培が主流である。栃木県内では、県南部は二重被覆（外張り＋内カーテン）、県南部よりも低温である県中北部では三重被覆（外張り＋内カーテン＋小トンネル）による保温が行なわれている。

温度不足による葉の凍害 二重被覆保温では、厳寒期に外気温が極端に低下したさい、ハウス内の温度が確保できず、−2℃を下回ると葉の凍害が発生することがあり、収穫まで日数が長期化するなど、安定収穫に支障をきたすことがある。

トンネル開閉作業の負担や作業性の悪化 より高い保温性を求めて三重被覆保温を行なうと、小トンネル開閉作業が発生する。毎日の開閉作業は負担が大きく、規模拡大を阻害する大きな要因となるうえ、夕方の小トンネルを閉める作業はすき間がないようにていねいに行なう必要があり、気を遣う作業である。

また、小トンネル支柱で通路が狭められ作業台車が利用しにくいなど、作業性も悪い。

計画出荷に狂い ニラの生育面では、三重被覆保温を行なっても厳寒期の温度確保は困難な場面が多い。外気温が−5℃を下回ると小トンネル内も氷点下となり、ニラの葉に凍害が発生する。低温が続くと生育が停滞して収穫まで日数が50日を超えることもあり、計画的な収穫・出荷に狂いが生じる。

表皮剥離や白斑葉枯病の発生助長 さらに、温度確保を優先するため、日中の換気を最小限にして、午後早い時間に小トンネルを密閉する「蒸し込み」的な温度管理となりがちで、日中の高温と昼夜間の温度格差が株を消耗させ、収穫が進むごとに収量と品質は低下し、表皮剥離（葉の表皮が、隣接する葉の伸長によって引きずられるように剥けてしまう生理障害）の発生

 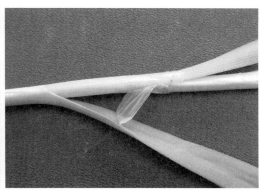

第1図　表皮剥離

ニラの基本技術と経営

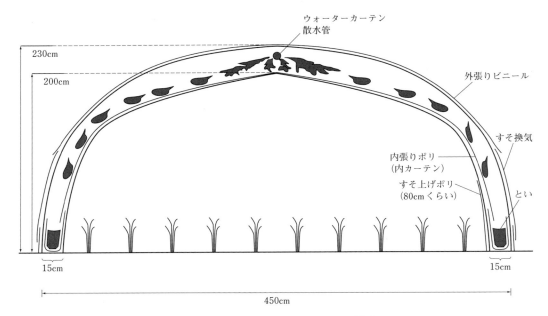

第2図　ウォーターカーテンハウスの構造

の原因にもなっている（第1図）。

日没後の多湿状態は白斑葉枯病の発生も助長している。

このように，三重被覆保温はニラの生理生態に適さない環境であり，この期間の栽培環境を改善することでニラの収量と品質，そして作業性を向上させることができる。しかし，「ニラの栽培とは，そういうものだ」という固定観念が根強い。

②ウォーターカーテン保温について

ウォーターカーテン保温は，地下水の比熱を利用した保温方法で，栃木県内では一般的な技術となっている。イチゴでは6割程度がウォーターカーテン保温を導入した単棟パイプハウスでの栽培であり，イチゴ以外ではアスパラガス，シュンギクなどの品目で導入事例がある。

ニラへの導入はイチゴを参考に30年ほど前から行なわれていたが，ニラの販売単価はイチゴよりも低く，稼働させる期間も短いことから，導入が進まなかった。ところがここ数年，意欲の高い若手ニラ生産者が，省力化と安定した収益確保のためウォーターカーテン保温の導入を進めており，導入件数，面積とも広がりを見せている。栃木県内のニラへのウォーターカーテン保温導入状況（2017年）は，34戸，1,065aとなっている。

③ウォーターカーテン保温の原理と構造

内カーテン上に地下水の水膜形成　ウォーターカーテンハウスの構造はきわめてシンプルで，二重被覆保温ハウスの外張りと内カーテンの間に散水管を設置し，15℃前後の地下水を圧送して散水し，内カーテン上部に地下水の水膜を形成し，サイド部分のといでハウス外へ排出する（第2図）。

地下水の比熱を利用した温度上昇効果と，ハウス外への貫流伝熱を抑制する効果で，ハウス内部の温度を確保している。

水膜は内カーテンの全面に均一に形成する必要はなく，内カーテンの上部に散水された地下水は，内カーテンのたわんだ部分を流れ落ちる程度だが，十分に保温効果が得られる。50mハウスへの散水量は毎分150～200lとされているが，散水量の把握は困難であり，井戸ごとに地下水の水温が異なり，揚水ポンプの能力によっても保温力が異なる。このため，確保したいハウス内の温度に応じ，散水量を調整すること

第3図　散水パイプ・散水チューブ
①樹脂製パイプ（商品名：UMシャワー管＋樹脂ノズル）
②散水チューブ（商品名：スミサンスイ育苗）
③スプリンクラー散水（商品名：サンホープマイクロスプリンクラー）

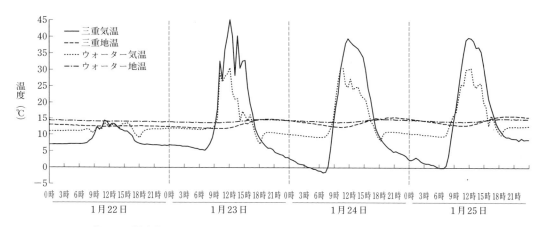

第4図　厳寒期におけるウォーターカーテン保温と三重被覆保温の温度比較

が現実的である。

各種散水様式　散水には，樹脂製パイプに散水ノズルやスプリンクラーをつけたものを使用する事例や，専用の散水チューブを使用する事例が見られる（第3図）。

井戸と水質　ウォーターカーテンを導入する条件としては，水源となる井戸が必要で，井戸水は鉄分や砂泥を含まない水質が必要である。砂泥は散水ノズルの目詰まりの原因となる。鉄分を含む水質では，内カーテンが徐々に茶褐色に着色し，光線透過率を悪化させてしまう。砂泥は濾過器で除去可能だが，鉄分はフィルターで除去することが困難である。このほかに，圃場外へ排水できることが必須となる。さらに，地盤沈下の関係で井戸掘削や揚水規制を受ける地域もあるので，導入にさいしては注意が必要である。

(2) この栽培法の意義

①品質向上および増収効果

ハウス内温度と地温の推移　ニラの生育適温は20℃前後とされており，根の活性維持のためには15℃程度の地温が必要とされている。

第4図は，ウォーターカーテン保温と三重被覆保温のハウス内の温度と地温の推移である。ウォーターカーテンの高い保温効果は一目瞭然で，茎葉の凍害回避はもちろん，ニラの生育を健全に維持する効果が高い。

日中の換気による生育日数の確保　ウォーターカーテン保温は夜温が確保しやすいため，日中も30℃以上の高めの温度管理をすると，厳寒期であっても20日程度で収穫することが可

能である。しかし，高めの温度管理によって生育日数が短縮されると，次に収穫するニラの収量と品質が低下し，品質維持と増収効果は得られない。一番刈りの生育日数や収穫までの温度管理が二番刈りの収量と品質を左右しており，二番刈りと三番刈りにも同様の関連が認められる。このため，日中は換気を積極的に行なって25℃前後のやや低めの昼温管理を行ない，夜温は散水によって5〜8℃を確保し，昼夜間の温度格差をできるだけ小さくするとよい。

生育日数を三重被覆保温の場合と同様の30〜35日とすることで，光合成を行なう期間が確保され，葉から球根部への養分転流が十分に行なわれ，収量の落ち込みを軽減でき，三重被覆保温では得られない増収と品質向上の効果が実感できる。

また，換気を励行して日中の温度を抑えると，絶対湿度が低下するため夜間の結露が軽減され，白斑葉枯病の発生を抑制することにつながる。さらに，午前中の早い時間から換気を開始するため，外気からCO_2が供給され，密閉の蒸し込み管理で問題になる炭酸ガス飢餓が起きず，光合成が抑制されないことも生育によい効果を与えていると考えられる。

地温確保と根の活性　ハウス内の温度とともに生育改善に好影響を及ぼしているのが地温である。ウォーターカーテン保温の地温は三重被覆保温よりも最大で3℃ほど高く，生育期間を通じた積算の地温差は大きな差となる。最低地温が15℃前後であることで根の活性が維持され，生育や収量，品質の維持によい結果をもたらす。さらに，日中に積極的な換気ができ，地温確保が容易であることから，厳寒期の灌水も導入しやすい。

ウォーターカーテン保温の散水期間は3か月程度と短いため，導入する必要性は低いと考える生産者が多いが，厳寒期を過ぎた五番刈りくらいまで，収量の低下を軽減する効果が及ぶようである。

また，通路は最低限の幅ですむため，定植条数を8条から10条に増やすことで栽植本数が増加することでも増収効果が得られる。あるい

は，8条のまま条間を広く取ることで受光性が改善され，ハウスサイドを広く取れるため生育が揃うなどの効果も得られている。

生産者への聞き取り調査　実際にウォーターカーテン保温を導入した生産者への聞き取り調査結果としては，以下の感想が聞かれている。

1）二番刈りの表皮剥離が少なく，廃棄するニラが減った。

2）白斑葉枯病が少なく，防除回数が減少し，出荷ロスが減った。

3）小トンネル栽培よりも，葉幅や葉厚が増し，重量があるニラとなる。

4）二番刈り，三番刈りの落ち込みが少ない。

5）点滴灌水を組み合わせると，増収効果はとても高い。

②省力効果

小トンネル開閉作業の時短　小トンネルを用いた三重被覆保温と比較すると，ウォーターカーテン保温の時短効果はきわめて高い。三重被覆保温の小トンネル開閉作業は，ハウス長さ50mの単棟ハウスで，朝の小トンネル開け作業が10〜15分，夕方の小トンネル閉め作業に20〜30分を要する。一方，ウォーターカーテン保温の場合は，内カーテンの開閉作業のみですみ，開閉作業は単棟パイプハウス入り口部の巻き上げ装置で行なうため，開閉合わせても5分に満たない。厳寒期，毎日必ず行なう保温資材の開閉作業が大幅に軽減されるメリットは大きく，1haを超える大規模ニラ生産者には必須の技術であろう。

作業環境改善　また，小トンネルの支柱がないことで作業環境が大きく改善される。手押し台車や一輪車を使用する収穫作業も行ないやすく，一時的に支柱を抜いて通路を広げたり，車高の高い一輪車を導入するなどの手間も不要である。

なお，小トンネルを利用しない二重被覆保温のハウスとウォーターカーテン保温のハウスは構造上の差がないため，省力効果は得られない。

③その他の効果

ウォーターカーテン散水を行なうと，ハウス

への着雪を軽減できる。ハウスの外張りと内カーテンの間の温度が10℃前後に保たれ，ハウスに着雪する前から散水を開始すれば融雪効果が得られ，ハウスの倒壊防止に効果を発揮する。

(3) 作期と利用状況

①保温期間

ウォーターカーテンは気温が低下しニラの生育が停滞する厳寒期の保温が目的である。通常は保温開始から2月下旬までの期間にウォーターカーテン散水を行なっており，それ以降も気温が低下した場合は散水を行なう。散水期間は3～4か月程度である。

②散水時間

日々の散水時間は，晴天日は夕方の日没時（ハウス内の温度が5℃前後になった時が目安，薄暗くなり始める時間帯）から散水を開始し，翌朝の散水停止は気温に応じて，日の出から30分～1時間後に散水を停止する。散水停止後，1時間ほど経過するとハウス内の温度が一気に上昇するので，遅れずに換気を開始する。曇雨天日の日中は散水せず，内カーテンのみで保温する。夕方は晴天日と同様に，気温に応じて散水を開始する。

降雪時は昼夜を問わず，ハウスへの着雪前から散水を開始して，ハウス内気温を5℃程度に維持し，温度の確保とハウスの倒壊防止をはかる。

2. 栽培技術のポイント

(1) 定植から保温開始まで

定植から保温開始までは，既存の保温方法と何ら変わるところはない。ただし，小トンネルが不要となるので，条間を広めに取ることや，植付け条数を増やすことが可能なので，定植準備のさいの作条時点で，栽植様式を検討することが重要である。

(2) ウォーターカーテン保温の開始

捨て刈り後や収穫後の茎葉の初期伸長は，球根部に貯蔵された光合成同化養分（糖エネルギー）によって行なわれる。一般にハウス内の気温と地温が高いほうが，茎葉の初期伸長は速やかに進む。このため，切り揃えられた状態からウォーターカーテン散水を開始して，夜温と地温の確保を行ない，萌芽を促進させる。

一部に，電気代節約を目的に，日中に高温管理を行なって夜温を確保し，散水開始を遅らせて，茎葉が5cm程度まで伸長してから散水を開始する事例が見られるが，地温確保のためには生育当初から散水を開始することが望ましい。

(3) ウォーターカーテン栽培の温度管理

最低夜温に応じた昼温管理 第5図と第6図は，ニラの収量と品質を維持するために必要な昼温を示している。昼温は25～30℃が適しており，最低夜温に応じた昼温管理を行なうことが重要であることが理解できる。第7図は，ニラの光合成能力がもっとも高まる温度帯が20℃前後であることを示している。第4図に示したとおり，ウォーターカーテン保温では夜温が確保できる分，日中の最高温度を25℃前後に抑えた温度管理を行なう必要がある。昼夜間の温度格差を小さくし，収穫までの日数を30～

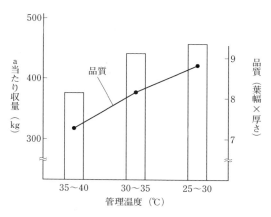

第5図　昼温管理と収量，品質
（長，1980）

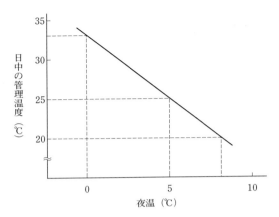

第6図 昼温管理の目安 （長, 1984）

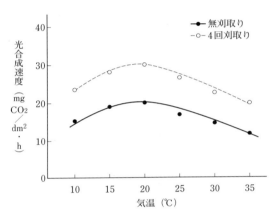

第7図 気温が光合成速度に及ぼす影響
（長, 1984）

35日確保することで，収量と品質の向上という，省力化以上のメリットが得られる。

換気による日中の高温抑制 ウォーターカーテン保温の温度管理を第8図に示す。温度は散水開始と散水停止の時間，そして日中の換気で操作する。とくに，日中の高温を抑制することが重要で，換気を励行することで対応する。晴天日は，風向や風速に留意しながら，積極的に換気を行なう。近年では，日中の温度上昇をより積極的に抑制するため，ハウス内に循環扇を設置したり，サイド換気に肩換気を追加した2段換気が導入されている。厳寒期，生育途中から急に換気を始めると葉先が枯れる症状が多発するが，ウォーターカーテン保温では生育初期から日常的に換気を続けることで，葉先枯れ症状が低減できている。これは，地温の確保によって根の活性が維持され，葉からの蒸散に対応した吸水が維持されていることに由来すると考えている。

厳寒期に積極的に換気を行なうことは，三重被覆保温では考えられなかった管理であり，従来の温度管理の常識を覆すものである。それどころか，高温抑制だけでなく，ハウス内の湿度低下，午前中の炭酸ガス飢餓の軽減など，ニラの生育に適した環境の実現に大きく寄与するものである。

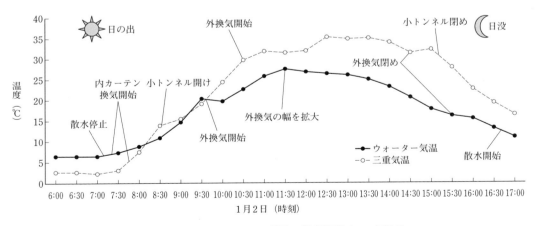

第8図 ウォーターカーテン保温の温度管理 （2018年調査）

（4）ウォーターカーテン保温の終了時期

栃木県内のニラにおけるウォーターカーテン保温は，おおむね2月下旬から3月上旬まで散水を継続し，ハウス内の最低夜温が5℃を維持できるようになったら散水を停止している。散水停止後も天気予報には留意し，急な気温低下や降雪が予想される場合にはウォーターカーテン散水が行なえるようにしておく。

第9図　つぶれた内カーテン

（5）2年株への利用

2年1作の関東型のハウス栽培では，定植翌年の秋までが収穫期で，11～12月に最終の収穫を行ない，その後に廃作とする。2年株の収穫終盤である11月から新植株の収穫が本格化する1月上旬までは収穫株の切り替え時期で，言わば端境期にあたり，年間でもっとも収穫量が少ない時期である。生育面では，この時期は気温が徐々に低下していくため生育も徐々に停滞気味となる。本来であれば保温によって生育を維持すべきところであるが，2年株は1～2回収穫したあとに廃作となるため，手間と費用がかかる小トンネルを用いずに二重被覆保温で2年株を生育させる生産者が多い。

近年，ウォーターカーテン保温導入者の間で，2年株の収穫終盤にウォーターカーテン保温を利用する動きが見られている。ウォーターカーテンが稼働する期間は新植株の保温開始から3～4か月であり，2年株の収穫終盤に稼働させることで，設備の有効活用はもとより，計画的な収穫量の確保と，新植株の温存（低温遭遇による株の充実促進）を狙ったものである。

具体的には，外気温が5℃を下回るころからウォーターカーテン散水を開始し，ハウスの最低温度を7℃前後に保つことで，生育速度が維持され，葉幅の低下を防ぐ効果が得られている。従来は1～2回だった収穫回数が3回程度に拡大された事例もあり，端境期の収穫量拡大に有効であると考えられる。

（6）使用上の注意点

ウォーターカーテンハウス特有の注意点として，ハウスの内カーテンを降ろしきらないでウォーターカーテン散水を開始すると，内カーテンに散水した地下水が溜まって，水の重みで内カーテンがつぶれるように倒壊する（第9図）。

倒壊後は，ウォーターカーテン保温ができなくなるほか，ハウスの中が滞水し，白斑葉枯病多発や株の腐敗を招く。倒壊したハウスの修復は困難で，その場合は，保温が不要になる時期まで収穫をあきらめることとなる。内カーテンが完全に降りたことを確実に確認してから散水を開始するよう，注意が必要である。

3. 導入によるメリット，デメリット

（1）メリット

ウォーターカーテン保温の導入によって，収量と品質が維持される効果と，省力化に及ぼす効果は前述したとおりである。

このうち，最低温度と地温がニラの生育により適した帯域で維持され，厳寒期であっても積極的な換気によって湿度が低く維持できる点は，収量と品質の維持のみならず，CO_2施用やドリップチューブによる厳寒期の灌水・追肥といった新たな増収技術導入の基礎となる設備と言えよう。

ニラの基本技術と経営

第1表 設置費用内訳（10a当たり）（単位：千円）

ポンプ	ノズル	パイプ配管	計
606	3	181	790

注 栃木農試成績2005年を改変
　圧力タンクを設置するものとして試算した

第2表 経済性の評価（10a当たり）（単位：千円／年）

設置費用	電気代	計
99	17	116

注 栃木農試成績2005年を改変
　ウォーターカーテン稼働期間は11月中旬～3月中旬
　設置費用は耐用年数を8年として試算した

（2）デメリット

第1表は，ウォーターカーテン保温の導入にかかるコストの一例である。既存のパイプハウスにウォーターカーテンの部材を追加するさいの経費であり，井戸が掘削済みのケースとして示している。井戸がない圃場では井戸掘削と揚水ポンプ購入設置の経費が別途発生する。

ウォーターカーテンを稼働させるには揚水ポンプを運転することから，ランニングコストとして電気代が発生する。第2表はウォーターカーテンの経済性を比較したものである。燃油代と電気代は年次変動があるため詳細な検討が必要であるが，当然のことながら，従来の無加温三重被覆では不要である電気代が発生することになる。

（3）導入する意義

規模拡大などの経営計画を加味し，メリットとデメリットと比較して導入を検討するべきである。導入した生産者の多くは「小トンネルが不要」という省力効果を期待してウォーターカーテン保温を導入しているようだが，省力効果以上のメリットが得られており，厳寒期の収量，品質の落ち込みが低減されることで，結果

的に増収となっている。また，品質向上によって調製作業が楽になったという声も聞かれる。このような副次的な効果も，ウォーターカーテン保温の評価を高めているようだ。

4. 今後の方向性

現時点で，ニラに対するウォーターカーテン保温の管理技術は確立されているとは言いがたい部分が残されている。今後も温度管理の精度向上に向けた調査と研究を継続し，導入と活用が容易になるような技術指針を作成することが求められる。

ウォーターカーテン保温の導入で日中の気温操作が容易になり，地温が確保できることから，ドリップチューブと液肥による厳寒期の追肥，CO_2施用などの新技術の導入も，今後さらに進むものと考えられる。少面積で単収を高めたい生産者には核となる技術であろう。他方，省力効果は規模拡大を指向する生産者への大きなメリットである。ニラの収益性をさらに高める技術として，今後もウォーターカーテン保温の普及を進めていく方針である。

執筆　藤澤秀明（塩谷南那須農業振興事務所）

ニラ白斑葉枯病の防除

　2016年の北海道におけるニラの栽培面積は91ha，収穫量は3,180tである。主産地は道南の知内町であり，道産ニラの約70％を生産している。全国のニラ産地では，さび病・えそ条斑病等の各種病害が発生しているが，北海道のニラ栽培における最重要病害は白斑葉枯病である。白斑葉枯病に関する研究は全国的にもほとんど行なわれていなかったため，著者は2006年から白斑葉枯病の発生実態・種構成と防除に関する研究を実施したので結果を紹介する。

1. 北海道におけるニラ栽培の概要と白斑葉枯病の発生状況

(1) 北海道のニラ栽培

　北海道におけるニラ栽培は，6月下旬に露地圃場に苗を定植し，10月まで株養成を行なう。自然枯死した地上部を11月下旬に掃除刈りし，12月にハウスビニールを展張し，翌春に再萌芽した地上部を1～1.5か月間隔で3回収穫する。収穫終了後は再びハウスビニールを除去し，露地状態で株養成を行ない，これを3年間繰り返す（第1図）。

(2) 白斑葉枯病の発生状況

　白斑葉枯病は，葉身に楕円形～紡錘形のクリーム色の病斑を形成する病害であり（第2図），多発すると発病葉が枯死に至り，光合成が阻害されるため，翌年の収量が減少する。
　道内では本病は6月中旬～10月下旬の株養成期間中に発生する（第1図）。発生はピークが2回ある「2山型」の発生である。6月中旬の初発後，7月中・下旬まで発病が増加する（1山目）。その後，高温により発病が抑制され，8月下旬まで発病程度が減少する。9月上旬以降再び増加に転じ，10月下旬まで発病が増加す

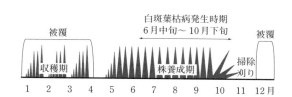

第1図 北海道におけるニラ栽培の概要および白斑葉枯病の発生時期

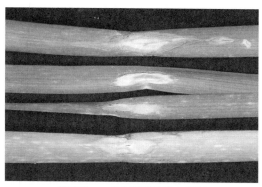

第2図 ニラ白斑葉枯病の病斑

る（2山目）。

2. 白斑葉枯病菌の種構成とその季節間変動

(1) 3種の病原菌

　わが国ではニラ白斑葉枯病の病原菌として，ボトリチス・スクアモーサ（以下BS），ボトリチス・シネレア（以下BC），ボトリチス・ビソイデアの3種が報告されている。しかし，これらの種構成に関する詳細な報告はないため，2010～2012年に知内町内の14圃場で，本病菌の種構成とその季節間変動を調査した。

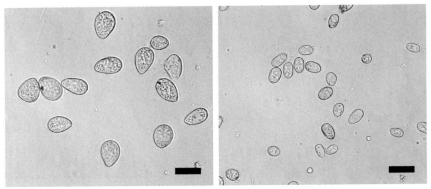

第3図　ニラ白斑葉枯病菌の分生子（スケール・バー＝20μm）
左：ボトリチス・スクアモーサ（BS），右：ボトリチス・シネレア（BC）

（2）秋に発病程度が高まる

1山目の発生ピーク後である2011年7月下旬，2012年8月上旬の2回，全14圃場から罹病葉を採取した。2山目の発生ピーク後では2010年10月下旬，2011年10月下旬，2012年10月下旬の3回，同様に罹病葉を採取した。いずれも採取時に発病調査を行なうとともに，罹病葉からの菌の分離・同定を行なった。

発病程度は圃場間でバラツキがあったが，夏（7月下旬・8月上旬：発生消長の1山目）は1株当たりの病斑数が数個から発生が多い圃場でも30〜50病斑程度であった。一方，秋（10月下旬：2山目）は1株当たり540〜900病斑（病斑面積率20％以上）であり，夏の10倍以上の発病程度であった。

（3）時期ごとの種構成

1回のサンプリングで1圃場当たり5菌株を分離し，分離菌の分生子の大きさを1菌株当たり50個について顕微鏡下で測定し，種の同定を行なった。分離菌は分生子の大きさが第3図左のような比較的大きい菌株群（平均17.0〜26.5μm×11.8〜17.8μm，縦横比1.23〜1.66）と，第3図右のような比較的小さい菌株群（分生子の大きさが平均10.3〜15.1μm×6.5〜9.6μm，縦横比1.30〜1.64）とに分かれた。Ellis（1971）の記載に基づき前者をBS，後者をBCと同定した。

BSとBCの採取時期ごとの種構成は，第4図のように，2010年10月が68：2，2011年7月が45：25，2011年10月が68：2，2012年8月が39：31，2012年10月が65：0であり，夏にはBSとBCの両方が分離されるが，秋にはBSが優占する傾向が認められた。

（4）防除のおもなターゲットはBS

本研究の結果，発病程度が高くなる秋における主要な病原はBSであり，防除のおもなターゲットがBSであることが明らかとなった。BSはタマネギ・ネギ・ニンニクなどのユリ科作物にのみ感染する。知内町ではニラ以外にユリ科作物を栽培していないため，本病菌の伝染環はニラ圃場で完結しており，他作物からの伝染はないと考えられた。

一方，おもに夏に分離されたBCは多犯性であり，知内町においてニラ圃場と隣接して栽培されているトマトにおいてもBCによる灰色かび病が常発している。このことから，BCについてはトマトで発生した灰色かび病菌がニラ白斑葉枯病の伝染源となる可能がある。しかし，ニラ白斑葉枯病の夏の発生量は少ないため，トマトなどのニラ以外の作物は本病の主要な伝染源になっていないと判断した。

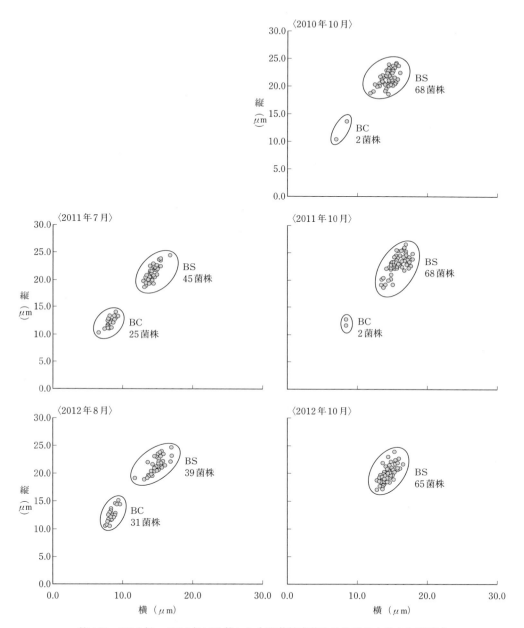

第4図 2010年～2012年に分離した白斑葉枯病菌の分生子の大きさと種構成
BS：ボトリチス・スクアモーサ，Ellis（1971）の記載：分生子の大きさ10～26μm×10～18μm，縦横比1.25～1.45
BC：ボトリチス・シネレア，Ellis（1971）の記載：分生子の大きさ6～18μm×4～11μm，縦横比1.35～1.50
1回のサンプリングでの分離菌株数は70菌株。ただし，2012年10月は雑菌の混入により1圃場から菌が分離できなかったため分離菌株数は65菌株

3. 種構成の季節間変動要因

(1) 15℃と20℃，直立と倒伏で比較

BSとBCの割合が季節間で変動する要因を解明するために，自然条件を模した条件下でBSとBCのニラに対する病原性比較試験を実施した。

知内町における日平均気温は6月下旬が18℃，7月中旬が20℃，7月下旬が22℃であり，8月中旬に最高23℃に達する。その後，徐々に低下し，8月下旬で21℃，9月下旬で15℃，10月下旬で9℃となる。気温の変化が種構成に影響を及ぼしていると考え，7月中旬（夏：日平均気温20℃）と9月下旬（秋：日平均気温15℃）を模して20℃と15℃で接種試験を行なった。また，ニラの地上部は夏には直立しているが，9月下旬～10月上旬ころから徐々に倒伏する（第1図）。倒伏の発病に対する影響も調査するために，夏を想定した20℃条件下での試験は直立した葉に対してのみ接種を行なったのに対して，圃場で倒伏が始まる秋を想定した15℃条件下での試験は，直立と倒伏した葉に対して接種を行なった。

ポット栽培したニラの葉の中位を紙製の棒で挟み，棒の両端をセロハンテープで止め地上部全体を固定した。葉を直立させた検定植物（第5図左）と，葉を紐で引っ張り倒伏させた検定植物（第5図右）を準備した。二重ガーゼを葉の上に置き，病原菌の分生子懸濁液を滴下した。株全体をビニール袋で被覆し湿室状態を維持し，15℃または20℃・16時間日長で制御した人工気象器内で管理した。接種5日後にガーゼ・ビニール被覆を除去し，接種7日後に接種部位における病斑面積率を調査した。

(2) 15℃ではBSの病原力がBCより強い

15℃条件下でのBSおよびBC接種株の病斑面積率は直立した葉では18.3％および3.3％であったのに対して，倒伏させた葉では35.0％および11.7％あり（第1表），BSはBCより病原性が強く，葉の倒伏は発病を助長させることが明らかとなった。20℃条件下での直立した葉でのBSとBCの両菌株接種株の病斑面積率は3.7％および0.7％であり，15℃条件と比較していずれも病原力が弱かった（第1表）。

夏を想定した20℃で葉が直立した条件での接種試験では両種ともに病原力が弱く，顕著な発病程度の差は認められなかった。この結果は，夏に圃場での発病が少ないこと，両種の分離頻度に大きな差がない結果と一致した。一方，秋を想定した15℃における接種試験では，BSがBCより病原力が強く，倒伏が発病を助長することが明らかとなった。この結果は，秋に圃場での発病が多いことおよびBSが優占している実態と一致した。このことから，20℃ではBSとBCに顕著な病原力の差はないが，15

第5図　白斑葉枯病菌の接種方法
左：葉が直立した状態での接種，右：葉を倒伏させた状態での接種

第1表　秋（15℃）と夏（20℃）を想定した条件下での接種試験におけるBSとBCのニラに対する病原力

接種温度	葉の向き	接種菌種	病斑面積率（%）
15℃	倒　伏	BS	35.0
		BC	11.7
		無接種	0.0
	直　立	BS	18.3
		BC	3.3
		無接種	0.0
20℃	直　立	BS	3.7
		BC	0.7
		無接種	0.0

注　BS：ボトリチス・スクアモーサ，BC：ボトリチス・シネレア

℃ではBSの病原力がBCより強いことが，夏にはBSとBCが圃場で混在するが，秋にはBSが優占する要因であると考えられた。

4.　白斑葉枯病に対する各種薬剤の防除効果と残効期間

2007 ～ 2016年の10年間，道南農業試験場（北斗市）の露地ニラ圃場で殺菌剤15剤（化学合成農薬11剤および生物農薬4剤）の白斑葉枯病に対する防除効果を評価した。各薬剤を約1週間間隔で2 ～ 9回散布し，最終散布1週間後に各区の発病程度を調査し，各薬剤の防除効果を判定した。さらに2007 ～ 2011年の試験では，残効期間を明らかにするために，最終散布2週間後および3週間後にも発病調査を実施した。

なお，道南農業試験場の圃場ではBSのみが分布していることをあらかじめ確認してある。

（1）2007 ～ 2009年の試験

2007 ～ 2009年の試験では，化学合成農薬4剤および生物農薬4剤を供試した（第2表）。
化学合成農薬であるストロビーフロアブル，アミスター20フロアブル，セイビアーフロアブル20の3剤は3年間の平均防除価が81 ～ 87と高い防除効果を示した。これら3剤の残効期間は2週間であった。化学合成農薬であるポリオキシンAL水溶剤の平均防除価は68であり，前述の3剤よりやや防除効果が劣った。同剤の残効期間は1週間であった。生物農薬であるインプレッション水和剤，エコショット，ボトピカ水和剤およびアグロケア水和剤の平均防除価は47 ～ 54であり，化学合成農薬より防除効果が劣った。生物農薬4剤の残効期間はいずれも1週間であった（第2表）。

（2）2009 ～ 2012年の試験

2009 ～ 2012年の試験には化学合成農薬3剤，2013 ～ 2016年の試験には化学合成農薬4剤を供試し，いずれの試験においても2007 ～ 2009年の試験において高い防除効果を示したセイビアーフロアブル20を対照薬剤として供試した。
2009 ～ 2012年の試験ではファンタジスタ顆粒水和剤（平均防除価89）およびアフェットフロアブル（平均防除価88）が対照のセイビアーフロアブル20（平均防除価92）と同様に，

第2表　ニラ白斑葉枯病に対する各種薬剤の防除効果（2007 ～ 2009年）

供試薬剤	希釈倍数	2007年		2008年		2009年		平均防除価	残効期間
		発病度	防除価	発病度	防除価	発病度	防除価		
ストロビーフロアブル	×3000	1.5	94	7.4	75	2.0	91	87	2週間
アミスター20フロアブル	×2000	3.0	88	7.7	74	4.0	81	81	2週間
セイビアーフロアブル20	×2000	5.6	78	4.9	84	1.1	95	86	2週間
ポリオキシンAL水溶剤	×1500	6.9	73	9.7	67	7.6	64	68	1週間
インプレッション水和剤	×500	13.3	48	—	—	8.6	60	54	1週間
エコショット	×2000	12.2	52	16.2	46	—	—	49	1週間
ボトピカ水和剤	×2000	11.9	54	14.0	53	—	—	54	1週間
アグロケア水和剤	×2000	—	—	15.1	49	12.0	44	47	1週間
無散布		25.9		29.8		21.3			

ニラの基本技術と経営

第3表 ニラ白斑葉枯病に対する各種薬剤の防除効果（2009 〜 2012年）

供試薬剤	希釈倍数	2009年		2010年		2011年		2012年		平均防除価	残効期間
		発病度	防除価	発病度	防除価	発病度	防除価	発病度	防除価		
Ｚボルドー	×500	8.8	59	2.0	93	7.2	69	—	—	74	1週間
ファンタジスタ顆粒水和剤	×3000			1.9	93	3.6	84	—	—	89	2週間
アフェットフロアブル	×2000	—	—	1.2	96	5.0	78	2.2	90	88	2週間
対照）セイビアーフロアブル20	×2000	1.1	95	1.1	96	3.6	84	1.8	92	92	2週間
無散布		21.3		27.7		23.1		22.1			

第4表 ニラ白斑葉枯病に対する各種薬剤の防除効果（2013 〜 2016年）

供試薬剤	希釈倍数	2013年		2014年		2015年		2016年		平均防除価
		発病度	防除価	発病度	防除価	発病度	防除価	発病度	防除価	
ベンレート水和剤	×3000	0.8	90	6.8	67	2.3	89	—	—	82
メジャーフロアブル	×2000	—	—	8.5	58	1.4	93	3.0	84	78
プライア水和剤	×1000	—	—	—	—	0.9	96	2.8	85	91
ゲッター水和剤	×1000	—	—	—	—	1.8	91	2.4	87	89
対照）セイビアーフロアブル20	×2000	0.6	93	1.6	92	1.8	91	3.4	82	90
無散布		8.0		20.4		20.3		18.5		

平均防除価90前後の高い防除効果を示した。両薬剤の残効期間は2週間であった。Ｚボルドーの平均防除価は74であり前述の2剤よりやや防除効果が劣った。同剤の残効期間は1週間であった（第3表）。Ｚボルドー散布区では，3か年とも葉に緑色の汚れが確認された。

（3）2013 〜 2016年の試験

2013 〜 2016年の試験では，プライア水和剤（平均防除価91）およびゲッター水和剤（平均防除価89）が対照のセイビアーフロアブル20（平均防除価90）と同様に，防除価90前後の高い防除効果を示した。ベンレート水和剤（平均防除価82）およびメジャーフロアブル（平均防除価78）の効果は対照のセイビアーフロアブル20と比較して防除価が10前後劣った（第4表）。2013 〜 2016年の試験では残効期間の調査を実施しなかった。

5. 白斑葉枯病の薬剤散布体系

第2 〜 4表の平均防除価，残効期間と農薬登録上の使用制限回数を農薬の系統ごとに第5表にまとめた。

（1）平均防除価80以上の薬剤

防除効果が高い薬剤は残効期間が長い傾向が認められ，平均防除価が80以上の5剤（ファンタジスタ顆粒水和剤・ストロビーフロアブル・アミスター20フロアブル・セイビアーフロアブル20・アフェットフロアブル）の残効期間は2週間であった。このことからプライア水和剤・ゲッター水和剤・ベンレート水和剤の3剤については残効期間未調査ながら平均防除価が82 〜 91であるため，残効期間が2週間であると推定された（第5表）。

（2）平均防除価74以下の薬剤

一方，防除価74以下の6剤（Ｚボルドー・ポリオキシンAL水溶剤・インプレッション水和剤・ボトピカ水和剤・エコショット・アグロケア水和剤）の残効期間は1週間であった。残効期間未調査のメジャーフロアブルの平均防除価は78であり，残効期間が1週間であるか2週間であるか判然としなかったため1 〜 2週間と推定した（第5表）。

第5表　農薬の系統，農薬登録上の使用制限回数，平均防除価と残効期間

系　統	供試薬剤	希釈倍数	使用回数	平均防除価	残効期間
QoI	ファンタジスタ顆粒水和剤	×3000	3	89	2週間
QoI	ストロビーフロアブル	×3000	3	87	2週間
QoI	アミスター20フロアブル	×2000	2	81	2週間
QoI	メジャーフロアブル	×2000	未登録	78	(1〜2週間)[4]
NFC[1]・MBC[2]	プライア水和剤	×1000	未登録	91	(2週間)
NFC・MBC	ゲッター水和剤	×1000	未登録	89	(2週間)
MBC	ベンレート水和剤	×3000	未登録	82	(2週間)
フェニルピロール	セイビアーフロアブル20	×2000	1	89	2週間
SDHI[3]	アフェットフロアブル	×2000	1	88	2週間
無機化合物（銅）	Zボルドー	×500	―	74	1週間
抗生物質	ポリオキシンAL水溶剤	×1500	1	68	1週間
微生物（バチルス）	インプレッション水和剤	×500	―	54	1週間
微生物（バチルス）	ボトピカ水和剤	×2000	―	54	1週間
微生物（バチルス）	エコショット	×2000	―	49	1週間
微生物（バチルス）	アグロケア水和剤	×2000	―	47	1週間

注　1)　NFC：N-フェニルカーバメート
　　2)　MBC：メチルベンゾイミダゾールカーバメート
　　3)　SDHI：コハク酸脱水素酵素阻害剤
　　4)　（　）内は推定値

(3)　農薬の系統からみた薬剤散布体系

　農薬の系統別では，QoI剤，MBC剤，フェニルピロール剤，SDHI剤の防除効果が高かった（第5表）。しかし，MBC剤は3剤とも未登録であるとともに，フェニルピロール剤とSDHI剤の農薬登録上の使用回数が1回であることから，本病の薬剤散布体系においてはQoI剤の使用割合が高くなりやすい。QoI剤は耐性菌発生リスクが高い薬剤であるため，耐性菌発生に対して十分に注意が必要である。

　そこで薬剤散布体系においてキーポイントとなる薬剤はZボルドーである。同剤の平均防除価は74とQoI剤やMBC剤ほど防除効果は高くないが，散布回数が無制限であるとともに，銅剤であるため耐性菌発生のリスクがきわめて少ないという利点がある。

(4)　Zボルドーと他の薬剤の交互散布

　北海道ではZボルドーと他の化学合成農薬の交互散布をもっとも効率的な薬剤散布体系として推奨している。すなわち，Zボルドー散布の1週間後に他の化学合成農薬を散布し，その残効期間（ポリオキシンAL水溶剤・メジャーフロアブル以外は2週間）ののちに再びZボルドーを散布し，これを繰り返すものである。

　道内のニラ栽培圃場では6月中旬〜10月上旬の約4か月にわたって本病の防除のために多回数の薬剤散布が実施されているため，Zボルドーを活用して耐性菌の発生リスクを低減させることが重要である。前述のとおり，Zボルドーは散布した葉に汚れを生じるが株養成期間であれば，実用上問題はない。今後，本研究で防除効果を解明した未登録農薬の早期の農薬登録取得が期待される。

　　執筆　三澤知央（地方独立行政法人北海道立総合
　　　　研究機構道南農業試験場）

参 考 文 献

Ellis, M.B. 1971. Demafiaceous hyphomycetes. CAB Publishing. Wallingford. 178—184.

栃木県鹿沼市　宇賀神　洋一

〈ニ　ラ〉

周年栽培品種＋夏ニラ専用品種による連続収穫

○充実した土つくりによる健全な株養成を実践
○厳寒期には温度確保技術と生育促進技術を導入
○周年品種の連続収穫と夏ニラ専用品種を組み合わせた安定多収

〈地域と経営の概況〉

1. 地域の特徴

鹿沼市は栃木県の西北部に位置する。年間平均気温は12.6℃で、年間降水量は1,618.8mm、夏期は暑く冬期は寒冷な内陸性の気候である。市の東部を東北自動車道が縦断し、交通の便は良好である。古くからサツキなどの花木生産が盛んで、園芸用土の鹿沼土の産地としても有名である。工場の立地が多く、宅地化も進んでいる。

鹿沼市のニラ栽培は、昭和40年代前半に冬期の換金作物として導入されたのが始まりで、40年以上の歴史を有する。

上都賀農業協同組合鹿沼にら部は、全国第2位のニラ産地である栃木県の中で約3割を占める生産量を誇り、県内の主力産地であるのみならず、全国的にも有数の産地である。年間を通じて安定した出荷数量が特徴で、組織として出荷量の拡大をはかりつつ、品質のさらなる向上に取り組んでいる。

2. 経営のあゆみ

宇賀神さん宅にニラが導入されたのは1984年である。それ以前は、水稲にダイコン、サトイモなどの露地野菜を取り入れた複合経営を行なっていたが、宇賀神さんの就農と同時にニラを導入し、ニラの規模を拡大しながら、現在で

経営の概要

立　地	栃木県中西部、標高120m
地　目	水田、黒ボク土
作目と規模	ニラ50.9a、水稲70a
労　力	家族労力4名（臨時雇用1名）
栽培概要	ニラ播種：3月、定植：6月上旬〜中旬、収穫：1月中旬〜12月下旬
収　量	ニラ：平均7,000kg/10a（2年1作）
技術の特色	充実した土つくりによる健全な株養成を行ない、厳寒期は温度確保と生育促進技術を利用、夏ニラ専用品種を組み合わせた年間安定収穫を行なっている

はニラ中心の経営を行なっている。2018年の経営規模は、ニラ50.9a（新植株28.6a、2年株22.3a）、水稲70aとなっている。

組織内では、リーダーとして信頼が厚く、就農後は若手研究組織の技術リーダーとして、また、農業簿記指導員として活動を行なってきた。組織のリーダーとしての実績と人柄が評価され、2016年からは上都賀農業協同組合鹿沼にら部長の要職にあり、生産者137名の代表としての重責を担いながら、後継者の確保と支援、新技術の普及促進など、組織の発展に向けた活動を積極的に行なっている。

現在、宇賀神さんの自宅および圃場の周辺は宅地化が進み、ニラ栽培では、気を遣うことが多くなっている。農薬の散布回数をできるだけ減らすことと、騒音や悪臭の発生などに注意を

払い，周辺環境に配慮したニラ栽培への努力も続けている。

3．栽培の方針

宇賀神さんの栽培面積は，所属する上都賀農業協同組合鹿沼にら部の平均38aより多いものの，近年増加している1ha超の大規模栽培ではない。面積拡大よりも単収と品質の向上を重視しており，そのための技術的な研究を重ねている。

また，近年は，夏期の異常高温や豪雨，秋の高温傾向，厳寒期の異常低温など，異常天候が常態化しており，地域内においては収量の不安定化や病害虫の多発が顕著になっている。天候に左右されない安定したニラ栽培を目標に，ニラの生理生態や品種特性を熟知し，基本技術の励行と，それを土台とした新技術の導入を継続的に実践している。とくに，ニラの作業で6割以上を占めるとされる調製作業を軽減するためには，品質のよいニラを栽培することが重要と考えている。

ニラの経営面での利点として，調製作業は軽作業で高齢者も従事できること，収穫と調製作業は毎日できて，毎日出荷が可能という点があげられる。現在，宇賀神さん夫婦と，高齢になった両親の4名による家族経営を継続しており，圃場管理は宇賀神さん本人が，調製作業は妻と両親が主体に行なうよう，作業を分担している。

第1，2図は2012年産の宇賀神さんの出荷量と労働時間の推移である。端境期の12月の出荷量が少ないが，年間切れ目なく，日々安定した数量を出荷することを目標に，収穫・調製作業が毎日行なえるよう，また，作業量の変動が大きくならないように，計画的な圃場管理と，省力化の推進を心がけている。

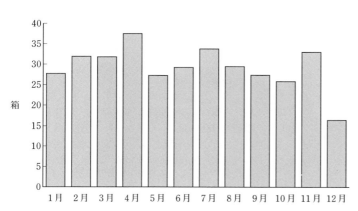

第1図　2012年産の宇賀神さんの出荷量
月ごとの出荷箱数を，休市日を除いた日数で除した

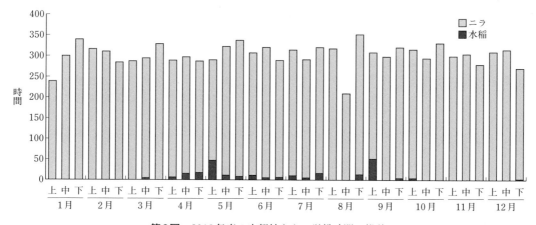

第2図　2012年産の宇賀神さんの労働時間の推移
家族労力4名（一部，雇用）の合計

〈技術の特徴〉

　宇賀神さんのニラ栽培の特徴は，ニラの生理生態を熟知し，ストレスなく生育させたうえに新技術を導入し，ニラの株の持つ能力を最大限に発揮させているところにある。適期に確実な栽培管理を行なうことは当然で，ニラの生育状況を把握する観察眼や中長期的な作業の組立てなど，特筆すべきところがある。

1. 充実した株づくり

①株養成期の管理

　定植から11月までは株養成期間であり，収穫開始までに充実した株に仕上げることが安定した収量と品質を得るためにはきわめて重要である。また，ニラに登録のある薬剤が少ないことから，農薬に過度に依存しないですむ，健全なニラの株づくりを目標にしている。

②低温遭遇時間を重視した保温開始時期の決定

　品種ごとに分げつ数や低温伸長性が異なるため，品種特性に応じて，新植株の保温開始を行なう。保温開始時期の決定にさいしては，5℃以下の低温遭遇時間に留意している（後述）。低温遭遇時間は安定した収量と品質を維持するために重要な指標であり，新植株の収穫開始までは2年株を収穫している。

2. 厳寒期の生育促進対策

①温度確保対策

　収穫開始時期は厳寒期であり，最低気温がマイナス5℃を下回ることが多い。宇賀神さんは従来より，地域で主流となっている三重被覆保温（外張り＋内カーテン＋小トンネル）を行なっていたが，2015年よりウォーターカーテン保温を導入し，成果を上げている。充実した株を用いて，昼間に十分な換気を加えながら生育日数35日程度で収穫している。生育日数をかけるため，葉幅が広く厚みがあり，収穫回数が進んでも収量の低下が軽減されている。

②CO₂施用と循環扇の活用

　2013年からCO₂施用を試験的に導入してい

る。保温開始から3月まで稼働させており，日の出から換気を開始するまでの2～3時間，LPガスを燃焼させ，光合成促進効果を高めている。また，CO₂の拡散効果を得るために循環扇も導入しており，収量と品質の向上に寄与している。

③追肥および灌水

　従来から，厳寒期であっても安定したニラの生育のためには追肥と適度な土壌水分が必要との考えを持っていて，地域内でも早期から点滴灌水を導入している。

　また，2013年から2年間，全農とちぎの追肥一発型肥料の現地試験を担当した経過がある。2015年にウォーターカーテンを導入したことで地温確保が容易になり，厳寒期の追肥と灌水の効果が高まり，安定収穫と品質の維持に効果を発揮している。

3. 年間を通じた安定した収穫・出荷

①連続収穫

　充実した株養成と新技術の導入により，高品質なニラの連続収穫を行なっている。最大で10回の連続収穫を行なう圃場を中心に，保温開始時期の違いや品種の組合わせによって，年間安定した作業を行なっており，作業の平準化がはかられている。

②省力化への取組み

　収穫調製作業を軽減するため，自動結束機の利用や，収穫調製室の作業環境改善に積極的に取り組んでいる。

〈土つくりと土壌病害対策〉

1. 土地利用の状況

　2年1作のニラ栽培は，2年おきに定植するため，2年に1回しか圃場づくりができない。在圃期間は最長で20か月にもおよび，収穫回数も最大10回程度となる。ニラは吸肥量が多いことから，地力のある圃場づくりと，土壌病害虫対策をポイントにしている。2年株の収穫が終了する12月から新植株の定植作業が行なわれる翌年5月までの6か月間に，徹底した圃場

づくりを行なっている。

以前はニラの定植前にキルパーによる土壌消毒を行なったが、ネダニや白絹病の発生が多くないことと、地温が低い時期の効果が安定しないこともあり、現在では行なっていない。

2. 良質堆肥の施用

堆肥は契約業者から購入している。周囲が住宅地であるため堆肥盤は設置しておらず、発酵、加熱処理された袋入りの堆肥を使用している。調達後、直接圃場に投入し、速やかに耕うんするようにしている。

3. 緑肥作物の作付け

土壌物理性向上や病害虫対策、保温開始後のCO_2供給を目的に、地域のカントリーエレベーターからくず大麦を購入し、収穫終了後に緑肥作物としてまきつけ、3か月程度生育させた後、うない込んでいる。

〈栽培の実際〉

上都賀農業協同組合鹿沼にら部の基本的な作型は第3図のとおりで、宇賀神さんも同様の作型で栽培を行なっている。株養成期間を確保した2年1作で、周年収穫用品種の新植株と2年株に、夏ニラ専用品種を組み合わせた、典型的な関東型ハウス栽培である。数種類の品種を利用し、保温開始時期をずらし、抽苔時期は夏ニラ専用品種を組み合わせて周年出荷を行なっている。

1. 播種・育苗

①品　種

宇賀神さんはこれまで、試作を含めいくつかの品種を栽培してきたが、2017年時点で栽培している品種は第1表の4品種である。分げつ性や低温伸長性、収穫時期により使い分け、収量と品質の維持に努めている。

②ハウス地床育苗＋半自動定植

現在、栃木県内では、220穴トレイを利用したセル育苗による全自動定植が主流になっているが、上都賀農業協同組合鹿沼にら部では、大部分の生産者が地床育苗により大苗を育成し、半自動定植を行なっており、宇賀神さんも同様である。定植に全自動定植の8倍程度の時間を要する半自動定植の体系をあえて採用している理

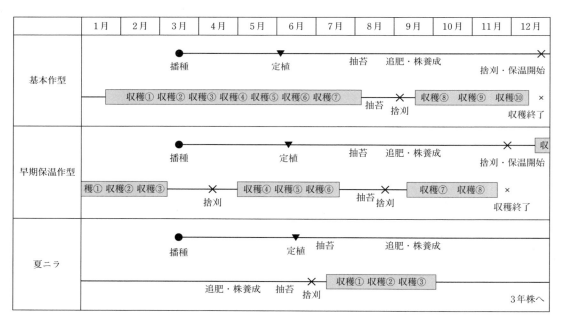

第3図　上都賀農業協同組合鹿沼にら部の基本的な作型

周年栽培品種＋夏ニラ専用品種による連続収穫

第1表　2017年に導入した4品種

品種名	特　徴	保温開始時期
ミラクルグリーンベルト （武蔵野種苗園）	低温伸長性が弱いため保温開始は2月とし、春以降は連続で収穫する。定植本数は2苗（種子2粒）、分げつ性がおとなしいため品質が落ちにくい。抽苔時期は株養成に回す	2月以降
ハイパーグリーンベルト （武蔵野種苗園）	早期保温に使用。低温伸長性があり、分げつ性が弱いため、定植本数は3苗（種子3粒）とすることで初期収量を確保する。連続で収穫せず、途中で株養成に回し、その後は抽苔時期も続けて収穫する	11月下旬～ 12月上旬
ゆめみどり （栃木県育成）	低温伸長性があり、分げつ性がおとなしいため、連続収穫に適している。定植本数は2苗（種子2粒）。表皮剥離が発生しやすいので、ウォーターカーテンとの組合わせで品種特性が発揮される	12月中旬～1月
パワフルグリーンベルト （武蔵野種苗園）	夏ニラ専用品種、3年株まで使用。定植本数は2苗（種子2粒）。収穫は2年目の8～10月。春先の自然萌芽した茎葉（0番）は収穫せず株養成とする	7月

由は、病害虫や乾燥に強く揃った苗を定植できて、欠株の少ないニラが育成できるためである。

宇賀神さんはハウス育苗を行なっている。ハウス育苗には灌水設備が必須だが、露地育苗と異なり晩霜や降雹の影響がなく、必要な苗を安定して確保できることが理由である。

③播種，灌水，追肥

播種床土壌のpH矯正と施肥の後、第4図のように播種床をつくる。

播種作業は播種機（ごんべえ）を使用している。育苗ハウスの面積は4.8m×50mで、品種ごとに播種し、播種後、保温と保湿を目的に籾がらを利用する。播種後、保温と保湿のためポリフィルムで被覆を行なう生産者が多いが、宇賀神さんは高温による発芽不良を経験したことがあり、地温過熱対策として籾がらを地表面がやや透けて見える程度の厚さに敷くようにしている。

発芽まで、地温15～20℃に維持する。地温が上がりすぎないよう小まめに換気を行ない、保温はハウスの開閉で行ない、小トンネルは使用しない。灌水は気温や土壌水分の状況に応じ、散水チューブを用いて適宜行なう。日中の高温時の灌水は温度の急変を引き起こし、軟弱徒長や病害虫発生の原因となるため、朝方に灌水し、夕方には土壌の表面がやや乾き気味となり、湿気が抜けることを理想としている。

本葉3枚以降、生育状況を見て、速効性の化成で追肥を行なう。育苗期間は80～90日で、

第4図　播種床

播種時期は3月上旬、苗が2本に分げつし始めるころの6月上旬が定植適期となる。

2. 本圃の準備

①くず麦作付けとすき込み

前作ニラの収穫が終了した12月中下旬に、ニラの収穫古株の上からくず麦をばらまきし、古株とともに深さ10cm程度でロータリー耕うんを行なう。後に古株から萌芽しないよう、球根部分を粉砕するように古株をすき込む。麦は連作障害対策のほかに、有機物補給を目的にしている。麦は3月下旬にロータリー耕うんによりすき込む。

②堆　肥

堆肥は10a当たり1.5t程度を定植1か月前までに施用し、続いてpH6.5を目標に、土壌診断

113

第2表　本圃の基肥施肥量（10a当たり）

肥料名	施肥量	成分総計（kg）		
		N	P	K
豚ぷん堆肥	1.5t			
苦土炭カル	300kg			
ホウ素入り野菜美人	300kg	30	30	30
硫酸カリ	60kg			30
ケイカル	60kg			
計		30	30	60

にもとづいて定植2週間前までに苦土炭カルを施用している。

③基　肥

　ニラがもっとも旺盛に吸肥する適温は15〜20℃であり、定植から梅雨明けまでと9〜10月が適期となる。したがって、肥料分が必要とされるのは、定植後の根張りの時期と、秋の株養成期である。定植時の基肥と、秋の追肥が基本パターンであり、肥効調節型肥料を中心に、第2表のとおり基肥を施用している。

3. 定植・定植後の管理

①条数，栽植間隔，定植本数

　栽植様式は、収量性と品質、作業面を考慮して決定している。宇賀神さんの栽植様式は第5図のとおりで、1株当たり植付け本数は2苗（種子数が2粒で、茎が4本）を基準にしており、品種により1株当たり3苗にすることもある。植付け条数は10条植えで、一般的には8条植えよりも条間が狭くなり、作業性が低下するが、ウォーターカーテン導入後は小トンネルが不要となったため、10条植えでも作業性は十分に確保されている。

②定植準備

　定植作業は6月上旬に行なう。定植前に、土入れ後に地表面から球根部分までの深さが10〜15cmになるように、第6図のように植え溝をつくっておく。作条時に、ネダニ類や白絹病の予防のため、登録のある粒剤を使用している。

　苗は定植前に掘り取り、大きさの揃った苗を選別しておく。定植機に絡みつかないよう葉を20〜25cmに切り揃えておく（第7図）。

③定　植

　定植作業は半自動定植機を使用している（第8図）。

　半自動定植機の利点の一つに、植付け深さの調整が容易な点があげられる。植付け深さは分げつの多少に影響を及ぼすが、宇賀神さんは収量・品質を安定させるためには過剰分げつを抑制することが重要と考えており、定植時には意

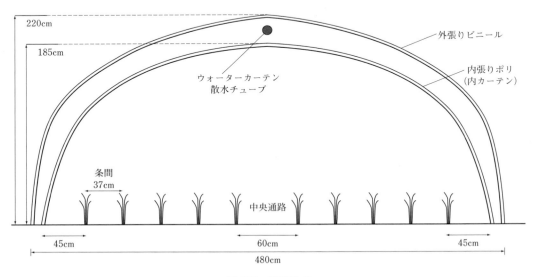

第5図　栽植様式

周年栽培品種＋夏ニラ専用品種による連続収穫

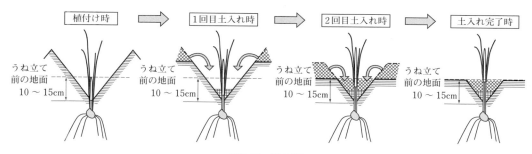

第6図　植え溝

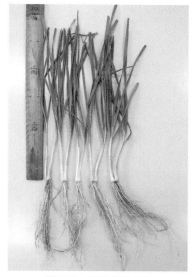

第7図　定植適期の苗

第8図　定植作業

識して深植えにしている。

株間は定植機のベルトに苗を置く間隔で調整するが，宇賀神さんの株間は品種にかかわらず27cmとしている。

④土入れ（土戻し）

7月中旬ごろ，植え溝に土を入れ，平らに埋め戻す（第6図）。管理機，レーキなどを使って作業する。本来は生育に合わせて2～3回に分けて行なうが，雨で崩れる分もあるため1回ですませている。新展開葉が埋没すると芽枯れを生じるので，葉の分岐部分を埋めないように，土の入れすぎに注意する。

梅雨明け後，気温が上がると白絹病菌の活動が活発になり，土入れ作業により感染が増えるため，土入れ後は薬剤による予防を必ず行なっている（第9図）。

⑤除　草

定植直後は苗の活着を阻害しないために，除草剤は使用しない。活着後に土壌処理剤を使用している。土入れによって土壌処理剤の処理層が壊れ，効果が薄くなるため，土入れ完了後にも同様に処理を行なっている。

その後は，葉が順調に展開するまでの間，除草剤の効き具合に応じて処理する。ニラに登録のある除草剤の種類がきわめて少なく，使用回数も制限されていることがニラ栽培上の大きな悩みで，大規模化を阻害する要因になっていると宇賀神さんは話している。

⑥病害虫防除

定植から株養成期までは，ネキリムシ類，白

115

ニラの基本技術と経営

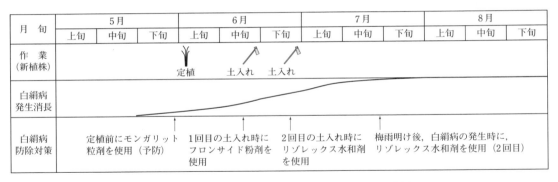

第9図　白絹病の防除体系（鹿沼にら部の防除指針より抜粋）

絹病，軟腐病などの防除を行なう。とくに，近年の高温や豪雨により7～8月に白絹病が多発し，欠株や茎数の減少が問題となっている。薬剤による予防とともに，湿害を避けるため，ハウスの周囲に明渠を掘るなど，圃場の排水対策には留意している（第9図）。

4. 株養成期の管理

①花蕾の除去

新植株は8月上旬から出蕾し始める。ある程度出揃ったら，新植株は鎌で花蕾を刈り取る。花蕾を放置すると株の消耗が著しいので，数回に分けて花蕾刈り作業を行なっている。新植株の展開葉を傷つけないように注意しながら鎌で行なっている。

②追肥

株養成期の管理でもっとも重要なのは追肥で

第10図　株養成終盤のニラ姿

ある。日長が短くなり夜温が下がってくる9月中旬以降，生育や分げつが旺盛になり，肥料の吸収量も多くなる。これに合わせ，8月下旬から10月上旬にかけて追肥を行なうことは，ニラの生理生態に合致した栽培管理である。

宇賀神さんは，保温開始時に25～30本の茎数を確保することが重要と考えている（第10図）。これより少ないと収量が上がらず，茎数が過剰になると葉幅の減少が著しい。この目標にしたがい，品種ごとの分げつ特性や生育に応じ，倒伏させないように注意しながら追肥を行なう。

具体的には，9月中旬以降，BB NK707を用いて，10a当たり窒素成分で2.5～3kgを10～14日開けて3回程度追肥し，10月上旬には追肥を終了するようにしている。

③病害虫防除

株養成期は，さび病，白斑葉枯病，アザミウマ類，ネギコガなど，葉に被害を与える病害が多発する。株養成とは，生産力の高い葉を多く維持し，光合成による同化養分を球根部に転流させることが目的であるため，この時期の病害虫防除はきわめて重要である。病害は予防を中心に，害虫は発生初期に防除を徹底することで，農薬散布の回数をできるだけ少なくするように努めている。

5. 捨て刈り・保温開始

①保温開始時期の決定

株養成後のニラは，5℃以下の遭遇に積算で

500時間以上を経過させ，同化養分を地下の球根部に転流させることで，保温開始後の収量と品質が高まり，収穫を続けても葉幅が細くなりにくい充実したものとなる。

栃木県鹿沼市における5℃以下の低温に遭遇する積算時間が500時間に到達するのは，例年12月20日前後であり，収量・品質が安定する保温開始時期の目安となっている（この時期の決定は指導機関が毎年計測する低温遭遇時間を参考にしている）。周年収穫用に3品種を栽培しているが，早期保温や晩期保温など，品種ごとに使い分けており，それぞれの保温開始時期は第1表のとおりである。

②捨て刈り，保温開始作業

捨て刈り作業とは，株養成まで生育した茎葉を切り捨てることで，鎌で地表面の高さに刈り取り，茎葉はハウス外に持ち出し処分する。捨て刈り後は表面を平らに整地し，枯れ葉などの残渣は熊手などでさらう。その後，土壌水分に応じて，白斑葉枯病およびネダニ防除のための薬剤灌注を兼ねて，灌水を行なう。

宇賀神さんは捨て刈り後に，一発型追肥専用肥料（商品名：BBみどり姫）の施用と，ドリップチューブを株間中央に計8本敷設している。一発型追肥専用肥料と点滴灌水を組み合わせることで，マルチ後の肥効が体感できると宇賀神さんは言う。収量と品質の維持のため，今後，地域内に普及が期待される技術である。

追肥，チューブ敷設後，穴なしの黒マルチを展張する。捨て刈り後，すぐに萌芽が始まり，3日程度で3cm程度に伸びて，マルチの上から株の位置が確認できるようになるので，株の周りを切って株穴をつくる「切り出し」作業を行なう。切り出し作業は1株ずつ，カミソリまたは，市販のガスバーナー式穴あけ器で行なう。切り出しが遅れるとマルチ面の温度が上昇し，高温で葉先が障害を受けるので，捨て刈りから5日以内に行なう。

6. 収穫までの管理（厳寒期）

①ウォーターカーテン保温

捨て刈り，マルチ展張，内張り被覆の準備が完了したら，ウォーターカーテンによる保温を開始する。日中は25～30℃，日没ごろに散水を開始し，最低夜温7℃を目標に温度管理を行なう。散水停止は日の出前後を目安としており，時期によって散水開始と散水停止の時間を調節している。

②温度管理の考え方と，実際の温度管理

従来行なっていた三重被覆保温（外張り＋内カーテン＋小トンネル）と同様に，収穫まで日数が30～35日となるように温度管理を行なうことを基本としている。三重被覆では，厳寒期の収穫まで日数が60日程度かかることがあったが，ウォーターカーテン導入後はそのようなことがなくなった。むしろ，日中の温度をいかに下げるかが課題で，葉先の障害を防ぎながら，できるだけ換気を行なうことが重要である。宇賀神さんは，CO_2拡散を目的に導入した循環扇が効果的な換気にも寄与していると感じている。

第11図は厳寒期の宇賀神さんのハウスの気温と地温の推移である。地下水の温度が高く，井戸の容水量に対して散水棟数が比較的少ないこともあり，気温，地温とも十分すぎるほど確保されている。

③ CO_2 施用と循環扇

萌芽後，葉長が15cm程度に伸長したらCO_2施用を開始する。各ハウスにCO_2発生器を1台ずつ設置し，日の出前から日の出後までの2時間程度LPガスを燃焼させる（第12図）。

施用濃度はとくに把握せず，タイマー稼働で燃焼させ，時々，測定器で濃度を把握している。ハウス内にガスを拡散させるため，循環扇を1ハウスに2台設置している。

ハウス内のCO_2濃度の推移は第13図のとおりで，日の出から換気までの時間帯のCO_2濃度は1,500～2,000ppmを目安にしている。

CO_2施用を試験的に導入した2012年には，葉先の白化や褐変といった障害が発生したが，ウォーターカーテン導入後は障害葉の発生は見られていない。地温が維持され同化産物の転流がスムースに行なわれているためと推察している。また，CO_2施用と循環扇の導入後は白斑葉

ニラの基本技術と経営

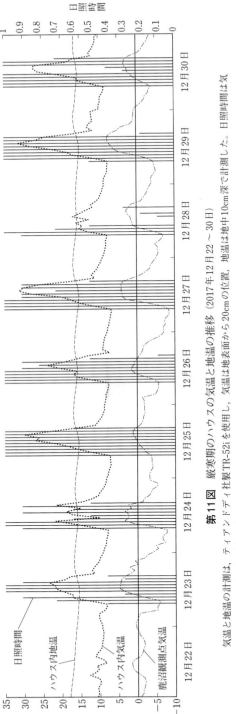

第11図 厳寒期のハウスの気温と地温の推移（2017年12月22～30日）

気温と地温の計測は、ティアンドディ社製TR-52iを使用し、気温は地表面から20cmの位置、地温は地中10cm深で計測した。日照時間は気象庁アメダス・鹿沼観測点のデータ

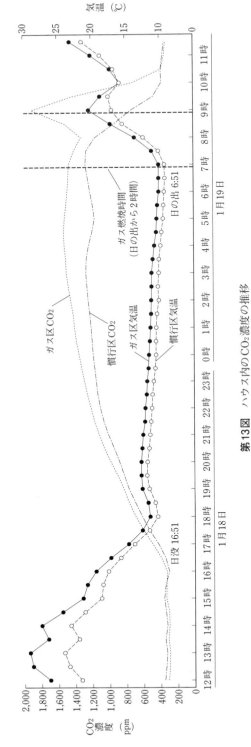

第13図 ハウス内のCO_2濃度の推移

気温とCO_2濃度の計測は、ティアンドディ社製TR-76Ui-Hを使用、計測は地表面から20cmの位置で計測した

118

第12図　CO₂発生器（左）と循環扇（右）

第14図　収穫期のニラ

第15図　収穫作業

枯病が少なくなり，葉色が濃くなり，収穫を続けても葉幅の落ち込みが軽減されたと感じている。

④灌　水

ドリップチューブ（商品名：ストリームライン，ドリッパー間隔10cm）を使用して，収穫終了まで点滴灌水を行なっている。灌水のタイミングはPFメーターを参考にしており，厳寒期は4日に1回程度灌水し，1回の灌水時間は1時間から1時間半程度である。マルチ下のドリップチューブ敷設と，ウォーターカーテン保温による地温確保によって，マルチ時の一発型追肥専用肥料の効果が発揮され，収量と品質の維持につながっている。

7.　収　穫

収穫は，ニラが40cm程度に伸びたら，遅れずに作業を行なう（第14図）。40日以上かけて収穫すると品質低下や白斑葉枯病の発生を招くので，適正な温度管理を行ない，生育期間30〜35日で40cm程度に伸びるように，また，春以降は生育速度が急に速くなるので，収穫が間に合わなくなったハウスは加工業務用出荷に回すなど，温度管理と作業の組立てに心がけている。

収穫は，刈り取り用の鎌を用いて，1株ずつニラの地ぎわから刈り取る（第15図）。

上都賀農業協同組合鹿沼にら部では，品質保持のため，収穫作業時間は，10月から4月は夕刈りとして夕方に，5月から9月は朝刈りとし

て早朝に行なうことが申し合わされている。ハウス内の温度が低く、ニラの葉に萎れや結露のない時間帯に手際よく収穫作業を行ない、収穫後は速やかに遮光し、保冷庫に搬入する。

8. 収穫株の管理

①連続収穫

宇賀神さんのニラは、収穫を続けても葉幅が広く維持できるよう、肥培管理や温度管理に細心の注意を払っており、ウォーターカーテンの導入以降は、株疲れで葉幅が細くなる三、四番刈りの葉幅も維持されるようになったため、捨て刈りから抽苔時期まで、連続で6回、抽苔時期に株養成を行なって、さらに12月まで2～3回、合計8～9回、抽苔時期も収穫を続けるハウスでは最大で10回の収穫を行なっている。

②春以降の株養成

保温開始が早いハウスは株疲れによる葉幅の低下が早期から見られる。また、低温遭遇時間が多いハウスは抽苔が早い。さらに、4月以降は気象条件が良好になって生育速度が速くなるため収穫遅れになるケースが多い。これらの生育パターンを把握し、収穫を続けるハウスと、収穫を一度休んで株養成に回すハウスを決定している。また、抽苔時期は、調製作業で花茎を除去する手間が甚大で、葉幅の低下も合わさって調製時間が長くなるため、夏ニラ専用品種を中心に収穫し、周年収穫品種は株養成に回すよ

うにしている。

収穫を一度休んで株養成を行なうハウスは、追肥と灌水を継続し、葉を倒伏させないように注意しながら、40～60日間、収穫せずに茎葉を生育させ、株の回復をはかっている。

③遮　光

春先は根の活性が低下した状態で日射量が急激に増加する。また、盛夏期は高温乾燥のため葉からの蒸散量が多くなり、地温上昇によって根の活性が低下しやすい。これらの時期は葉先の枯込みが多発して品質が著しく低下し、調製作業の効率が大幅に下がる。このため、遮光率50％の遮光資材（商品名：シルバーふあふあ）を使って直射日光を抑制し、ハウス内の気温と地温を下げるようにしている。

④病害虫防除

保温開始から4月までの低温期は白斑葉枯病に細心の注意を払っている。ウォーターカーテン導入以前の小トンネルを用いた三重被覆保温は多湿状態になりやすく、白斑葉枯病が激発して収穫皆無となることもあったが、ウォーターカーテン導入によって厳寒期も日中の換気が可能になり夜温の確保が容易になった。さらに、プロパンガス燃焼と循環扇の稼働も相乗効果をもたらし、白斑葉枯病はほとんど発生しなくなった。

3月以降はアザミウマ類の防除が重要である。葉の表面を白くカスリ状に食害するため商品価値を著しく低下させるほか、えそ条斑病ウイルスを媒介するため、出荷不能になることも多い。宇賀神さんはアザミウマ対策として15年ほど前から不織布とアルミ繊維を併用した防虫ネット（商品名：スリムホワイト）を使用しており（第16図）、薬剤散布回数をできるだけ減らす取組みを継続している。

⑤2年株の収穫

10月以降は、新植株を早期保温して収穫できる。実際に11月から新植株を出荷する生産者もいることから、前年から収穫を継続している株は2年株と呼んで区別している。2年株は分げつが進み茎数が多く、葉幅は細くなりやすい。

第16図　スリムホワイト。アザミウマ侵入防止ネット

10月以降，鹿沼市付近は気温が低下して2年株の生育は緩慢になる。多くの生産者は外張りのみ，または外張り＋内張りの二重被覆で生育させるため，1～2回の収穫にとどまっているが，宇賀神さんはウォーターカーテンを稼働させて保温を行なうことで，1月までに3回程度収穫を行なっている。外気が7℃を下回るころからウォーターカーテン保温を行ない，厳寒期の新植株と同様に最低5℃を維持して生育させる。これによって，端境期の収穫量の確保と，新植株の早期保温を避け，安定した収穫を実現している。

9. 調製作業

①作業環境改善への工夫

　調製作業は，栃木県農業経営診断指標によれば，ニラの全作業の66％を占めている。調製が容易なニラを栽培，収穫することが重要であるが，調製作業の効率アップも重要である。宇賀神さんは作業性向上を目指し，さまざまな工夫を行なっている。

　調製舎内の作業動線を改善し，予冷庫から出たニラがむだな動線なく製品となって予冷庫に戻るレイアウトや，特技のDIY技術を生かし，段差をなくすプレート，車輪付き台車，自作の段ボール製トレイなど，参考にすべき工夫が随所に凝らされている。

②調製作業下葉除去・ハカマ取り

　宇賀神さんは調製作業には細心の注意を払っており，組織のリーダーとして，ほかの生産者の模範となるべく，出荷規格の厳守に努めている。

　収穫後，予冷庫で保冷したニラは，調製する分だけを持ち出して調製作業を行なう。

　切り口のある短い外葉を除去し，ハカマ取り機（コンプレッサー使用）の圧縮空気で株元の土やごみ・古葉を吹き飛ばす（第17図）。とくに薄皮が残ると出荷後の品質低下の原因になるため，注意してハカマ取り作業を行なう。

　病虫害で傷んだ茎，極端に太さが違う茎は取り除き，1束が同様の茎形状で揃うようにする。葉先が傷んでいたり枯れたりした部分は荷造り後に見た目が悪くなるため摘み取る。葉鞘部を切り揃えた時点で1束110gとなるように計量

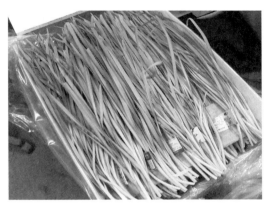

第18図　自作の段ボール製トレイ

第17図　ハカマ取り機

第19図　自動結束機

し，自作のトレイにのせておく（第18図）。ある程度たまったら，自動結束機を使用し（第19図），切り揃えとテープ結束を行なう。

結束されたニラ10束を1袋に入れ，脱気した状態でシールかけし，4袋を出荷段ボールに入れて，出荷まで予冷庫で保管し，鮮度低下を防止する。

〈今後の課題と展望〉

宇賀神さんは自らのニラ経営だけではなく，137名の部員を束ねる部長としての立場から，JAや県農業振興事務所（普及指導センター），鹿沼市との情報交換を積極的に行ない，産地の将来像を常に考えている。高齢化の進展は加速度的となり，雇用確保も年々むずかしくなっているため，現在の家族経営では産地の維持は困難になる。とくに，ニラ作業の中で大部分を占める調製作業については，家族労働で行なっている現状に限界を感じており，栃木県内最大の産地の部長として，JAの垣根を越えた連携も模索している。

ニラは作型や経営類型の自由度が高く，高単収で集約的な経営や，雇用を活用した大規模経営など，経営主の裁量でさまざまな発展が可能である。栽培技術面では，単収向上と省力化を併せ持ち，新技術導入のベースとなる技術として，ウォーターカーテンに大きく期待している。夜温と地温が確保できることで，CO_2施用や効果的な施肥，点滴灌水などの単収向上技術との相乗効果を発揮できると考えており，自ら技術開発に取り組みながら，地域内への普及を推進している。

単収向上と省力化の技術は，後継者確保対策としても有効であり，2年1作で60a（新植株30a＋2年株30a）の栽培に夏ニラ10aを組み合わせた経営で1,000万円の販売が可能な栽培体系が一般的になれば，新規にニラ栽培に参入する若者が増えてくると考えている。JA，県，市が協調して，2018年から開始された「ニラ新規生産者確保事業」に宇賀神さんも積極的にかかわるなど，ニラの将来性に手応えを感じている。

《住所など》栃木県鹿沼市奈佐原町584—1
　　　　　　上都賀農業協同組合鹿沼にら部（上都賀農業協同組合南部営農経済センター内）
　　　　　　部長　宇賀神洋一
　　　　　　TEL. 0289-75-3821

執筆　藤澤秀明（塩谷南那須農業振興事務所）

2018年記

雇用経営の安定のために
——ホウレンソウの基本技術と経営

暖地秋まき加工・業務用ホウレンソウ機械化栽培体系

(1) 機械化栽培体系の開発背景

近年，加工・業務用ホウレンソウは消費構造の変化などから需要は大きく伸びている（第1図）。しかし，国内産原料の伸びは生産全体の伸びと比べて小さく，中国産を中心とした輸入品が大きなシェアを占め，国内産はおよそ20％程度にとどまっている。国内生産による「高品質で安心安全」は，消費者だけでなく外食産業，食品加工業者などの実需者にも広く理解されてきている。しかし，農家戸数の減少や生産者の高齢化からその生産基盤は弱まってきており，こうしたニーズに対応できなくなってきている。

こうしたなか，手作業を中心とした生産体系から，収穫機械を中核とした機械化一貫生産体系が検討され，普及してきている（石井，2015）。

(2) 加工・業務用ホウレンソウ機械化一貫生産体系

①収穫の省力化

加工・業務用ホウレンソウは，青果用の生産に比べ大型規格で，1株の重量が重く，洗浄，袋詰めせずにコンテナで出荷できるなど，収穫調製のための作業時間は大幅に少ない。それでも，冷凍加工用ホウレンソウ生産における作業時間の調査では，手収穫体系の収穫作業は若年労働者を雇用している農業法人で40h/10a程度，小規模な家族経営生産者では100h/10aにも及ぶという結果となっている。

収穫作業時間は圃場における作業時間全体の60～80％以上を占め，生産コスト削減には収穫の省力化をはかることがもっとも効果が大きいと考えられる。

②収穫機械の導入

収穫省力化のもっとも有効な手段は，やはり収穫機械の導入である。

第1図　加工・業務用ホウレンソウ圃場

第2図　大型乗用収穫機（野菜収穫機MCV-8型，松元機工株式会社）

加工・業務用ホウレンソウ原料は手収穫の場合，包丁などで根を切り，株全体を出荷し，加工工場で株元を切り落としている。ホウレンソウの葉身部分と葉柄部分のみが原料として使用されることから，圃場ではホウレンソウの地上部のみを刈り取るタイプの収穫機が，実用レベルでは開発され市販されている。

現在，普及または導入が進んでいる加工用ホウレンソウ収穫機は2機種あり，松元機工株式会社の「野菜収穫機MCV-8型」（第2図）と株式会社ニシザワの「加工用野菜収穫機NMSH-1300」（第3図）である。

播種，除草などの管理作業でも手作業や歩行型の作業機で行なわれていたが，乗用型管理機を導入することで作業の効率化とともに，作業

ホウレンソウの基本技術と経営

第3図　歩行型収穫機（加工用野菜収穫機NMSH-1300，株式会社ニシザワ）

第4図　乗用型管理機を利用した除草作業
上：4輪タイプ，下：3輪タイプ

機械の汎用利用による導入コストの削減が可能となっている（第4図）。

(3) 栽培のポイント

①圃場準備

ホウレンソウは直根性で湿害に弱いため，排水性のよい圃場を選定する。弾丸暗渠，サブソイラ，カットドレーン，カットソイラなどの心土破砕，明渠などによる排水対策を徹底して行なう。圃場は均平化して凹凸による土壌表面水の滞留を防止する。

ホウレンソウの好適土壌pHは7.3～8.2と高いため，酸性土壌を好む作物との輪作を避け，土壌が酸性の場合には苦土石灰でpHを調整する。

加工時の異物となる雑草が多い圃場はできるだけ避け，休閑時には複数回の耕うんを行ない，埋没種子をできるだけ除去しておく。前作で雑草の多い圃場に作付けする場合はダゾメット剤（商品名：バスアミド微粒剤，ガスタード微粒剤）を利用した土壌処理により雑草量を低減させておくことも有効である。

また，杉葉は加工工程で除去しにくい異物となるため，杉林に隣接した圃場での作付けはできるだけ避ける。

9月から10月上旬の高温期に播種する作型では，ネコブセンチュウの被害に遭う場合がある。必要に応じて土壌消毒，殺センチュウ剤の利用，前作でのセンチュウ対抗性植物（対抗性エンバク，対抗性ソルガム，クロタラリアなど）を作付けしたりするなど対策を実施しておく。

②品　種

低温期でも立性が強い品種　加工・業務用の専用品種はないため，青果用品種のなかから加工適性の高い品種を利用する。加工品の仕上がりをよくするため葉色が濃緑色で肉厚の品種を選定する。機械で収穫する場合は冬場の低温期でもロゼット状になりにくく，立性が強い品種を選定する。

作型に応じた品種　また，作型に応じた品種特性にも考慮が必要となる。ホウレンソウの加工・業務用栽培に適した作型は，ホウレンソウの生理・生態にもっとも適した気象条件で，栽培が容易な秋まきである（第5図）。

加工・業務用ホウレンソウ機械化栽培体系

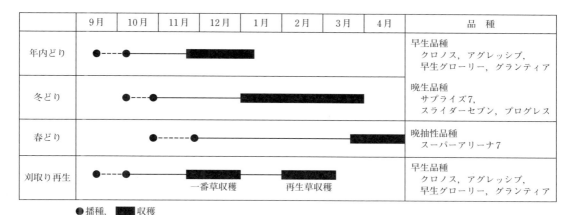

第5図　暖地における加工・業務用ホウレンソウの栽培暦

　12～1月収穫の品種では，早生性の強い品種群のみで播種計画を実施すると，暖冬時など気象条件によっては出荷が前進化してしまい，1月期に収穫適期となる圃場がない状況が生じる。在圃期間の長い，やや晩生の品種群と組み合わせることで全体の収穫期間を確保する。

　2月収穫品種においては，厳冬期で生育量を確保するのがむずかしい栽培時期である。収穫量が十分に確保できない状態でも工場稼働のためには収穫をすることが考えられるため，播種面積を増加させることで収穫量を増やすことが必要である。

　3月収穫品種では，生育後半に気温が上昇し生育量が増加する。早生性の品種群は，加工工場の処理能力をオーバーして収穫遅れになるおそれがある。そのため，晩生の品種群を主体に播種計画を設定する必要がある。また，晩生品種でも4月になると抽苔のリスクは高くなる。

　4月収穫品種は，抽苔株が発生しやすいため，晩抽性品種を利用する必要がある。晩抽性品種でも収穫時期が遅れると抽苔のリスクがあるため，計画的な播種が必要である。

　③　施　肥

　堆肥は播種1か月前までに施用する。肥料成分の多い堆肥を使用する場合は施肥設計を変更して調節する。

　施肥量は黒ボク土の場合，窒素：13，リン酸：16，カリ：8（kg/10a）程度を目安に基肥として施用する。施用量は土壌分析結果や土壌条件によって調節する。

　追肥は窒素量5kg/10a程度を，硫安や尿素で，草丈が10～15cmになったころを目安に1回目を行なう。2回目は同量を草丈25cm程度の時期に行なう。播種後の降雨量が多い場合は肥料の流亡を考慮し，回数や追肥量を調整する。

　④　播種計画

　実需者の加工工場を効率的に稼働させることができるよう原料の搬入数量は決まっている。実需者は加工ラインの稼働時期を通じて許容量に近い数量が確保できるように計画的に栽培契約を締結する。生産者は実需者との栽培契約のさいに示される受入計画に合わせて播種計画を立てる必要がある。

　厳冬期には単位面積当たりの収穫量が減少するため，対応する播種面積を多くする必要がある。逆に春期出荷予定分は播種面積を少なく設定する。

　⑤　播種・播種様式

　間引きしない前提の播種量　播種は野菜用播種機やシーダーテープなどを利用して行なう。播種前にロータリをかけて圃場を均平にしておく。土壌水分の高い圃場では高うねにして排水性を確保する。

　発芽後の間引き作業は実施しないため，発芽

127

第6図　乗用型管理機を利用したタイン型除草機
（狭畦栽培用除草機HS2-4M＋TTM-4，株式会社キュウホー）

状況を想定した播種量の決定が必要である。播種間隔は手どり収穫の場合7～10cm程度として株重の充実をはかるが，機械収穫の場合はやや狭めてもかまわない。5cm程度の密植を行なうことによって雑草量の減少が期待できる。しかし，密植による病害のリスクが高まるので留意が必要である。

管理機・収穫機械に応じた播種様式　機械化体系においては，管理機や収穫機械の作業に考慮した播種様式をとる必要がある。

歩行型収穫機を利用する場合は機械の刈取り幅が110cmで，クローラの輪距は140cmなので，効率的に刈取りを行なうためには，ホウレンソウ株の位置ができるだけうね中央部の75～90cm程度に収まるようにする。歩行型収穫機のクローラは刈り株の上を走行させると走行性が落ちて作業効率が悪くなるため，必ずクローラが通る通路部分を確保する。そのためにはうね間140cm以上とし，うね中央部に条間35～40cmの3条や条間30cmの4条とする。うね面や通路となる部分はできるだけ凹凸のないようにする。凹凸があると機械収穫時に刈刃が土に食い込み，刈刃の損傷を引き起こすだけでなく，収穫物への土壌混入，ホウレンソウの切断面の汚れなどにつながる。

大型乗用収穫機を利用する場合は，クローラの走行部を確保する必要はないが，圃場の凹凸については歩行型収穫機と同様に留意が必要である。

防除作業でブームスプレーヤを利用する場合，設定した条間で管理機が適応できないときはブームの長さを基に必要な間隔で播種時に作業通路を確保しておく。

⑥**除　草**

生育初期の除草剤　雑草の発生を抑えるため，播種後にホウレンソウに登録のある除草剤レナシル水和剤（商品名：レンザー水和剤），アシュラム液剤（商品名：アージラン液剤）などを散布する。播種直後にレンザー水和剤，子葉展開期にアージラン液剤を散布することで，除草効果を向上させることもできる。

中耕などによる機械除草　生育初期（本葉展開）以降は適応する除草剤がないので，条間の中耕などにより雑草管理を行なう。効率的に行なうにはタイン型除草機（株式会社キュウホーの狭畦栽培用除草機HS2-4M＋TTM-4など，第6図）をハイクリアタイプの乗用型管理機に取り付けて利用する。

タイン型除草機はタイン部分が圃場表面の雑草の根を切り，浮かせることで除草を行なう。雑草が大きくなると効果が劣るので，雑草の発生が顕著になる前に実施する。必要に応じて数回行なうことで雑草の発生数，量を減少させる。ホウレンソウ本葉が数枚展開し，根張りが十分になってから，雑草の芽生えが確認され始めたころに除草を開始する。できるだけ，圃場表面が乾燥した状態で実施する。

株間など十分に除草ができなかった場合は人力による除草を行なう。

密植栽培による雑草の抑制　収穫物への雑草などの異物混入が多いと，実需者は収穫物を受け入れられない。そこで，機械収穫に対応した収穫物への雑草混入抑制技術を開発した。初期除草剤，機械除草に加えて，株間を狭くした密植栽培により雑草量を減らす試みを行なった。

株間を5cmまたは1cmにすると，慣行の10cmに比べて収穫物への雑草混入量が減少し，出荷量が増加した。しかし，株間1cmでは一株重が著しく軽くなった（第1表）。密植栽培（条

間30cm，株間5cm）と機械除
草を組み合わせることで，慣行
に比べて収穫物への雑草混入量
が16％に減少し，また出荷量
が25％増加した（第2表）。さ
らに，収穫時の刈り高を5cmか
ら10cmに高くすることで，出
荷量はやや減少するものの，収
穫物への雑草混入量は慣行の5
％に減少した。

　以上のことから，密植栽培
（株間5cm），機械除草，高刈り
（刈り高10cm）の組合わせが雑
草混入抑制技術として有効であ
った。

　株間を5cm程度の密植にする
と，ホウレンソウ葉柄が伸長す
ることで，機械収穫の刈取り高
さを高くすることができる。そ
の結果，ホウレンソウ密植の遮
蔽効果とともに地表近くの雑草
が刈り取られないため雑草混入
量が減少した（熊本県，2017）。

⑦病虫害防除

　冬期には病虫害の発生は少ないが，年内収穫
の作型や春期の気温上昇時には注意が必要であ
る。殺虫剤や殺菌剤の定期的な予防散布を行な
う。おもな病虫害は以下のとおり。

　べと病　種子消毒された抵抗性品種の種子を
利用する。窒素過多や密植は避ける。発生前か
ら予防的防除を行なう。発生初期圃場では発生
株の除去のほか，薬剤防除を徹底する。

　炭疽病　窒素過多や密植は避ける。炭疽病に
対応する登録農薬はないため，発生前から殺菌
剤による予防的防除を行なう。

　アブラムシ　吸汁害ほか，ウイルス病を媒介
するので防除を徹底する。ウイルスが寄生して
いるおそれがあるので圃場周りの雑草の除草を
行なう。

　ヨトウムシ　老齢幼虫には殺虫剤による防除
効果が劣るので，若齢幼虫時に防除を行なう。

第1表　密植栽培が収穫物の雑草混入とホウレンソウ一株重および
出荷量に及ぼす影響

条間×株間	雑草混入量 (g/m²)	比 (%)	一株重 (g)	比 (%)	出荷量 (kg/10a)	比 (%)
30cm×10cm（慣行）	10.5	100	145	100	2,621	100
30cm×5cm	5.9	56	84	58	3,092	118
30cm×1cm	1.0	10	49	34	3,193	122

注　播種は2015年9月28日，収穫調査は12月4日に行なった
　　収穫時の刈り高は5cm
　　除草剤は9月27日にグリホサートカリウム塩液剤，9月28日レナシル
　　水和剤，10月5日にアシュラム液剤を処理した
　　数値は生重

第2表　密植栽培，機械除草および刈り高が収穫物の雑草混入とホ
ウレンソウ出荷量に及ぼす影響

株間×機械除草の有無×刈り高	雑草混入量 (g/m²)	比 (%)	出荷量 (kg/10a)	比 (%)
10cm×無×5cm（慣行）	10.5	100	2,621	100
5cm×有×5cm	1.7	16	3,274	125
5cm×有×10cm	0.5	5	2,906	111

注　播種，収穫調査は第1表と同日，機械除草は10月20日に行なった
　　除草剤は第1表と同様に処理した
　　条間30cm
　　数値は生重

（4）収穫作業体系

①収穫目安は草丈40cm以上

　収穫の目安は草丈40cm以上だが，収穫の実
施は出荷先との調整が必要である。とくに冬期
に原料が不足する場合や春期に原料供給が過剰
になりやすい時期はいっそう注意が必要であ
り，出荷先の指示にしたがい，収穫作業を実施
する。

　在圃期間を長くすると草丈が大きくなり，収
量も増加するが，養分不足による黄化葉，葉先
枯れなどの発生により，原料としての品質の低
下を招く場合がある。

②刈取り高さ

　機械収穫を行なう場合，ホウレンソウの草丈
に合わせ，刈取り高さを調節する。圃場の凹凸
などを考慮し，刈刃が土に食い込まないように
高さを調節する。

　通常は地面から5cm程度とし，雑草や不良葉
が多い場合は刈り高を10cm程度にして混入を

第3表　ホウレンソウ収穫機を利用した収穫体系の労力比較

収穫体系	作業能率 (h/10a)	人員 (人)	作業時間 (人・h/10a)	作業速度 (m/h)
人力収穫	7.13	12	85.6	
大型乗用収穫機	1.08	3	3.2	1,728
歩行型収穫機				
小型コンテナ方式	3.63	4	14.5	320
メッシュコンテナ方式	2.26	3	6.8	622

注　収穫作業は大型乗用収穫機（野菜収穫機MCV-8型）および歩行型収穫機（加工用野菜収穫機NMSH-1300），人力収穫は現地協力農家の作業を調査した
　大型乗用収穫機体系は2014年宮崎県国富町における実証試験結果。歩行型収穫機体系および人力収穫体系は2015年熊本県あさぎり町における実証試験結果

第7図　大型乗用収穫機による収穫作業

防ぐ。また，春先などに草丈が伸び，葉柄が長い場合は，刈り取られたホウレンソウの葉身部と葉柄部が6：4程度になるように刈り高の調整を行なう。

③大型乗用収穫機体系

大型乗用収穫機（前出，第2図）は，ホウレンソウを回転輪でかき込み，前方のレシプロ刃で株元から地上部のみを刈り取る。後方に刈り取られた葉がコンベアで送られ，車体後部に載せられた大型メッシュコンテナ内に落ちるといった方式で収穫が行なわれる。車体の後方部にはメッシュコンテナ昇降用リフトが装備されている。通常の作業体系ではオペレーターのほか，2名の補助者の3人組作業で作業を行なう。1名の補助者はメッシュコンテナに取り付けた補助器具に乗り，コンテナに落下してくるホウレンソウを一定量，均一に入るように手で詰め込んでゆく。残り1名の補助者はホイルローダーを操作し，空のコンテナの配置や収穫物で満杯になったコンテナの圃場外への搬出を行なう。3人組作業で収穫を行なった場合に作業能率は1.1h/10a，10a当たり労力が3.2人・h/10aである（第3表，第7図）。

大型乗用収穫機の利用例はすべて，大規模なホウレンソウ冷凍加工工場が原料調達を直営農場または加工工場の関連農業法人が受託作業で収穫を行なうような，契約栽培で利用されている。収穫機械の能率が高く，1台で1日50a程度の収穫が可能であり，収穫量の平均を3t/10aと仮定すると，1日15t程度の収穫が可能である。逆に，この収穫機の利用には1日の処理量が15t程度以上の処理能力をもつ加工工場の確保と50aの収穫を可能する運用規模が必要であるともいえる。

④歩行型収穫機体系

歩行型収穫機（前出，第3図）には小型コンテナ横流れ方式とメッシュコンテナ・ベルトコンベア方式の2つの収穫体系がある。生産状況などに合わせて利用することができる。

小型コンテナ横流れ方式　小型コンテナ横流れ方式（第8図）ではホウレンソウを前方部のブラシでかき込み，レシプロ刃で株元から刈り取られた葉は，後方へコンベアで送られる。機械側部にコンテナ供給台，後部にコンテナ横流れ部を取り付け，ユニット上に配置したプラスチックコンテナに収穫物を詰め込む。できるだけ右方のコンテナが先に満杯になるように，補助者が収穫機後方でホウレンソウを流しながら詰め込む。右側のコンテナが満杯になったら，コンテナを縦方向にある送り出し部に動かす。コンテナは自然落下して圃場上に置かれる。同時に送り出し部のコンテナを順次右に送り，左側には新たなコンテナを補充する。

作業は，機械操縦およびユニットへの空きコ

加工・業務用ホウレンソウ機械化栽培体系

第8図 加工野菜収穫機（MNSH-1300，株式会社ニシザワ）と開発した連続収穫のための「小型コンテナ横流れユニット」
左：コンテナ横流れユニット，右：収穫作業状況

第9図 歩行型収穫機でのメッシュコンテナ・ベルトコンベア方式を利用した収穫

ンテナの補充が1名，コンテナへの一定量の収穫物の詰込みと収穫物コンテナを圃場へ下ろす補助者2名，収穫コンテナの圃場外への搬出やコンテナ供給部への空きコンテナの補充を行なう補助者1名の4人組作業が基本となる。この方式では作業能率が3.63h/10a，10a当たり労力が14.5人・h/10aとなる（第3表）。

メッシュコンテナ・ベルトコンベア方式 メッシュコンテナ・ベルトコンベア方式（第9図）では収穫機後方に取り付けたベルトコンベアユニットにより上部へ送り出し，メッシュコンテナを搭載したホイルローダーで収穫機側部を追従させ，排出されて受け取る。

作業は収穫機械の操作1名，収穫補助者1名，ホイルローダー操作者1名の3人組作業となる。収穫補助者はコンテナに設置した補助用ステップに乗り，メッシュコンテナ内に落とされるホウレンソウを規定量になるように詰め込む。メッシュコンテナが満杯になったコンテナはホイルローダーにより圃場外に搬出する。この方式では作業能率が2.26h/10a，10a当たり労力が6.8人・h/10aとなる（第3表）。

歩行型収穫機体系は能力，価格からも中小規模の加工ホウレンソウ生産が対象と考えられる。この収穫機はキャタピラの幅が広く，広いうねでもまたぐことができ，ポリマルチ栽培にも対応する。

刈り株を踏みつけないため，この収穫機を利用し，収穫株を再生させて再収穫を行なう刈取り栽培体系が可能となる。また，バッテリー駆動仕様になっているため施設での利用もでき，加工ホウレンソウ以外の作物への汎用性は高いと考えられる。

これらの栽培のポイントを第4表にまとめた。

ホウレンソウの基本技術と経営

第4表　暖地秋まき加工・業務用ホウレンソウ機械化栽培における栽培のポイント

	技術目標	ポイント	技術内容
圃場準備	栽培圃場の選定	排水性がよく異物混入リスクの少ない圃場を選定	雑草の多い圃場や杉林近くの圃場は避ける。排水性の悪い場合は心土破砕，明渠などによる排水対策を行なう
	施　肥	堆肥は播種1か月前に散布。土壌pHは中性からややアルカリ性に調整	窒素：13，リン酸：16，カリ：8（kg/10a）程度を目安として，土壌分析結果や土壌条件によって調節する。土壌pHは7.3〜8.2に苦土石灰で調整する
	整地，うね立て	播種面に凹凸がないように均平にしておく	排水性の悪い場合はうねを立てる。播種面に凹凸がないように均平にしておくことで圃場面での水分の滞留を防ぐとともに，収穫作業性の向上につながる
播　種	播　種	管理機械や収穫機械に対応する播種様式で播種を行なう	条間30〜40cm，株間5〜10cmで播種する。歩行型収穫機を利用する場合はクローラの通路を確保する
	初期除草剤散布		決められた用量，用法を守って散布する
管理作業	機械除草	雑草の発生が顕著になる前に実施する	ホウレンソウ本葉が数枚展開し，根張りが十分になってから，雑草の芽生えが確認された始めころに除草を開始する。できるだけ圃場表面が乾燥した状態で実施する。必要に応じ複数回実施する
	追　肥	1回目	窒素量5kg/10a程度を硫安と尿素で草丈が10〜15cmになったころを目安に1回目の追肥を行なう
	病虫害防除	年内収穫の作型や春期の気温上昇時には注意が必要	べと病に対しては抵抗性品種を利用する。殺虫剤や殺菌剤の定期的な予防散布を行なう。圃場周りの雑草管理を徹底する
	追　肥	2回目	1回目と同量を施用する。降雨量が多い場合は肥料の流亡を考慮し，追肥量を調整する
	除　草	株間などに雑草が残る場合は手除草を行なう	機械除草後，株間などに雑草が残る場合は，ホウレンソウの生育が進み圃場内での作業が困難となる前に手除草を行なう
収　穫	機械収穫	出荷先と調整しながら収穫作業を行なう	草丈40cm以上が基準となるが，出荷先との調整を行ないながら収穫作業を行なう。在圃期間を長くすると収量が増加するが，黄化，葉先枯れなど品質の低下のリスクが高くなる
片付け	耕うん	ロータリで刈り株をすき込む	株の分解を促すため複数回の耕うんを行なう

（5）刈取り再生栽培

　歩行型収穫機を利用することで株の損傷が少なく，刈取り収穫後に残った株から再生する二番草を利用する刈取り再生栽培を行なうことができる（第10図）。

　刈取り再生栽培は9月下旬から10月上旬の間に播種し，11月から12月に収穫を行なう作型に適用できる。収穫したあと，厳冬期である2月までの間に再収穫できる。二番草収量は一番草収穫後の期間が長くなるほど多くなり，一番草収穫後に追肥を行なうことで増加する（第11図）。

　再生した二番草の生育は，播種栽培の一番草の半分程度の積算温度で同一の葉長に達するた

め，厳冬期でも生産量の確保が可能である。経営調査結果からの試算では，生産物100kg当たり全算入生産費は，歩行型機械収穫体系の導入により慣行の人力収穫体系と比べ20％削減が可能となる。また，歩行型機械収穫体系に刈取り再生栽培技術を導入することにより慣行の人力収穫体系と比べ42％削減が可能となる。

　刈り株からの再生栽培には，刈り株を傷つけないことが重要である。人や作業台車程度の踏圧では影響が少ないが，大型乗用収穫機やホイルローダーなどの大型作業機による踏圧では，再生ができなくなる。一番草の生育時に，圃場に雑草が多い場合，再生時に繁茂するおそれがある。一番草収穫以前の除草管理を徹底する（農研機構，2018a）。

加工・業務用ホウレンソウ機械化栽培体系

第10図　機械収穫後の刈り株の再生状況
左：機械収穫後の刈り株（2016年12月12日），右：再生二番草（2017年2月24日）

（6）収穫機械に向けた体制の整備

　圃場の凹凸が大きい場合や低温期にホウレンソウがロゼット化した場合，生育遅れで草丈が十分でない場合などに，収穫機械を利用したときは低い位置の葉を収穫できず，手収穫よりも収穫量が少なくなると考えられる。また，播種様式が収穫機の刈取り幅と合わない場合に，刈取り部での収穫物の詰まりや収穫ロスが発生し，収穫能率が落ちることが指摘されている。こうした問題解決のためには，機械収穫に対応した栽植様式，圃場管理方法，立ち型草姿など機械収穫適応性の高い品種の導入など機械収穫に合わせた栽培方法が必要となってくる。

　また，収穫機械の導入は圃場における作業や栽培法だけでなく，加工工場の加工ラインにも影響を及ぼすこととなる。それは原料への夾雑物混入の増加である。なかでも雑草混入量の増加が問題となる。手どり収穫の場合，収穫時に雑草を避け，刈取り時に選別を行なうため，圃場にある程度の雑草があっても原料への混入は少ない。一方，機械収穫では圃場での雑草は原料と同時に刈り取られ，原料内に混入してしまう。機械収穫が進んでいる加工工場では雑草などの異物除去選別機の導入や収穫機導入により浮いた労働力を工場内に再配置するなど，異物への対応策をとっている。

　中小の加工工場へ出荷している生産現場で機

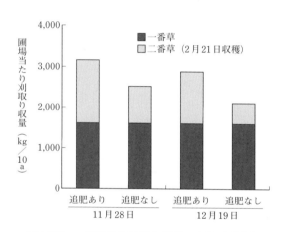

第11図　一番草の収穫日と追肥の有無が刈取り収量に及ぼす影響
品種：クロノス
追肥は窒素16kg/10a相当の化学肥料を一番草収穫後に散布。試験は2016～2017年にかけて九州沖縄農業研究センター都城研究拠点所内圃場で行なった

械収穫が遅れているのは，加工工場で夾雑物への対応体制をとることができないことが大きな要因となっている。中小加工工場も利用できる雑草除去ラインの構築などによる加工工場の体制づくり，合わせて圃場での雑草対策強化による混入量の削減が，収穫機の導入拡大のポイントとなると考えられる。

　　執筆　石井孝典（農研機構九州沖縄農業研究センター）

ホウレンソウの基本技術と経営

参 考 文 献

石井孝典. 2015. 加工用ホウレンソウの機械化の現
　状と展望. 農耕と園芸. **70**（4）, 16—19.
熊本県農林生産部. 2017. 機械収穫に対応した年内
　どり加工用ホウレンソウの雑草混入抑制技術. 農
　業研究成果情報. 804.
農研機構九州沖縄農業研究センター. 2018a. 加工・
　業務用ホウレンソウの機械収穫体系を利用した刈
　り取り再生栽培技術. 普及成果情報.
農研機構九州沖縄農業研究センター. 2018b. 加工・
　業務用ホウレンソウ機械収穫体系マニュアル.

福井県福井市　合同会社光合星

ホウレンソウ生育予測システムの導入による周年雇用経営

左から農場長の川村鉄平さん，代表の石森達也さん，副代表の田中耕三さん

○低コスト耐候性ハウスの導入
○生育予測システムによる雇用管理
○パッケージセンターの整備と機械化体系による労働時間縮減

1. 地域の概況

　合同会社光合星（以下，光合星）がある福井市東安居（ひがしあご）地区は，福井市中心部から約4km西の一級河川日野川と足羽川の合流する付近に位置し（第1図），明治時代から福井市の台所として地元へ新鮮な野菜を出荷してきた都市近郊の野菜産地である。

　当地区は，福井県下で初のビニールハウスが導入され，以来，大型鉄骨ハウスやパイプハウスなどを整備し，現在340棟（約11ha）の園芸施設団地が形成されている。

　施設では，ホウレンソウ，コマツナ，ミズナ，シュンギクなどの軟弱野菜，トマトなどの果菜を組み合わせて周年作付けされ，福井市中央卸売市場や京阪神市場へ出荷している。

　とくにホウレンソウは指定産地であり，年間150tを出荷する県内最大規模の産地となっている。

経営の概要

合同会社設立	2008年4月
企業理念	技術を星のように磨き，技と食が奏でる「楽しみ」・「喜び」・「有難さ」を地域に発信し，農・食の素晴らしさを伝えられる「SUPER農業」を目指す
労働力	業務執行社員3名，パート3〜5名（収穫作業補助）
所在地	福井市下市町（福井市の中心部から約4km西に位置し，一級河川日野川と足羽川が合流する扇状地）
経営規模	農地面積2.4ha,うち施設面積約1.35ha（ハウス35棟＋賃借施設2棟）
業務内容	ホウレンソウ周年生産販売，各種作業請負
経営の特徴	・低コスト耐候性ハウスの導入 ・機械化体系により労働時間10a当たり75時間に縮減 ・生育予測システムによる雇用管理 ・特別栽培（減農薬・減化学肥料栽培）の実施（秋〜春） ・作業請負の実施（播種・土壌消毒作業など） ・地元小学生の収穫体験受入れなど食育活動の実施

第1図　福井市東安居地区の位置

2. 経営条件と経営の考え方

①事業を始めたきっかけ

近年，東安居地区でも農業者の高齢化や後継者不足から出荷量が減少していた。

そこで，JA福井市では，生産者の作業負担の軽減と一括した集荷・調製による均一的な品質の管理の徹底を図るため，ホウレンソウ，コマツナの収穫後の調製，袋詰め，出荷を担うベジタブルパックセンター「菜心」(なごころ)を整備し，2007年より稼働した（第2図）。

それにあわせ，JA福井市や福井農林総合事務所では東安居地区の若手農業者に対し，集約的生産に取り組むように推進していた。

そのようななか，東安居地区の同じ町内の石森達也さん，田中耕三さん，そして石森達也さんのところで農業研修を受けていた川村鉄平さんの若手農家3人が，力を合わせて大規模経営に乗り出すため，2008年4月に合同会社光合星を設立した。

②経営の概要

低コスト耐候性ハウス35棟（約1.2ha）を団地化して整備し，ホウレンソウ主体に5〜6作の周年栽培とする経営を開始した（第3図）。

現在は，東安居地区の生産者の高齢化により生じた空ハウスも借り受け，規模拡大している。

出荷調製や袋詰めは，パックセンター「菜心」に委託し，栽培に特化した運営を軸とし，また，耕起，施肥，播種，防除などの作業機械化を図ることにより，10aの労働時間を慣行380時間から75時間に短縮している（第4図）。

労働力としては，社員が3人と収穫作業を中心にパート3〜5名を雇っている。

施設の概要

施設の所在地	福井市東下野町13-10　中央農業施設センター敷地内（中央予冷庫横）
構造および規模	鉄骨平屋建て1棟595m²
事業費	103百万円（全額自己資金）
稼働日	2006年12月
施設の内容	調製ライン：2プラント，パッケージ機：横ピロー型2台，ホウレンソウ調製機：4台，自動製函機および封函機：各1台，付帯施設一式（予冷・出荷は隣接する既存施設を利用）
処理能力	600箱（ホウレンソウの場合18,000袋2.7t）／日，パッケージ機能力25袋／分・台
人員配置	職員1〜2名，アルバイト9〜12名
稼動品目	ホウレンソウ，コマツナ

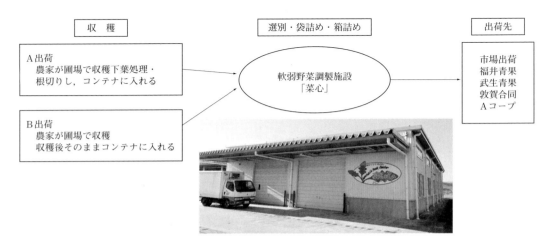

第2図　JA福井市軟弱野菜調製施設の概要

第3図　35棟の低コスト耐候性ハウス

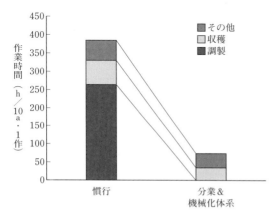

第4図　ホウレンソウ栽培の労働時間

3. 生育予測システム

①開発の背景

光合星では当初，ハウスの利用率を上げるため，ホウレンソウを段まき（間隔をあけて播種）しながら周年生産を行なっていた（第5図）。近隣のホウレンソウ農家は大体の生育日数を把握し，いわゆる農家の勘をもとに播種を行なっている。しかし，35棟のハウスでの周年栽培となると，勘では対処しきれず，数棟のハウスが一斉に収穫期を迎え，雇用の人員確保ができずに収穫遅れとなり，ハウス約10棟分を泣く泣く廃棄処分したときもあった。

また，調製，袋詰め作業をJAに委託しているため，計画を大きく上回る大量出荷を行なうと，パックセンター「菜心」の運営にも悪影響を及ぼすこともあった。光合星，パックセンター「菜心」ともに即座にパートを増員することも困難である。

これを解決するために，ホウレンソウの収穫時期を精度高く予測するシステムをつくり，雇用計画策定や契約取引の展開に活用することが，経営にきわめて有効と考えた。この予測システムはJAの販売計画やパックセンター「菜心」の雇用計画等策定にも役立ち，産地全体の計画出荷の円滑化につながると考えた。

そこで光合星では，毎日データが更新される福井地方気象台の外気温データと光合星のホウレンソウ生育データを用いて，施設栽培の生育予測を試みた。

②開発に向けた生育調査の実施

既存の収穫予測システムがないかインターネットで調べてみたが，少し研究事例がある程度で，現場で使えるようなものはなかった。

そこで，地元の福井農林総合事務所の普及指導員に相談し，まずはじめに福井気象台の気温データを使って生育予測ができないか試験することとした。

ホウレンソウの播種日，生育中の草丈，収穫日などを定期的に調査記録した（第6図）。これを約2年間継続し，1,100件近いデータを蓄積した。

③生育予測式の作成

福井地方気象台の平均気温から積算気温データを算出して，ホウレンソウの草丈との関係を検討した。当初は，「ホウレンソウを播種してから，積算温度が900度になると収穫できる」と考えていたが，気象データと草丈の関係は，

第6図　生育調査のようす

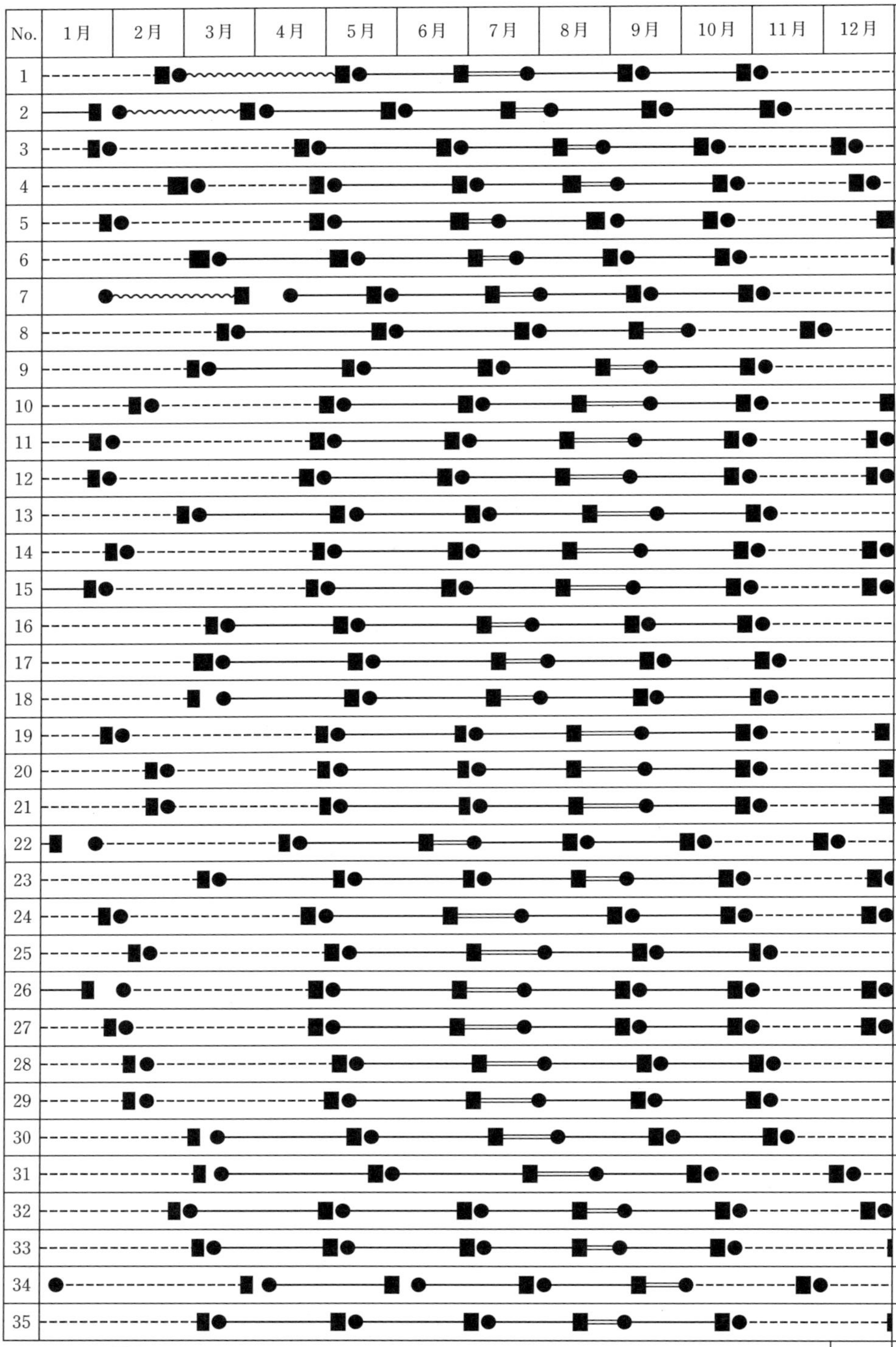

ホウレンソウの基本技術と経営

No.	1月	2月	3月	4月	5月	6月	7月	8月	9月	10月	11月	12月	収穫数	うち特栽
1													5	2
2													6	0
3													6	2
4													6	3
5													6	3
6													6	2
7													5	0
8													5	2
9													5	1
10													6	3
11													6	6
12													6	3
13													5	1
14													6	3
15													6	2
16													5	1
17													5	1
18													5	1
19													6	3
20													6	3
21													6	3
22													6	2
23													6	2
24													6	3
25													5	2
26													5	2
27													6	3
28													5	1
29													5	2
30													5	1
31													5	2
32													6	2
33													6	2
34													5	2
35													6	2
●播種, ■収穫												合計	195	73

第5図　光合星のハウス利用計画（2010年度）

破線は特別栽培，波線はコマツナの栽培，二重線は土壌消毒を表わす

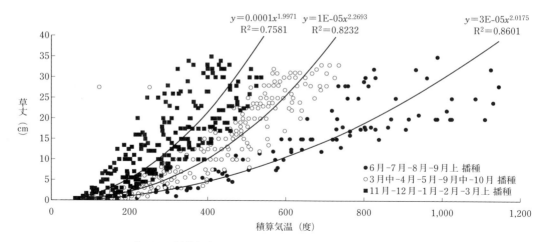

第7図　福井気象台平均気温の積算値とホウレンソウの草丈

データ数566

時期によっては収穫までが300度であったり，1,200度であったりと簡単ではなかった（第7図）。予測精度を向上するために，普及指導員とともに試行錯誤した。

基準となる気象庁のデータは外気温であるため，ホウレンソウが生育するハウス内とは温度が違う。とくに冬期のハウス内温度は，外気よりも日照時間によって大きく変化することに気付いた。その結果，以下のポイントを導いた。

1）季節により生育スピードが違うため1年を細分化して予測すること。
2）高温による生育抑制時期は，有効積算温度を使った予測にすること。
3）低温による生育抑制時期は，日照時間を使った予測にすること。

④生育予測システムの開発と成果

導いた予測式をもとに，福井地方気象台が公表している過去5年分のデータとMicrosoft Excelを用いて，ホウレンソウ生育予測システムVer.1を開発した。利用していくなかで，いくつかの問題点があきらかになったため，利便性や精度向上を目的としてVer.2の開発に取り組んだ。

Ver.2では，「播種日」を入力すると，過去5年分の気象データから播種時点での「収穫予定日（当初）」が予測される。

平年値ではその年の天候に対応できないため，2週間に1回程度，生育期間中の「調査日」「現在の草丈」「収穫予定草丈」「これまでの気象データ」の項目を入力すると，「現在の生育が予想より早いかおそいか」，現在の生育状況をもとに「補正収穫予定日」を出力できるようにした（第8図）。播種日と生育期間中の草丈データを用いることで，収穫予測の精度を高めている（第9図）。

第8図　ホウレンソウ生育予測システムVer.2の画面

ホウレンソウの基本技術と経営

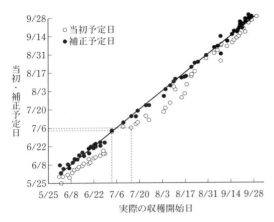

第9図 当初・補正予定日と実際の収穫開始日
たとえば、当初7月6日（左軸）に収穫を予定していたが、実際の収穫開始日は7月17日（○）と11日ずれた。補正して求めた収穫予定日7月4日（●）は実際に7月4日収穫となった

Ver.1では、予測式を年間3分割にしていたが、予測式が変わる時期に予測値が大きく変わるなどの不都合が生じたため、Ver.2では1年を12分割して予測式を設定して対応した。

また、収穫時の草丈を設定できるようになり、市場出荷用（草丈30cm）、加工業務用（草丈40cm）などの実需者に応じた予測を設定できるようになった。

この予測は異常低温時などもピタリと当たるので、精度としては農家の勘を上回るものと農場長の川村氏は感じている。

4．雇用計画支援システム

①雇用計画支援システムの開発

ホウレンソウ生育予測システムによる各施設の「補正した収穫予定日」の結果に基づき、雇用計画支援システムを作成した（第10図）。

35棟の施設の状況や雇用が多く必要な時期が一目でわかるようなシステムづくりを心がけ、画面上部には「35棟の収穫予定日の一覧グラフ」を表示した。

また、画面下部には、半旬別の収穫の集中程度を「暇」＝セルの色：白（収穫予定施設数0棟）、「余裕」＝セルの色：青（収穫予定施設数1〜2棟）、「まあまあ忙しい」＝セルの色：黄（収穫予定施設数3〜4棟）、「超多忙」＝セルの色：赤（収穫予定施設数5棟以上）の4段階で色別表示するようにした。

②システムの活用の成果

雇用計画支援システムにおいて収穫の集中が予測される場合は、雇用の人員を確保したり、市場向けをやや早めに収穫を始めたり、一部を業務用として在圃期間を長くしたりなどの対応が可能となり、収穫ロスも激減し、その有効性を感じている。

また、JAとの出荷計画打合わせに活用している。

5．今後の課題

予測システムVer.2では、1年を月ごとに分割して予測したため、まだまだデータ蓄積が不十分である。初夏〜初秋どりの作型では、実用レベルの高い精度が得られたが、今後も、秋冬期〜春期に収穫する作型での予測検証と並行して生育調査を実施していく必要がある。土づくりが進むにつれ、生育パターンの変化が考えられるため、定期的な予測式の更新も必要である。

当システムの予測結果を雇用計画や出荷計画に利用するだけでなく、予測結果に応じて栽培管理を変更し、収穫時期を前後できるような生育調節技術の確立にも取り組み、企業運営の円

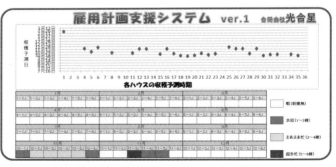

第10図 雇用計画支援システムの画面

滑化や有利販売による経営の安定化にも役立てていく。

予測結果をJAから市場への情報提供と連携強化に役立て，歴史のあるホウレンソウ産地がより有利に出荷販売できるように活用を図る。

《住所など》福井県福井市下市町
　　　　　　合同会社光合星
　　　　　　代表取締役　石森達也
執筆　川﨑武彦（福井農林総合事務所）

2018年記

需要を掘り起こせるか
──種なしスイカの育種と栽培

種なしスイカ育種の基礎研究

1. 種なしスイカの現状と課題

(1) 種なしスイカとは

種なしスイカとは，種ありスイカにコルヒチン処理をして四倍体を育成し，これに二倍体スイカを交配して得られた三倍体スイカである。

もう少しくわしく述べると，種なしスイカの母親は，種ありスイカ（染色体数22本）の生長点をコルヒチン処理して，突然変異を誘発させ，変異した個体から染色体数が44本に倍化した株を選ぶ。この株の染色体数が奇数化せず，44本で安定した個体になるまで有用形質をみながら世代を更新して母親株を確立させる。これには通常7〜8世代以上かかる。

母親が完成したら，この四倍体に，実用形質に優れた種ありスイカ（二倍体）の花粉親を授粉することによって33本の染色体をもったF$_1$の種子が得られる。これがいわゆる三倍体スイカで，種なしスイカの種子である。

(2) 種なしスイカの始まりと現状

日本では，1961年に種なしスイカが旧みかど育種農場で初めて育成され，関東市場に紹介された。当時は，京都大学の木原均博士（以下，木原博士）の育種理論が，三倍体スイカとして実用品種に結びついたと，国内，国外で大変話題になった。

とくにアメリカ合衆国の研究機関が興味を示し，育種上，技術的な問い合わせが多くあったことを当時学生であった筆者は記憶している。

しかし，国内市場では，育種素材の幅（生態的能力の幅）の狭さからか，あるいは，温帯性気候に対する適応性に欠けていたためなのか，採種が困難で，栽培面でも着果しにくかったり，奇形果が目立ったりして，糖度も不安定で普及には至らなかった。

そのようなわけで，2018年現在まで，57年間にわたって，二倍体の種ありスイカが国内市場を占めて現在に至っている。

(3) アメリカの三倍体スイカ市場

アメリカ合衆国のAgriculture Marketing Center資料によると，最近のアメリカ合衆国のスイカ市場全体における三倍体スイカの割合は，2003年には51％，2014年には急激に伸びて85％と拡大している。そして，2017年は90％に達している。アメリカ合衆国では大学の育種研究が進んで，三倍体の実用化が達成域にあると考えられるが，なぜ，最近アメリカ合衆国で急速に普及してきているかを考えてみた。

その理由として，生態的適応地で採種と果実生産がなされているほか，種子生産と栽培の実用化に特許を取得していることがあげられる。生産者は発芽に手をかけず，購入苗によって栽培している。アメリカ人のスイカの食べ方は日本と異なって，種ありスイカでもタネを出さずに果肉を食しており，彼らはとくに味がよいことと種子がシイナ化（種皮が軟化し，小さく退化）したことにより食べやすくなっている三倍体スイカを歓迎している。三倍体スイカの販売単価はUS＄0.55/lb。日本円に換算すると約950円/6.5kgとなる。二倍体の種ありスイカは約620円/6.5kg（2018年2月現在）である。こうしたアメリカ合衆国の三倍体スイカ市場をみて，欧州や中近東，南米の各国の市場も関心を高めてきている。

(4) 日本の三倍体スイカの育種戦略

そこで，これからの日本の三倍体スイカの育種戦略を考えてみた。再度日本で三倍体スイカの普及にトライするには，以下のことが必要と考える。

1) まず，育種上，日本の気候と土質に適応している素材（原種）からつくること，2）四倍体に倍数化し，自殖力のある還元（コルヒチン処理して四倍体化した親の固定度が不十分で二倍体に戻る現象）しない安定した親を作出したら，その片親となる二倍体親系を探索し，組合わせ能力を確かめ，種子の生産力と発芽力のある組合わせを探しだすこと，3）三倍体スイカにしたとき，シイナが無色で小さく，気温や草勢の変化によって着色シイナになりにくい組合わせを選抜すること，4）果皮が薄く，果実糖度が高く，肉質的に歯切れや多汁性などの特徴を加味すること，5）栽培上，変形果にならない最適な栽培法と着果法を普及すること，6）タネを出しながら食べる日本の消費者を納得させるために，シイナを気にせず直接安心してシイナごと食べられる「食べやすいスイカ」（シイナが種皮に見えるので「種なし」の表現を避ける）としてPRすること，等々である。

筆者は種苗会社を退職後，種苗の世界から離れた。何の拘束もなく自由な身になって，新しい発想のもと，前記の三倍体育種の陥りやすい問題点とむだな点を実証しながら，その改良に約12年近く取り組んできた。以下に，その基礎となる研究をはじめ，育成結果と普及の可能性（業者や消費者への伝え方）を実証的に育種者の立場から紹介したい。

2. 三倍体スイカ育種の発想と契機

(1) 木原博士の発想理論と育種の始まり

三倍体スイカは，木原博士の育種理論から，人工的に育成された貴重な種なしスイカである。その発想のきっかけは，1937年にBlakesleeとAveryの両氏がコルヒチンによって植物の染色体を倍数化させることを発見したことであった。

木原博士は1942年にサイパン島で，倍数化を初めてスイカ育種に応用し，三倍体育種の理論と可能性を学術的に実証した。同年12月に門下の西山市三博士が，倍数化された四倍体種子を日本へ持ち帰った。そして，戦後，木原博士の指導の下に，木原植物学研究室の研究スタッフが本格的な三倍体育種をスタートさせた。1949年には，果実形質まで検討できるようになり，その栽培方法の検討段階にまで至ったと報告されている。

(2) 木原博士を取り巻く研究者

四倍体作出とその実用親の確立には，東大を退職後，東京農業大学へ着任された宗正雄教授の支援もあった。そして，倍数化と三倍体育成にかかわっていた主たる研究員は，西山市三博士，益田健三博士，近藤典生博士らであった。

このような研究段階を経て，さらに，木原博士は三倍体スイカ品種の育成を目指して近藤典生研究員を専任指名された。近藤典生研究員は研究途上，東京農業大学育種学教授に転任されたが，恩師の木原博士の期待に沿うよう，三倍体新品種の育成研究に種苗会社の協力を得て尽力された。

(3) 近藤典生教授によって引き継がれた基礎的研究

近藤典生教授は，東京農業大学に育種学研究所を付設し，スイカ育種の主たる研究スタッフとして，森田欣一，石本正一，山本三男，中村浄氏らに協力を求め，千葉市と市原市のスイカ産地にも研究圃を設けた。そして，基礎調査と育種を展開した。

以下に，1955年に発表した基礎論文を抜粋して紹介する。論文は，アメリカ合衆国からの依頼に対応するために，英文でしたためてあって，その一部がわれわれのところで数少ない貴重な資料として大切に保管されている。なお，近藤教授は筆者の恩師であり，とくに倍数体育種について同教授に教えを乞うた関係があり，筆者は1964年から所外にあって準所員的立場であった。

3. 近藤典生教授の四倍体，三倍体に関する情報調査と育種に関する論文

(1) スイカの「種なし」と他作物の種なしとの違い

タネのない果実は通常，単為結果による現象と理解されている。しかし，その単為結果の発生要因はさまざまである。オレンジやわが国のタネのないカキは雄性不稔，またはそれに近似の要因によるものである。ブドウは雌性不稔によるもの，パイナップルは自家不稔によるもの，そしてバナナは細胞の未発達による不稔化によるものと，それぞれ異なった要因に分類されている。

スイカの場合は，体細胞染色体の異数化（4X（44本）×2X（22本）→3X（33本））による不稔として，世界で初めて人工的に作出された種なしである（第1図）。

(2) 当初のコルヒチン処理

当初のコルヒチンによる倍数化処理は，サイパン島で木原博士が3インチポットに各2～3粒の種子をまき，本葉がわずかに見えだしたころ，生長点に0.2％と0.4％濃度のコルヒチン液を点下した処理区を設けた。初日は，夕方生長点に点下し，2日目と3日目の朝と夕方に各1回，そして4日目に最後の1回を処理し，計4日間で6回処理した。

そして，太陽光を避け，遮光下でコルヒチン液の蒸散を抑えるよう努めた。

1946年以降から，0.2％溶液で同様の6回処理に限定したとある。

(3) 当時の四倍体系統作出の状況

1942年のコルヒチン処理初年度は，'大和''旭大和''新大和''黒部甘露''黒部'の5系統がコルヒチン処理された。そして，四倍体固体を得たあと，有用な'大和''旭大和''新大和'の3系統が四倍体系統の親株として残された。1946年には，この3系統に加えて，'大和クリーム'が四倍体系統親として確立された。その後，1947年には，新たに'黄金'と'富民'と，奈良県農業試験所が独自に作出した'新大和'が加えられ，1948年には'乙女'が，1949年には'ウリザネ'と'都3号'が加えられた。

(4) 組合わせ能力の検定試験結果

確立された各四倍体系統親に対する二倍体系統との組合わせ能力の検定試験結果は，'富民''新大和''黄金'のほかに，文献は不明だが，若干の四倍体系統の中に組合わせ能力にたけたものがあったようである。

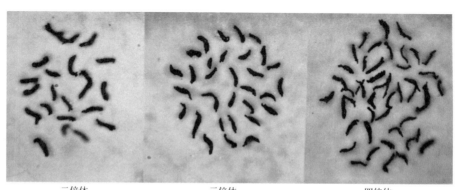

二倍体 (2n＝22)　　三倍体 (2n＝33)　　四倍体 (2n＝44)

第1図 二倍体，三倍体，四倍体スイカの体細胞染色体　　（近藤，1955）

4. 近藤教授の四倍体，三倍体育成時の基礎的研究

(1) 四倍体の自殖能力調査

なお，正常な二倍体の体細胞は2n＝22本で，生殖細胞内では半数化してn＝11本である。四倍体の体細胞染色体は2n＝44本で，生殖細胞内ではn＝22本であることが，1925～1947年にかけて，Kozhuchow, Passmore, Whitakerの各氏や木原博士と西山博士らによって解明されていた。

①二倍体と四倍体の花粉の充実度比較

二倍体の'大和'と'黄金'に対して，コルヒチンにより四倍体に倍数化された'大和'と'黄金'の正常花粉粒数が調査された。調査結果は第1表の通りである。

四倍体'大和'と二倍体'大和'との間ではほとんど差異は認められなかったが，'黄金'のほうでは四倍体の数値が低い傾向がみられた。しかし，花粉の充実度では両品種とも二倍体と四倍体の間には差がなく充実度は良好であった。したがって，三倍体の採種には支障がないと判断された。

②二倍体と四倍体の花粉粒の大きさ比較

二倍体と四倍体の正常花粉粒の大きさを比較したところ，調査結果は第2表の通りであった。

四倍体の'大和'と'黄金'は，ともに二倍体よりも約36～40％大きい結果が得られ，この偏差値は染色体数の違いによるものと総合的に推察された。

③四倍体果実の着果性

交配時期による着果率を比較したところ，その傾向は第3表に示した通りである。

すなわち，6月下旬～7月中旬の交配がもっ

第1表　二倍体スイカと四倍体スイカの花粉の充実度　　　　　　　　　　　　　　　（近藤，1957）

品種と倍数性	花粉粒数	正常花粉粒数	大粒花粉粒数	不完全花粉		花粉の充実度 正常花粉粒率（％）
				不充実数	空洞数	
大和(2X)	656	631	2	9	14	96.19
大和(4X)	664	624	2	16	22	93.98
黄金(2X)	894	861	0	12	18	96.64
黄金(4X)	381	365	0	11	5	95.80

第2表　正常花粉による二倍体と四倍体のサイズ　　　　　　　　　　　　　　　（近藤，1957）

品種と倍数性	調査花粉数	平均値による花粉の大きさ		2Xを指数100としたときの比較	
		長　径	短　径	長　径	短　径
大和 (2X)	50	17.42[1)	16.86	100	100
大和 (4X)	50	24.10	23.00	138.3	136.4
黄金 (2X)	50	16.98	15.86	100	100
黄金 (4X)	50	23.53	22.13	138.6	139.5

注　1）数値はmicrometer（1scale＝3.222 μ）

第3表　交配時期における三倍体と四倍体の着果率　　　　　　　　　　　　　　　（近藤，1957）

交配時期	三倍体（四倍体×二倍体）着果区			四倍体自殖区		
	交配花数	着果数	着果率（％）	交配花数	着果数	着果率（％）
6月24日～7月14日	167	26	15.57	12	11	91.67
7月15日～8月3日	289	10	3.46	120	26	21.67
8月4日以降	8	0	0	97	18	18.56
計	464	36	7.76	229	55	24.22

とも適期であり，その後，高温になるにしたがい，着果率はかなり低下する傾向が認められた。また，着果自体は，四倍体化した初代ではとくによくなく，四倍体の維持はかなり困難だと判断されたが，幸い後述する栽培法の改良により徐々に改善方向に向かうことができた。

④四倍体品種の自殖能力と三倍体の生産能力の比較

倍数化した四倍体種子の生産性は，系統の違いや交配テクニックにより変動しやすい傾向がみられた。その年度別の着粒結果をまとめたのが第4表である。

四倍体の‘大和’では，3年間にわたる自殖（S.P.）採種では，1952年に1果当たりの平均最高値が50.2粒であったのに対して，1953年には最低値として30.5粒であった。それに対して三倍体の採種では，1951年が最高で98.9粒，最低値は1953年の51.5粒であった。

四倍体の‘富民’では，1951年が自殖最高値の49.2粒で，最低値は1952年の47.5粒であった。それに対して，三倍体採種では，1952年が最高で105.1粒で，最低値は1951年の85.0粒であった。

四倍体の‘黄金’では，1951年に自殖最高値55.5粒，1953年は最低値41.5粒であった。また，三倍体採種では，1953年が最高で42.3粒，1951年は19.2粒の最低値を示していた。

このような結果から，黄色果肉系の‘黄金’を除くと，三倍体採種は四倍体の自殖採種よりも採種効率がよい傾向がうかがえた。

⑤二倍体花粉と四倍体花粉の発芽の良否

0.25molと0.3molのショ糖濃度とpH5.0～7.0の条件を組み合わせて，二倍体花粉と四倍体花粉の発芽を観察した。その結果は第5表の通りであった。

二倍体でもっとも高い数値を示した区は，ショ糖濃度0.25molでpH6.0であった。四倍体では，二倍体より発芽傾向がかなり劣っていて，もっとも数値の高かったショ糖濃度0.25molでpH6.0でさえ56.4％にとどまっていた。この現象から，四倍体の花粉の発芽がかなり劣っていることがあきらかとなった。

⑥ショ糖濃度の違いによる花粉管の伸長度合い

二倍体と四倍体の花粉管の伸長性をショ糖濃度の違いで観察すると，四倍体のほうが0.20

第4表 四倍体品種の自殖能力と三倍体生産能力の比較　　　　　　　　　　　　（近藤，1951～1953）

四倍体品種名	採種年	調査果数	採種方法	水中に沈んだ正常種子の数	発芽不良奇形種子数	水に浮いた発芽不良種子数	1果当たりの平均沈殿正常種子数	同左の指数対比
大　和	1951	20	自殖	947	85	358	47.3	100
		45	三倍体	4451	416	885	98.9	209
	1952	14	自殖	701	49	68	50.2	100
		36	三倍体	2070	26	35	57.5	115
	1953	10	自殖	305	14	53	30.5	100
		13	三倍体	670	27	—	51.5	169
富　民	1951	5	自殖	246	—	50	49.2	100
		10	三倍体	850	12	176	85.0	173
	1952	8	自殖	380	2	66	47.5	100
		14	三倍体	1472	83	125	105.1	221
黄　金	1951	8	自殖	444	3	49	55.5	100
		13	三倍体	249	1	163	19.2	35
	1952	25	自殖	1052	—	286	42.1	100
		10	三倍体	344	—	84	24.4	58
	1953	26	自殖	1078	5	85	41.5	100
		11	三倍体	465	7	—	42.3	102

種なしスイカの育種と栽培

第5表　異なったpHとショ糖濃度培地における二倍体花粉と四倍体花粉の発芽傾向

pH		5.0		5.5		6.0		6.5		7.0	
倍数性	ショ糖濃度 (mol)	粒1)	%2)	粒	%	粒	%	粒	%	粒	%
二倍体	0.25	90/107	84.1	103/121	85.1	276/290	95.2	124/146	84.9	21/99	21.2
	0.30	37/100	37.0	242/272	88.9	108/125	86.3	132/153	86.3	—	—
四倍体	0.25	45/131	34.3	55/108	50.9	136/241	56.4	86/176	46.5	39/83	46.7
	0.30	43/138	31.1	87/159	54.7	46/92	50.0	57/98	57.1	—	—

注　1) 発芽数，2) 発芽％：発芽数÷供試種子総数×100

第6表　二倍体と四倍体におけるショ糖濃度の違いによる花粉管の伸長度合い

ショ糖培地濃度 (mol)		0.20		0.25		0.30		0.35		0.40	
倍数性	品　種	%	指数値	%	指数値	%	指数値	%	指数値	%	指数値
二倍体	2X 大和	36.96	100	31.85	100	40.18	100	49.00	100	29.00	100
四倍体	4X 大和	40.32	109.0	42.11	132.2	43.68	108.7	38.44	78.4	28.60	98.6
二倍体	2X 旭大和	18.29	100	30.03	100	32.30	100	48.22	100	18.07	100
四倍体	4X 旭大和	56.00	306.1	33.70	112.2	38.75	120.0	38.69	80.2	27.73	153.5

注　数値の％は顕微鏡下で花粉管が発芽後伸長している個体数を算出した
　　二倍体の％を指数100としたとき，四倍体の％値を指数算出した

第7表　二倍体，三倍体，四倍体種子と種子胚の性状比較

倍数性 性　状	(1950年—大和品種系)						(1950年—旭大和品種系)					
	二倍体		三倍体		四倍体		二倍体		三倍体		四倍体	
	実際値	指数値	実数値	指数値	実数値	指数値	実数値	指数値	実数値	指数値	実数値	指数値
種子重（mg）	30.5	100	59.52	170	71	203	39.24	100	55	140	73.17	187
種子の長さ（mm）	7.51	100	9.27	123	9.63	128	8.01	100	8.45	105	8.97	112
種子の幅（mm）	4.55	100	6.11	134	6.08	133	5.00	100	5.79	116	6.00	120
種子の厚み（mm）	1.69	100	1.94	115	2.51	149	1.23	100	2.01	116	2.79	161
長さ/幅比	1.65	100	1.52	92	1.58	96	1.60	100	1.46	91	1.5	94
厚さ/長さ比	0.225	100	0.209	93	0.261	116	0.216	100	0.238	110	0.311	144
厚さ/幅比	0.371	100	0.318	86	0.413	111	0.346	100	0.347	100	0.465	134
種皮重（mg）	16.78	100	35.35	211	39.76	237	19.15	100	32.06	167	38.9	203
種皮の厚み（μ）	256.6	100	329.6	129	337.7	132	235.3	100	353.4	150	387.4	165
胚重（mg）	16.84	100	23.28	138	30.65	182	20.54	100	21.49	104	34.0	166
胚の厚み（mm）	1.22	100	1.09	89	1.38	113	1.2	100	1.21	101	1.76	147
子葉の厚み（μ）	873.6	100	798	91	972	111	876	100	732	84	1140	130
胚重/種皮重比	1/1	100	0.66/1	66	0.77/1	77	1.07/1	100	0.66/1	62	0.87/1	82

〜0.30molで相対的によく伸びる傾向があった（第6表）。

　二倍体の品種間では，'旭大和'より'大和'のほうが若干勝っているようにはみえたが，明確ではなかった。四倍体のほうも同様の傾向であった。

(2) 四倍体種子の性状

①種子と胚の性状比較

　1950年に四倍体'大和'と四倍体'旭大和'の種子と胚について，二倍体と三倍体との比較調査が実施された。その結果は第7表の通りである。

第8表　培養初期における種子胚部，成分値の倍数性による違い

倍数性	培養初期胚重(g)	培養初期乾物重(g)	培養初期灰分(g)	播種前脂肪重(g)	播種前タンパク質重(g)	ショ糖重	ビタミンB_6
二倍体	0.02497	0.0228	0.0015	0.0118	0.00816	—	0.73
三倍体	0.02108	0.0195	0.0013	0.0089	0.00877	—	0.33
四倍体	0.02860	0.0266	0.0020	0.0125	0.01054	—	0.77

注　胚培養は砂に水を灌水した播種初期時点を示す

四倍体の種子と三倍体の種子は，二倍体よりもかなり大きく，胚の重さも増大していることが認められた。しかし，胚重と種皮重との比は，四倍体と三倍体の種皮重値がともに大きいために比率は二倍体よりも小さくなっていた。そして，三倍体よりも四倍体の種子のほうがやや大きく，胚重も同じ傾向であった。

②四倍体種子の胚組織

種子中の胚組織についても調査された。その結果は第8表の通りである。

四倍体は組織全体にわたって二倍体よりも数値が大きかったが，三倍体のほうは胚を吸水させたあとの乾物重，灰分，脂肪重，ビタミンB_6すべてにわたって二倍体よりも数値が小さい傾向がみられ，なかでもビタミンB_6の数値は他の倍数体よりも顕著に少なかった。

一方，タンパク質量は二倍体よりも特徴的に若干大きい数値であった。

(3) 三倍体種子の発芽傾向と発芽促進条件

①三倍体種子の発芽時におけるショ糖含量の特異的変化

三倍体の発芽時の傾向を二倍体，四倍体と比較した。その結果は第2図の通りである。

三倍体は置床後6時間で二倍体および四倍体よりも含有ショ糖値がもっとも高く，12時間後以降はもっとも低くなる特徴がみられた。この現象は，もともと含糖量が少ない三倍体種子が吸水とともに子葉部分に蓄えられていたものからショ糖に急速に移行獲得され，その後の発芽に関与しているのではないかと考察されている。第3図がそれを裏付ける資料である。

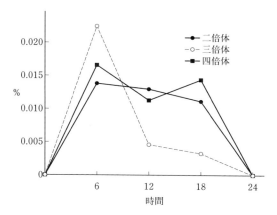

第2図　種子発芽時の含有ショ糖の変化

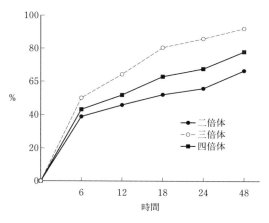

第3図　二倍体，三倍体，四倍体の苗床内における水分吸収率

②三倍体の種子発芽に関する設定温度と処理条件

三倍体の発芽については，活力が劣っているため，たびたび障害が発生した。しかし，1948

種なしスイカの育種と栽培

第9表　三倍体スイカ種子の発芽温度に対する種皮処理比較（単位：％）

温度	処理区	種子数	2日目	3日目	4日目	5日目	6日目	7日目	8日目	9日目	10日目
25℃	無処理	45粒	—	—	4.4	48.8	62.2	62.2	62.2	64.4	68.8
	24時間浸漬	45粒	—	—	2.2	11.1	11.1	24.4	24.4	28.8	44.4
	わずかに種皮切開	45粒	—	—	8.8	80.0	93.3	93.3	93.3	97.7	97.7
	大きく種皮切開	45粒	—	—	4.4	68.8	86.6	86.6	96.6	88.8	88.8
	わずかに種皮を開く	45粒	—	—	13.8	84.4	91.1	93.3	93.3	93.3	93.3
	大きく種皮を開く	45粒	—	—	8.8	51.1	73.3	86.6	86.6	88.8	88.8
30℃	無処理	45粒	—	20.0	60.0	71.1	75.5	86.6	86.6	86.6	86.6
	24時間浸漬	45粒	—	—	2.2	2.2	33.3	55.5	55.5	62.2	62.2
	わずかに種皮切開	45粒	2.2	60.0	88.8	91.1	93.3	95.5	95.5	95.5	95.5
	大きく種皮切開	45粒	—	28.8	88.8	91.1	95.5	97.7	97.7	97.7	97.7
	わずかに種皮を開く	45粒	—	17.7	86.6	93.3	97.7	97.7	97.7	97.7	97.7
	大きく種皮を開く	45粒	—	15.5	82.2	84.4	93.3	97.7	97.7	97.7	97.7
35℃	無処理	45粒	2.2	60.0	75.5	80.0	80.0	80.0	80.0	80.0	80.0
	24時間浸漬	45粒	19.8	39.6	44.0	44.0	51.2	51.2	51.2	51.2	51.2
	わずかに種皮切開	45粒	24.4	75.5	86.6	86.6	86.6	86.6	86.6	86.6	86.6
	大きく種皮切開	45粒	11.1	68.8	91.1	91.1	93.3	93.3	93.3	93.3	93.3
	わずかに種皮を開く	45粒	20.0	75.5	86.9	88.8	88.8	88.8	88.8	88.8	88.8
	大きく種皮を開く	45粒	17.8	80.0	97.8	100.0	100.0	100.0	100.0	100.0	100.0

年からは，何とかそれを克服し，徹底的な調査ができるようになった。第9表は，三倍体種子の発芽と温度および種皮の処理条件での比較をまとめたものである。

その検討結果は下記の通りである。

1）水に24時間浸漬した処理区は，無処理の25℃区よりもとくに下回っていた。この原因は，三倍体ではのちに，30分で種子内部の水分が飽和することがわかったので，24時間の浸漬では水分過剰をきたしていたものと判断された。

2）温度設定が25℃では，発芽至適に至らず，さらに30℃に至って86.6％ともっとも良好だった。さらに，発芽を早め，発芽率を向上させるには，種皮の発芽口側部を尖ったピンセットの先で穴をあけて開くか，またはその部分をナイフでわずかに斜め切りしてやると，30℃と35℃でほぼ同程度の効果があることが解明された。

3）しかし，この処理をするときは，先の尖ったピンセットで発芽口側部に穴をあけたり，ナイフの先端部で種子発芽口側部を斜め切りするので，乱暴に扱うと胚が傷つくため，とくに注意する必要があった。

4）実際栽培の育苗では，夜間と昼間では，気温格差が生じているので，あらかじめ床温を温め，夜温を25℃程度に，昼間を35℃に，できるだけ維持するように努める必要性があると判断された。

5）当然だが，三倍体の発芽では，低温条件と多湿条件は不適である。

（4）三倍体の子葉形成時の異常性

人工的に倍数化した世代では，子葉の異常が目立った（第4図）。

通常の2枚の子葉は左右対称で大きさも同等だが，第5図のように9種類の子葉の形状変化が認められた。

（5）三倍体染色体の第4分割期における染色体数の分離頻度

三倍体では，体細胞中に正常な染色体数を維持しているゲノムは，第10表の理論値からみて，11本と22本の2グループしかない。そのため，かりに二倍体の花粉で授精させても，2,048分の1，すなわち0.0488％の確率で種子が入るわけである。

したがって，きわめて低い確率なので，実用

種なしスイカ育種の基礎研究

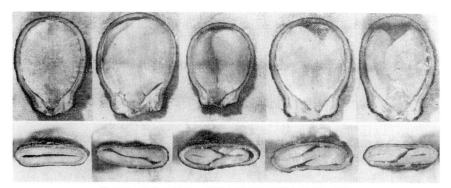

第4図　三倍体種子の正常な子葉と異常な子葉の形状
左端は正常

上三倍体を「種なし」と見なして支障がないと判断できる。

(6) 三倍体スイカ品種の花粉粒の充実度合

第11表は，三倍体品種における花粉の状態を示したもので，正常な充実花粉粒と，充実の悪い花粉粒と，空洞の花粉粒，異常に大きい花粉粒の4区分に分類したものである。大型化していた花粉粒は機能性に欠けていたので，異常花粉粒と判断した。

その結果，異常花粉粒が圧倒的に多く，赤肉品種の'大和'（4X）×'都3号'（2X）では2.71％の充実花粉粒以外，すなわち97.29％を，また，黄肉品種の'黄金'（4X）×'大和クリーム'（2X）では2.09％以外，すなわち97.91

第5図　三倍体の子葉の異常
子葉を横から見たところ。左端は正常

％を異常花粉粒が占めていた。

(7) 三倍体スイカの着果性と肥大性

アベナテストによる着果性の検討　着果の良否は，収量性と収益性に直接影響する要素である。とくに，三倍体スイカでは，未知な状態であるのでよく解明する必要があった。

そこで，着果性を検討するために，三倍体花粉の着果ホルモンの状態をアベナテストによって検討してみた。花粉の着果ホルモンを付けた

第10表　三倍体染色体の第4分割期における染色体数の分離理論値

染色体数	11	12	13	14	15	16	17	18	19	20	21	22	総数
理論上数	1	11	55	165	330	462	462	330	165	55	11	1	2048
頻度（％）	0.0488	0.532	2.69	8.06	16.1	22.6	22.6	16.1	8.06	2.69	0.532	0.0488	100

第11表　三倍体スイカ品種の花粉粒の充実度

三倍体品種		総花粉粒数	充実花粉粒数	不充実花粉粒数	空洞花粉粒数	大型花粉粒数（不機能性）		
						充実	不充実	空洞化
大和（四倍体）×都3号（二倍体）	実際値	295	8	3	230	28	22	4
	％		2.71	1.02	77.97	9.49	7.46	1.36
黄金（四倍体）×大和クリーム（二倍体）	実際値	382	8	29	177	114	37	17
	％		2.09	7.59	46.34	29.84	9.69	4.45

テスト紙の傾斜角度が大きいほど，着果ホルモン量が多量化していると判断できる分析法である。その結果は，第12表と第6図の通りである。

その結果，二倍体よりも三倍体はアベナの傾斜角度が大きく，次に四倍体の順であった。三倍体と四倍体がなぜ二倍体よりもホルモン含有量が多く，それがどのように着果に影響しているのかについては，これからの研究で解明していきたいと思っている。

第12表 二倍体，三倍体，四倍体スイカのアベナテストによる比較

	調査月日	アベナテスト角度値	
		総平均値	指数比較
対 照	8/25～29	0	0
二倍体	8/25～29	2.315	100
三倍体	8/25～29	16.816	316.3
四倍体	8/25～29	10.694	201.2

(8) 交配後の花粉管の伸長性比較

着果と肥大に関与する二倍体，三倍体，四倍体の自殖授粉後の花粉の発芽と伸張性を比較した。その結果，第7図に見られるように，二倍体よりも三倍体，四倍体は伸長が劣り，とくに三倍体の伸長の悪さが目立った。

そこで，四倍体の採種時には，花粉の授粉量を多めに与える必要があることが推察された。

5. 三倍体スイカの課題と育種条件

(1) 三倍体の裂果抑制対策

種なしスイカは裂果しやすい傾向があった。この裂果の原因を調査した結果，授粉に用いる二倍体花粉量が通常量，またはそれ以下だと着果ホルモン量が不十分で，初期の奇形と裂果に関連していることがわかった。したがって，授粉時には，多量の花粉を与え，肥大を促進する必要がある。

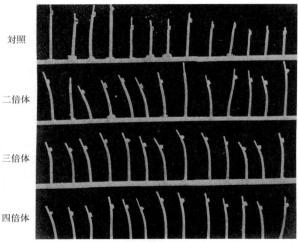

第6図 アベナテストの記録

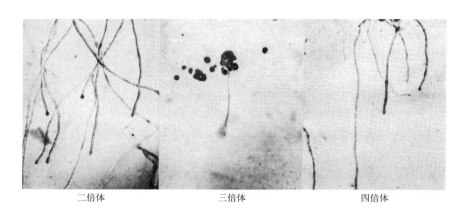

　　二倍体　　　　三倍体　　　　四倍体

第7図 二倍体，三倍体，四倍体の花粉管の伸長性

(2) 空洞果の発生要因

通常の栽培では，窒素過多にすると草勢が旺盛になり，それに果肉の発達がついていけずに空洞化するが，三倍体の場合は，三倍体種子の採種親である四倍体が裂果しやすいと著しく発生することが分析された。したがって，空洞果は育種的な問題であると判断できた。

(3) 三倍体の果皮が厚くなる発生要因

果皮が厚くなる原因は，三倍体の両親素材が関与していることが推察された。実際に育種的に組合わせを検討した結果，相関性があった。したがって，この場合も，育種的に解決できると判断した。

(4) シイナに発生する着色化

通常のシイナは，無色で普通種子よりきわめて小粒化しているが，時々，着色したものが発生する。とくに，低温時に，果実が5～8節の低節位に着果させると，その発生率が高まる傾向が観察された。また，草勢が旺盛すぎても着色シイナが発生することも観察されている。この生理的に発生する着色シイナを防ぐ技術を解明するにはかなり大変であると判断されるので，今後の技術確立に期待することにした。

6. 初期育成者の三倍体スイカに対する評価

(1) 種なし化

二倍体スイカにみられない，三倍体スイカのもっとも優れた特徴は，「種なし」である。シイナはきわめて小粒で，軟らかく，口に入れても何ら支障のない果肉であった。

(2) 旨味があって高糖度

三倍体にすると，二倍体よりも糖度が高くなる傾向がみられた。スイカの甘さは果糖，ブドウ糖，ショ糖から構成されていて，どの糖も二倍体より多めであった。とくに果糖は，二倍体スイカよりも特有のおいしさを醸し出している糖である。

(3) 大玉傾向

三倍体は二倍体より大玉になる傾向があった。そして，果肉密度が大である点から，重くて収量性に富んでいると判断できた。

(4) 果皮が硬く弾力性に富む

三倍体は果皮が硬めで弾力性がある。すなわち，輸送に耐える特性がある。

(5) 日持ち性

三倍体は二倍体よりも晩生になる。そして，肉質がやや硬めで，細胞が緻密になる傾向が認められた。そのため，保存性に富み，1か月近くの室内保存に耐えていた。

以上が，近藤教授とそのスタッフの当時のレポートの要約である。

執筆　中山　淳（元みかど育種農場）

種なしスイカの新しい育種

1. 国内適応性のある種なしスイカの方向性

先駆者が開発した種なしスイカの育種技術を基礎にして，日本で普及したい種なしスイカの新品種の諸条件を検討してみた。

三倍体の種なしスイカは，種皮が退化してシイナとなり，無胚化したもので，種子が存在しなくなった点が大きな利点である。そして，ふつうのスイカより高糖度で，高品質で，美味であり，しかもシイナが軟らかくて種子がないので，幼児から熟年層まで幅広く，安心して食することができる。

以下がその新しい種なしスイカ育種に必要な諸条件となる。

1）普及したい国，または地域の，気候や土質などの生態的条件を把握すること。

2）1）の条件に対応可能な育種素材を収集すること。

3）育種順序をしっかり組み立てて着手すること。

4）コルヒチンによる染色体の倍数化には，生長点処理よりもさらに効率的な処理方法がないかを検討してみること。

5）倍数化処理して，四倍体個体を選抜していくさいには，還元性（選抜した四倍体が二倍体に戻る現象）のない個体を固定するまで，育種の先を急がないこと。

6）四倍体の系統親を確立させるには，発芽がよく，苗の生育が正常であると同時に，とくに自殖（self-pollination）効率がよいことが条件である。

7）四倍体親は，三倍体品種を採種するために，二倍体親との親和性（相性）がよく，採種が容易で量的に支障がないことがもっとも大切である。

8）育成された三倍体品種は，発芽が容易で，着果性もよく，栽培が容易であること。

9）着果作業はミツバチを利用するが，日本のミツバチはおとなしく，活動する気温条件に幅のある外国のミツバチ（Bumblebees）とは違って，気温20℃以下や25℃以上になると著しく活動力が鈍るので，多少の気温変化に対しても着果性のよい三倍体品種の育成が必要である。

10）三倍体スイカは晩生傾向にあるが，日本のように春先の気温が低い温帯性気候でも安定した栽培ができるように，低温伸張性のある早生性品種を作出する必要がある。

11）三倍体スイカの果形は，空洞化を避けるために，基本的に丸玉となる。果実は大玉と小玉タイプが必要となる。そして，果肉色は赤色と黄色の2タイプである。

12）果肉質はやや肉質が締まり，シャリ感（シャキシャキ感）に富んでいる品種が主となるが，多汁質でこれまで通りの軟らかさで，甘くてざっぷりとくるおいしさも忘れてはならないと判断する。小玉タイプは，やや柔質でシャリ感を加えたタイプが基本と考えられる。

13）スイカといえば，果実の中心部がとくに甘くて，皮ぎわ近くになると糖度が落ちる傾向がある。われわれの新たな育種は，この傾向を打破して，どこを食べても美味な果実内糖度の平均化に挑戦すべきと考える。

2. 筆者の新たな育種方針と育成結果

国産のこれまでの三倍体品種は，生態と栽培に対して適応能力が十分に備わっていなかったため，日本市場では普及に至らなかった。いっぽう，後進のアメリカ合衆国の積極的な育種と開発により育成された品種は，同国内に適応し

ていった。

　日本では今日まで長年にわたって，スイカといえば二倍体品種が流通してきた。しかし，日本は世界に先駆けて初めて三倍体品種を育成したという自負があり，これからの世界のスイカ市場がアメリカ品種で占められそうな雰囲気をわれわれは残念に思っていた。

　筆者は2002年に種苗会社を定年退職し，自由な身になってから，後輩の育種家のために，日本の品種は発想の転換によって世界市場に向けてむりなく打って出られる可能性があると判断し，少しでもその判断を実証したいと考え，無謀にも挑戦してきた。

　幸いなことに，専業農家の協力支援があったこと，在職中に海外の産地を多く回れたこと，そして海外の友人たちからの育種素材の提供と収集の協力支援を得たことなどが，筆者の新たな独自育種に大きく貢献してくれた。以下に，筆者が考える新たな育種方針と育成結果を記す。

（1）コルヒチン処理前の二倍体素材の生態特性の吟味

　実証育種の第一条件は，国内の栽培に適した新たな素材からスタートをすることだった。生態的に，気象条件と土壌条件に対して適応力のある素材の検索をした。そして，絞った原種や系統を材料にして，コルヒチンによる倍数化を試みた。

（2）四倍体確立の条件

　コルヒチン処理時には，学生時代の経験を活かしながら，さらに倍化しやすいグループに手ぎわよく絞った。ここまでは誰でも対応できるが，次に四倍体を確保したあと，種子の生産性と還元性（固定した四倍体個体が二倍体個体へ戻る現象）の少ない個体に絞ることができるかどうかが大切なポイントだった。経験が少ないと，やっと四倍体化して得た固定度の浅い個体の特性ばかりを追いかけ，つい先を急いで，次の三倍体の作出に早く移行するケースを多くみてきている。三倍体の採種に対する生産性は，

四倍体の生産力に大きく依存しているということを忘れてはならない。そして，もろもろの有用因子を落とさないように努めることも大切である。

（3）二倍体に戻る四倍体個体の放棄

　三倍体の採種を妨げる大きな要因の一つは，還元性の問題である。三倍体の能力がいかに優れていても，二倍体に戻る四倍体はのちのちのために潔く捨てる勇気が育種者には必要である。

（4）三倍体採種の効率（能力）検定のタイミング

　三倍体の作出は，四倍体×二倍体→三倍体だが，四倍体と二倍体の間には採種能力（親和性）のよしあしと，かりによくても，組合わせによって採種量が減ってしまうという壁が存在する（第1図）。

　三倍体まで品質最優先の育種を進めてしまうと，最後に必ずこの採種量の壁にぶつかる。このことは，これまでの育種家のかなりの方が経験しているのではないかと思われる。できあがった組合わせのあとで，何とか採種量を改善しようとしてもこればかりはむりである。

　筆者の実証育種では，四倍体と三倍体の各ステージ初期に，この点の徹底的な改善に努めた。これが実証育種の基本となっている。

（5）三倍体の実用形質

　生態的に実用形質が備わっている素材を倍数化した四倍体に，すでに実用性のある二倍体素材を交配しても，必ず優れた三倍体を得られるとはいえない。そのよい形質同士をうまく表現できる組合わせを追求していくのが，われわれの育種である。

（6）奇形果解消のポイント

　奇形果の発生を防ぐには，四倍体の正常な果形で空洞果になりにくいものを選抜し，二倍体の果肉が充実して発達がよいものと組み合わせていけば，奇形果になりにくいことを確認した。

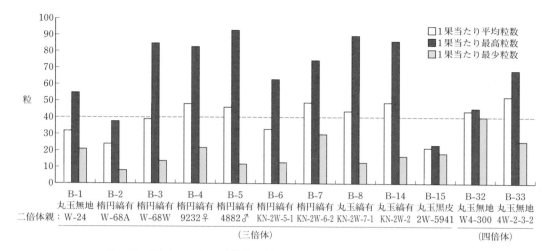

第1図 組合わせによる三倍体の採種量の違い（2012年7月24日中山調査）
いろいろな四倍体系統と二倍体系統の組合わせから，任意に三倍体の採種をしたときの採種量の違いをみた。右端には対比として，四倍体系統の採種量を併記した。いずれも，各5株植えて，1株当たり2果ずつ着果させ，その平均値をとった。平均粒数が40粒以上でないものは組合わせが不適であると判断する

(7) 特徴ある果肉質の目標

果肉をどのような形質に仕上げるかを考えてみた。通常，スイカの嗜好性の検討は，育種者一人だけではできない。今回は，客観性を考えて直接，消費者の声を取り入れる方向で嗜好性の選抜をしてみた。

その手段として，関東在住のいろいろな職業についてきた親しい友人や，地元に住み，よく農家へスイカを買いに行く団地の奥さんたちを育種現場へ招いて，スイカの試食会形式で意見交換をしてみた。

大玉品種では肉質がやや硬めで歯切れがよく，シャリ感を高めた品種と，やや軟らかくて多汁性に富んだ品種の作出を想定した結果，そのような肉質のものを育成できた。小玉品種のほうは素材全体がもともとやや軟らかい果肉質なので，多汁質に少しでもシャリ感を加えることができるか否かを追求した。その結果，海外から導入した硬めの肉質素材を利用すれば可能性ありと判断した。

(8) 試交品の収穫調査方法

独自の収穫調査に並行して，ときには種苗業に長く携わっている友人を招いて，国内や海外の現況に対する参考意見を聞くように努めた。

(9) 皮ぎわの糖度を上げられる可能性

通常，果実中心部の糖度は高く，皮ぎわに至るほど低くなるのがスイカの特徴である。今回の実証育種で，偶然にも四倍体選抜時に皮ぎわでも糖度が落ちにくい個体を見つけ出し，その個体を増殖しながら三倍体に移行できるか否かを検討してみた。その結果，幸いにも皮ぎわの糖度が確実に通常より高くなる個体を得ることができた。結果は第1表の通りである。

倍数化したがゆえ，偶然にも皮ぎわの糖度を高めるチャンスに遭遇したのではないかと判断している。

(10) 三倍体スイカの早生性

三倍体スイカの大玉タイプは晩生で，小玉タイプは大玉よりやや早生という特徴がある。

今回の国内向け育種の結果では，育種素材の選択によって大玉は中早生タイプに，小玉は早生タイプに移行できた。実証育種では，国内適応性を重視したため，ここに育種のポイントを絞っていた。国内で普及させるには，高単価で

種なしスイカの育種と栽培

第1表 通常より三倍体スイカの皮ぎわ糖度が高くなった新品種の紹介　（中山，2017）

年　度	組合わせ	倍数性	果　形	果　重 (kg)	果肉色	Brix （中心部）	Brix （皮ぎわ）	備　考
2016年	味きらら	二倍体	大玉	6.5 ～ 7.0	紅色	11.5 ～ 12.0	9.5 ～ 10.0	一般品種
2014年	NF-4X-2-5-4 × NK-2X-2	三倍体	大玉	6.5 ～ 8.0	紅色	14	13	新育成種
2015年	NF-4X-2-5-4 × NK-2X-2	三倍体	大玉	6.5 ～ 8.0	紅色	14	12.5 ～ 13.4	新育成種
2016年	NF-4X-2-5-4 × NK-2X-2	三倍体	大玉	6.7	紅色	13.6 ～ 14.0	12.5 ～ 12.8	新育成種
2013年	NF-4X-11 × NK-2X-2	三倍体	大玉	7.3	紅色	11.2	10	倍数化系列
2015年	Y社-3X	三倍体	大玉	5.9	紅色	12.5 ～ 13.0	11.0 ～ 11.2	三倍体品種

売れる早生タイプが求められる。この点は，おもに熱帯地域または，亜熱帯地域での普及を対象にした外国品種との育種目標の違いである。

（11）無胚化した果肉中のシイナの大きさと量

外国種のスイカも同じ傾向にあるが，シイナは一般に大粒の種子を選ぶとその数量が少なく，小粒を選んでいくと数量が多くなる傾向があった。したがって，シイナがやや小さくて気にならない程度が，どのあたりで妥協してもらえるかは，日本人の感覚からみて，かなりむずかしいのではないかと判断された。

（12）着果性

着果性については，やはり倍数化後，固定段階で，着果しやすい個体の選抜が必要であった。そして，次の三倍体の組合わせ段階でも二倍体との親和性を検討していった。三倍体大玉種の着果性は二倍体に似ているが，小玉種は大玉種よりもかなりよい傾向が把握できた。

（13）大玉スイカと小玉スイカの着果性

ほぼ実用化できそうな時点で，着果性の比較をした。大玉タイプは二倍体品種に比較して，タイミングよく新鮮で正常な花粉を十分に与えないと着果が劣る傾向がみられたが，小玉タイプのほうは，あまり気にしなくても着果率がよい傾向を確認できた。

（14）育成スイカの食味

種々実証しながら新しく育成してきた三倍体の大玉および小玉の食味は，いずれも糖度が高くなったが，ブドウ糖と果糖の総量が多くなっていても，極度に甘すぎるとは感じなかった。それは，収穫後の果糖の甘さに特徴があり，果物特有の美味な甘さがあって，砂糖のような直接的な鋭い甘さが感じられないからだと思われる。

その証拠として，果糖は冷蔵庫で冷やすと，冷やす前より甘く感じる。製糖会社の研究者によると，通常の甘味度は，ブドウ糖＞ショ糖＞果糖の順だそうだが，果糖の甘味度は冷やすことにより特異的に増す性質があるとのことだった。

（15）育成スイカの日持ち性

育成した三倍体の大玉品種は，日本市場に向くように，早生型にもっていくことができた。日持ち性も二倍体品種と相違なく保存適応力がある。小玉の育成種では，種子のある二倍体に比較して，想像以上の早生型が数点得られ，多汁で非常に美味だが，とくに日持ち性に優れているとはいえない傾向があった。この点から，今後，肉質の硬い晩生系の四倍体を育成すれば，保存性に優れた三倍体が得られるのではないかと推察する。

（16）三倍体品種の輸送性

三倍体にすると，表皮に粘りがでて果皮が硬くなる。この傾向を利用して，壁にぶつけたり，30 ～ 40cmの高さから落としたりしても裂果しにくい品種を育成した。とくに，かなり裂果しにくい三倍体小玉スイカの育種が容易になった。ただし，果皮を硬くしすぎると果肉もかなり硬くなるので，育種に配慮が必要である。

3. 育成結果の総合考察

（1）地域適応力

「日本市場に歓迎される三倍体スイカとは？」を前提にした今回の12年余にわたる実証育種を顧みると，まず，わが国の気象と土壌に適する生態適応力が必要だった。その選抜ステージは，コルヒチンで四倍体に倍数化する前であった。四倍体に生態適応力を付与さえすれば，二倍体の花粉親はもともと日本の環境に適応した材料を用いているので，問題は解決できると判断できた。

（2）種子の生産性

次に，種子の生産性の問題である。四倍体も，三倍体も，人工的につくり出された倍数体であるがゆえに，二倍体のように種子の生産性がよいとはいえない。多くの育種者はあまり意識せずに次の三倍体育種の段階に進んでしまってから気がつくことが多かったのではないかと推察される。

種子の生産性は四倍体に倍数化した時点で必ず検定して，発芽力と採種に優れたよい株を選抜固定させることがまず重要なポイントであることをあえて記しておく。いうまでもなく，花粉親とする二倍体素材のほうも同様である。

（3）奇形果

過去の三倍体品種で問題となった奇形果は，四倍体と二倍体の両方に，果実の充実がよくて果形が崩れず，肥大性と草勢のバランスのよい個体選抜が必要であった。そして，三倍体にしたとき，極端に草勢が強すぎない組合わせにすることも忘れてはならない重要なポイントだと判断する。

（4）果肉質

果肉質については，果肉が適当な硬さでシャリ感に富んだ品種と，やや軟らかくて多汁性に富んだ品種を育成できた。とくに大玉品種の

ほうがこの目的達成が容易だった。小玉品種のほうはもともと備わっている多汁性にシャリ感を付与するには，四倍体のほうに硬肉でシャリ感に富んだ材料を用いたほうが早いと判断できた。

（5）保存性

三倍体の保存性に関しては，大玉品種のほうは保冷庫に保存すると約30日もつが，小玉品種のほうは早生性のため，果肉が早く軟化しやすい傾向が強いので，一週間以内に消費したほうがよいと判断された。

（6）輸送性

輸送性については，倍数体育種による果皮の硬さが特徴を出せるポイントとして存在していると判断できる。とくに，果肉が早く軟化しやすい三倍体の小玉スイカの改良にプラスできるものと判断した。

（7）シイナ

シイナは，数を少なくしようとしても，1果当たり15〜20粒はふつうに入っている。これが，気候と栽培条件により，自然に極小化したり，ときには消失したりすることもみられた。しかし，シイナはもともと種皮が退化したものであり，感覚の鋭い日本人には形態からして未だ種子の感覚が強く，素直に理解してくれない面がうかがえる。

4. 三倍体の採種に向いた適地

スイカの採種適地は，雨が少なく，高温乾燥地がよいとされている。しかし，国内では，農業者が老齢化して，若者が農業離れしている今日，三倍体の採種地を国内に求めることが困難となっている。

そのため，海外に採種適地を求めることが，三倍体スイカ普及のキーポイントといえる。よく砂漠に隣接した採種地が取り上げられるケースがあるが，そのようなところで安定採種できる地を見つけることは容易ではない。

一歩踏み込んで検討してみると，三倍体採種の安定化を阻害する要因は高温であり，朝の気温の上昇が急激だと，高温のため開花時間が短縮されやすく，花粉胞子の寿命（活性時間の幅）が短縮されやすい点が問題であると筆者は判断している。三倍体採種は，二倍体よりも採種条件がデリケートだから，できるだけ花粉胞子の活性時間を長く保つことが必要となる。

筆者は，中国政府の農業部門から三倍体採種適地解析の協力依頼を受けて，過去にその検討に参加した経験から，次のように適地の条件を分析している。

すなわち，前記の通り，朝方の気温が急激に上昇して35℃以上の高温にならないこと。そして，胞子の寿命を伸ばすには，開花時に適度な湿度があり，極端に乾燥しないことである。

具体的には，中国北西部のシルクロードの入り口に近い甘粛省酒泉市金塔で，そのような場所を見つけ出すことができた。当地は，標高の高い天山山脈から伏流水を得ていて，水が豊富な，砂漠に隣接している数少ない緑化地帯だった。当地は農業を営むことができる唯一の産地で，緑地化しているために他の採種地より気温の上昇が緩慢で，かつ開花時の早朝で70〜75％の湿度を確保しやすく，実際に三倍体種子の生産がかなえられたことから，適地と判断された。

5. 三倍体種子の精選と寿命

三倍体と四倍体は，二倍体よりも種子が大きいのが特徴である。そのため，採種地で水を利用して浮力選をすると，二倍体の充実したものは沈むが，種子が大型で表面積の広い三倍体，四倍体の充実種子は浮力を増し，50〜60％余りのかなりの種子が浮く。この点を理解して採種に当たる必要がある。

また，三倍体種子は，採種後の活力低下が二倍体よりも早く，寿命も短い。大玉種で4〜5年で活力低下傾向がみられ，寿命は二倍体を12年とすると約5〜6年程度と短いのではないかと判断している。とくに小玉品種の寿命は3

〜4年とみておくべきだと感じた。

6. 育成品種

筆者は2002年に種苗会社を退職後，12年間の間に，大玉品種3品種，小玉品種3品種の三倍体を育成することができた。これらの品種について，自分なりに客観的かつ育種的見地から改めて検討を加えてみた。

＊草勢指数：5－強い，4－やや強め，3－中くらい，2－やや弱め，1－弱い

(1) 三倍体大玉，縞皮，赤肉品種

2014年6月　試作調査地：千葉県富里育種圃
2014A-4　（NF-4X-2-5-4×NK-2X-2）
草勢指数：4，着果率：45.0％，果重：8.0kg，糖度：中心14.0　皮ぎわ13.4

三倍体の母親側には，優良形質をもたせた'富民'を生態的にやや早生ぎみに選抜して，新たに倍数化をはかり，四倍体親とした。二倍体の父親側には草勢がやや強めで，とくに低温伸張性がある系統を用いた。

三倍体としての果形は甲高にし，果肉は多汁性で，触感はやや軟らかく，果肉色は紅桃色にした（第2図）。育成結果では，草勢は三倍体としては中くらいの早生型タイプに育成した。シイナが目立たない種なし果に仕上がった（第3図）。

この品種の特徴は，スイカ本来の多汁性で，ざっぷりとくる食感であることと，とくに皮ぎわの糖度が高いことである。

(2) 三倍体大玉，濃緑黒皮，赤肉品種

2014年6月　試作調査地：千葉県富里育種圃
2014B-5　（N-SE-4X-2-5-4×SB-2X-5941）
草勢指数：4，着果率：46.7％，果重：7.8kg，糖度：中心13.4　皮ぎわ12.0

四倍体には，肉質のやや緻密でシャリ感のある，海外から導入した，日本の気候に順化させた系統を用いた。二倍体のほうは，シュガーベビータイプでわが国の気候に順応するように選抜を加えた大玉系統を組み合わせた。

第2図　2014A-4（NF-4X-2-5-4×NK-2X-2）

第4図　2014B-5（N-SE-4X-2-5-4×SB-2X-5941）

第3図　2014A-4（NF-4X-2-5-4×NK-2X-2）の断面

第5図　2014B-5（N-SE-4X-2-5-4×SB-2X-5941）の断面

　この結果，濃緑色の皮で大玉で，シャリ感に富み，高糖度でおいしく，生態的に順応し，かつ保存性に優れたスイカに仕上がった（第4図）。肉質は緻密で，シイナが小型化しているのが特徴である（第5図）。

（3）三倍体小玉，縞あり，赤肉品種

2014年6月　試作調査地：千葉県富里育種圃
2014A-9（S-4X-305×NS-2X-306-1）
　草勢指数：4.5，果重：2.5〜3.5kg，糖度：中心13.0〜13.8　皮ぎわ10.8〜11.4
　三倍体小玉の育種は初めてだったので，イメージとして，着果性に優れ，果形の揃った，あまりシイナが目立たないおいしいスイカを想定した。
　そのイメージがほぼ達成できた感があるが，草勢が強めになるので，通常より早めに着果させ，かつ果数を多く着けて草勢維持に努めなければならないことがわかった。シイナは小さくなったが，小玉特有の多粒性に育種上配慮すべきであると感じている。とくに，想像以上に早生性になる傾向があり，日持ち性にも注意が必要だと感じている（第6図）。

第6図　2014A-9（S-4X-305×NS-2X-306-1）

(4) 改良を加えた三倍体小玉，縞あり，赤肉品種

2014年6月　試作調査地：千葉県富里調査圃
2014A-7（NS-4X-308-2×NS-2X-306-1）
草勢指数：4.5，着果率：93.3％，果重：3.0～3.5kg，糖度：中心14.5～14.6　皮ぎわ12.5～13.0

着果性がよく，果実の揃い性に優れ，かつ肉質的にシャリ感を付与した，高糖度で美味な改良型をめざした三倍体品種を育成した（第7図）。

果形はやや甲高で，果肉色が濃く，果皮が薄い優良品種に仕上がった（第8図）。とくに多収穫ができる，高糖度で皮ぎわまで甘い，優れた品種だと判断している。果肉質を改善し，早生なりに保存性を改良したので，直販に耐える可能性が期待できると思われる。

(5) 三倍体中玉，濃緑黒皮，赤肉品種

2014年6月　試作調査地：千葉県富里育種圃
2014A-6（S-4X-305×NS-2X-282）
草勢指数：4.5，着果率：91.7％，果重：4.0～4.6kg，糖度：中心12.8～13.8　皮ぎわ11.0～11.6

四倍体親は海外の素材を国内で純化し，三倍体としたときにこれまでの有用形質を損なわないように配慮して倍数化をはかった。また，二倍体のほうは，やや枕型の果形で，シャリ感があり，とくに小粒種子である系統を用いた。

その結果，着果性にとくに優れた，やや早生型の中玉品種となった（第9図）。放任栽培でもよく着果する。栽培上，果数を限定しすぎると，果実中央に白色繊維が目立ってくるので注意が必要だと判断される（第10図）。糖度は，黒皮タイプとしては高めのものが得られた。こ

第7図　2014A-7（NS-4X-308-2×NS-2X-306-1）

第9図　2014A-6（S-4X-305×NS-2X-282）

第8図　2014A-7（NS-4X-308-2×NS-2X-306-1）の断面

第10図　2014A-6（S-4X-305×NS-2X-282）の断面

の組合わせは海外でも適応する三倍体中玉品種だと判断される。

(6) 三倍体大玉，緑色果皮，黄肉品種

2014年6月　試作調査地：千葉県富里育種圃
2014B（NS-4X-246Y×MS-2X-116R）
草勢指数：3.5，着果率：56.3％，果重：6.5kg，糖度：中心12.5　皮ぎわ11.0　シイナなし

大玉で，とくに果肉色が鮮明な濃黄色の，美観に富んだ種なしスイカの作出を試みた。鮮明な黄色をねらって四倍体親側は黄肉とし，二倍体のほうはあえて紅色の果肉を使用して育成してみた。

その結果，一応濃黄色の鮮明果肉になったが，部分的に濃淡のある色ムラが見られた。この点が育種上の問題である。しかし食感は上品な甘さで，多汁性に富み，シイナは消失状態であった。このような組合わせは実用的には未だ問題があるとみなしたが，黄肉種の三倍体は種なしスイカのイメージそのものであると感じたので，今後，黄肉系の育種に取り組む価値はあると判断している。

7. アメリカ合衆国の三倍体品種育成までの経過

最後に，アメリカ合衆国の三倍体品種育成の経過を記しておく。とくに，日本の三倍体種子の採種法との違いを理解しておくことは重要だと思われる。

(1) 三倍体品種育成までの育成変遷

木原均博士が1940年に三倍体品種育成の理論と技術を発明して以来，アメリカ合衆国政府はそのことに非常に関心をもち，農業省（D. A.）に品種育成と開発を指示してきた。その経過を農業省のレポートで示す。

1) 1946年Dr. H. Kiharaより三倍体育種の開発資料の提供あり。

2) 1960年Dr. O. J. Eigstiにより三倍体育種技術を確立。

3) 1987年初期開発品種，'Tri-X313'を完成。

4) 1990年Dr. Maynard and Dr. J. Eastinにより商品開発に着手。

5) 2000年三倍体に対する二倍体花粉親の混植栽培法の実用化が定着。

6) 2003年三倍体品種がスイカ全体面積の51％に達する。

7) 2014年には85％に達する。

8) 2016年には約90％に達する。

(2) 開発にかかわった人々

開発初期には，シサゴ郡にあるミネソタ州立大学のDr. O. J. Eigstiの関与が多大で，木原生物学研究室のDr. M. Shimotsumaからの親切な技術応援を受けることができた。日本との数年にわたる交流後，U. S. Vegetable Breeding Laboratory（以下U.S.V.B.L）のスタッフであったJ. Robert. Wallが三倍体の早生種をつくり出すとともに，開発協力を政府の関係機関に要請した経緯がある。

(3) 新品種育成初期の状態

三倍体の諸形質の大部分が未知のため採種と栽培がむずかしく，そのいっぽうでは，市場側が形質のよさを理解できずにいたため，普及までに予想以上の年数がかかった。

四倍体の育成に適応する系統を形質と採種効率の面から検討を試みると同時に，三倍体にしたときの形質面と採種効率を考えながら育種を進めていたが，かなりの労力を必要としたようである。

1962年には，U.S.V.B.Lで四倍体採種を初めて試みたが，失敗に終わっている。しかし，かなりの苦労のうえ，1果当たり平均75粒の四倍体種子を確保できるレベルに達し，三倍体採種に前進していった。そして，果肉がよく締まり，濃赤色で，適度な軟らかさと充実度のある四倍体がU.S.V.B.Lで育種された。

(4) 四倍体および三倍体種子の少量採種時の採種方式

果肉を砕いて軽く水洗いをしたのち，旧式だがラードを加えてよくつぶす。つぶしたあと，さらによく水洗いをし，扇風機で乾燥させる。そして，さらに粉砕してから扇風機で粉砕物を飛ばして種子のみを取り出す。

この方法は，種子の活力と生命力（寿命）を損なうことが少なく，有効である。また，苗生産にも有効である。

(5) 三倍体種子の採種方法

三倍体種子の採種をするためには，まず母親側の四倍体原種と父親側（花粉側）の二倍体原種の採種が必要となる。

基本採種法としては，両親原種に交配予定の2日前から袋かけを行ない，四倍体と二倍体ともに交配後1〜2日まで袋かけをする。そして，交雑のない確実な原種生産を実施する。

しかしこの方法だと，かなりの手数を要するので，実際はガラスハウスやビニールハウスを用いて外部と隔離し，そのハウス内にミツバチを放して授粉採種するのが通常である。

両親原種を十分に確保したら，種子販売のための三倍体種子の生産に入る。この三倍体種子は有胚であり，この有胚種子を播種して種なし品種として実用的な，種子のない無胚化した果実商品を生産するわけである。

販売用の三倍体有胚種子の採種は，生産費を抑え，かつ容易に多量生産をする必要がある。

日本ではDr. Shimotsuma が四倍体を3うねに対し，二倍体花粉親を1うねの割合でミツバチ交配による実験（第11図）をし，うまくいくことを解明していたが，U.S.V.B.LのDr. Wall

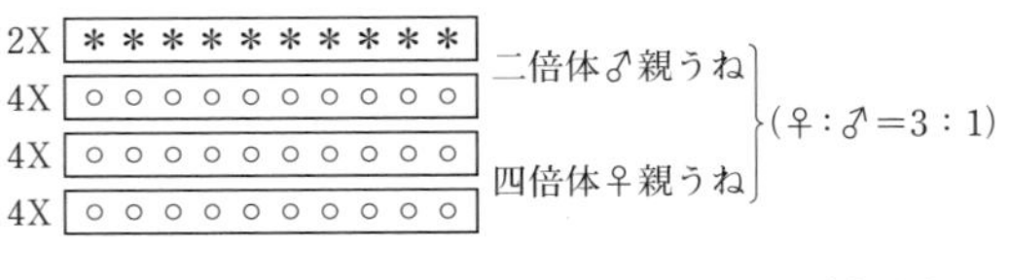

第11図 Dr. Shimotsuma によるミツバチ採種実験例

の採種試験結果では，両親1対1比でも83.6％の三倍体種子を得ることができた。

アメリカ合衆国における現況の販売用三倍体種子の生産は，四倍体：二倍体＝3：1のうね比率で採種が実施されている。

この三倍体種子の採種は，四倍体の母親×二倍体の花粉親との交配によって種子が得られる。すなわち，四倍体×二倍体＝三倍体となり，無胚化した種なし種子が得られる。二倍体×四倍体の逆交配では受精せず，種子がとれない。

また，このミツバチを利用した三倍体種子採種では，どうしても四倍体株の自殖または四倍体株間の受精によって，四倍体の種子も採種される。その三倍体種子に対する四倍体種子の採種割合は，通常三倍体種子が約90〜92％に対して四倍体種子が約8〜10％相当であると，調査結果から判断されている。

そのため，三倍体の種なし品種に四倍体の種あり（有胚）が混入するので，育種上，三倍体と四倍体の外果皮に皮色や縞の有無などの特徴の違いをもたせることによって判別できるよう考慮している。すなわち，四倍体には縞なし親系統を用い，二倍体には縞ありまたは黒皮タイプを用いる。そして，四倍体×二倍体を組み合わせることにより，ミツバチ交配による三倍体種子を採種している。三倍体果実は縞ありまたは黒皮果が得られるので，四倍体果実と識別が可能となる。同時に採種された四倍体種子も，種あり品種として，やや皮が厚くなるが，別途販売している。

(6) 日本の三倍体種子採種との違い

いっぽう，日本の三倍体種子採種では，ミツバチ交配採種によらず，人工交配によって確実に三倍体種子のみを採種する方式をとっている。

その理由は，採種上，二倍体品種より高価となるので，日本人の性格から，100％の商品を得て高品質な三倍体スイカの市場性を高める傾向がある。

これに対してアメリカ人は，多少別品種が混ざって品質が劣っても安価な点を求め，少しで

種なしスイカの新しい育種

も採種量の多くなるミツバチ交配採種を採用する傾向がある。しかし今後はヨーロッパを中心として世界へ種なしスイカの普及がなされつつあるので，この傾向は今後，日本の採種方式のように信頼度の高い種子を少しでも生産しながら拡販する必要があると判断できそうである。

(7) アメリカ合衆国でミツバチ交配採種された種なし種子の品質

①採種された三倍体種子の発芽傾向

アメリカ合衆国のミツバチ交配採種による三倍体種子の品質を調査したレポートによると，人工交配よりもミツバチ交配のほうが訪花回数が多く，授与花粉量も多くなるため，発芽の状態がよく，種子の充実度に有利性がある（第2表）。

②三倍体果と四倍体果の着果状態

栽培結果では，'W1083'の三倍体果実では苗を育苗して定植する移植区のほうが直播区の94果に対して183果と収穫量が多く，'W1084'でも60果に対して94果と増収割合が高い傾向を確認できた。四倍体果実では両区の間では大差がないようであった（第3表）。

③三倍体の果実品質と耐病性

アメリカ合衆国のレポートによると，三倍体果実の品質は，育種にかかわった彼らの食性（日本では「高糖度でややシャリ感に富み，多汁性であること」を好むが，アメリカ合衆国では「高糖度よりも果肉細胞がやや細かく，肉質が締まりシャリ感のあること」を好む）から，通常の二倍体果実品質とおおかた差異は認められなかったとされている。四倍体品質の影響が二倍体品質と大差ないことを示しているとも記されている。また，三倍体は，四倍体と果実表皮の色やストライプの有無などで差別できるようにマーカーを設けておけば確実に選果できるので出荷の支障はないとしている。

第2表　採種された三倍体種子の発芽傾向（1967年採種→1969年発芽の状態）

試供ロット（U.S.V.B.L品種番号）	採種方法		播種数	発芽粒数	発芽率（％）
W1083	人工交配	三倍体	300	197	66
	ミツバチ交配	三倍体	300	277	92
W1084	人工交配	三倍体	300	167	56
	ミツバチ交配	三倍体	300	206	69

第3表　三倍体果実と四倍体果実の着果状態

U.S.V.B.L品種番号	栽培方法	収穫果				合　計
		三倍体		四倍体		
W1083	直播区	94果	79％	24果	21％	118果
	苗移植区	183果	90％	20果	10％	203果
W1084	直播区	60果	88％	8果	12％	68果
	苗移植区	94果	92％	7果	7＋1％	101果

いっぽうで彼らは，品種によっては，今後も空洞化しやすかったり，とくに種皮が厚皮になったり，有色シイナが発生しやすい品種が育成されることがないよう，育種上の配慮がさらに必要となるといっている。

筆者の経験からいうと，三倍体は二倍体よりも染色体数が増し，品質の面では三倍体品種は二倍体品種よりも糖度が高く，シャリ感に富み，果皮が硬く粘りが増す傾向があり，スイカ自体の保存性も上がる利点がある。草勢が強くなる点から，耐病性もかなりの強さが確認されている。

アメリカ合衆国でも，日本の市場性からみて，消費者に対してもっと三倍体スイカの優良性をPRしていく必要性があり，新しいマーケットの開発も必要だと判断している。また，バイヤーや中間業者に対しては，鮮度と品質のよいものを仕入れて，単価をできるだけ抑え，消費者の購入量が増えるよう努力することを期待したい。

(8) 三倍体種子採種にかかわる改善の方向性

台湾の青果輸出業者は下妻博士が開発した方式で，三倍体種子を大量に生産して香港やシン

種なしスイカの育種と栽培

第4表　三倍体スイカ市販品種一覧

社　名	品種名	果重（kg）	果　形	果　皮	果肉色
ナント種苗	ブラックムーン	8〜10	大玉丸	黒皮	赤色
	3Xサンバ	6〜9	大玉丸	縞入り黒皮	赤色
	ブラックジャック	6〜8	大玉丸	黒皮	赤色
	サンバSP	6〜9	大玉丸	黒皮	赤色
	ジルバ	2〜4	中玉丸	太縞	赤色
	NW-416	3	小玉丸	黒皮	赤色
	NW-418	3〜3.5	小玉丸	縞有	赤色
大和農園	食べ放題赤玉	7〜8	大玉丸	縞有	赤色
	食べ放題黒玉	6	大玉丸	黒皮	赤色
	食べ放題黒王子	3〜4	中玉丸	黒皮	赤色
萩原農場	レアシードひとつだねBear	6〜8	大玉丸	黒皮	鮮紅色
	レアシードひとつだねTiger	3	小玉丸	縞あり	帯桃鮮赤色
	レアシードひとつだね	3	小玉丸	縞あり	赤色
カネコ種苗	甘い彗星	6〜7	小玉丸	縞あり	赤色
サカタのタネ	ブラックジャック（通販）	6〜8	大玉丸	黒皮	赤色
丸種	ほお晴れ	7〜8	大玉丸	縞あり	鮮桃紅色
	ほお晴れBJ	4〜5	中玉丸	黒皮	鮮桃紅色
	ほお晴れBB	7〜8	大玉丸	黒皮	鮮桃紅色
	ほお晴れMWX-005	7〜8	大玉丸	黒皮	鮮桃紅色
	ほお晴れMWX-401	7〜8	大玉丸	黒皮	鮮桃紅色
	ほお晴れMWX-503	6〜7	大玉丸	太縞	鮮桃紅色
	ほお晴れMWX-701	3〜4	中玉丸	黒皮	鮮桃紅色

ガポールへ輸出している。スペインの業者も同様な方法でアメリカ合衆国へ他品種を輸出している。また，中近東の業者は西ヨーロッパへ輸出しつつある。

　そこで，アメリカ合衆国では，この現実を正しく判断して，これまでの採種方法を改善してきている。人件費の安いタイ国で，四倍体が混ざらない人工交配による採種を併用化の傾向がある。

8.　国内の三倍体スイカ品種

　2018年現在，国内で販売されているとみられる三倍体スイカの品種は，第4表の通りである。

　縞有大玉タイプは，実際に国内材料を倍数化して三倍体品種を積極的に育成している傾向がうかがえるが，黒皮タイプは，海外の素材から育成された品種が主で，なかには海外の三倍体品種を直接導入したものも多くあるようである。

　本格的な国内育種と普及はこれからだと判断できるが，とくに小玉系縞有品種は，生態からみて着果性がよく，多収性なので，初めての栽培農家でも比較的栽培が容易な点で，普及に適していると判断される。

　　執筆　中山　淳（元みかど育種農場）

種なしスイカの栽培

1. 三倍体大玉スイカの栽培

(1) 圃場の選定と施肥設計

三倍体大玉スイカの栽培にあたって，まずは普通のスイカ栽培に準じて，通気性と排水性がよく，土が締まらない日当たりのよい圃場を選定する。

スイカは微酸性土壌を好むので，pH6.0～6.5が最適である。4月初旬に栽培予定圃場の全面に苦土入り炭酸カルシウムを散布し，pH調整をする（通常量，10a当たり約80～100kg程度）。

次に，いったん耕うん後に，牛糞堆肥（鶏糞堆肥は窒素が多いので使わない）を1t全面散布し，再度耕起する。

施肥は有機質を主体とし，定植18～20日前に第1表を参考にして施肥する。なお，種なしスイカは初期生育が緩慢となり，晩生化する傾向があるが，初期生育が緩慢でも，いったん勢いが出始めると普通のスイカよりもかなり強い勢いで育っていく。このため窒素量ははじめから4～5割程度に減らしたほうがよい。

(2) 播種準備と播種

三倍体スイカのタネは前述した通り，厚皮硬化種子なので吸水性がよくない。そこで，第1

第1表 関東地方の大玉，三倍体スイカの施肥設計例

肥料名	成分割合（％）			10a施肥量 (kg)	10a当たり成分量 (kg)		
	窒素	リン酸	カリ		窒素	リン酸	カリ
緩効性有機化成[1]	15	16	12	10	1.5	1.6	1.2
米ぬか	3	5	2	70	2.1	3.5	1.4
魚粉かす	7	7	0.5	60	4.2	4.2	0.3
硫酸カリ	0	0	50	18	0	0	9
熔成リン肥	0	20	0	55	0	11	0
硫酸マグネシウム	0	0	0	15	0	0	0
計	—	—	—	228	7.8	20.3	11.9

注 1) 緩効性有機化成として，スーパーIBS-562 (15—16—12) 肥効120日肥料を使用するとよい

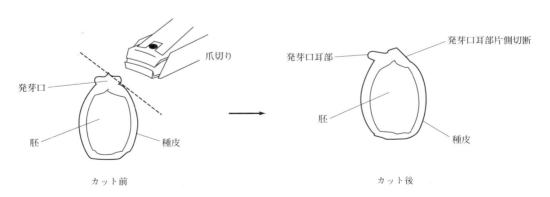

第1図 吸水促進を目的とした発芽口のカット方法（断面図）

第2図　カット前とカット後の三倍体種子

図のように，胚芽をいためないように，発芽口の耳の片側部分を爪切りでカットし，吸水を促す（第2図）。

そして，22～23℃程度の井戸水または水道水に3～4時間浸漬してから播種する（風呂の残り湯や冷ました湯水は，酸素が少ないので使用不可）。

播種は，三倍体種子は必要株（例：100cm株間で10a400株前後）の約1.2倍量を，二倍体種子は三倍体の約1割量をまく。

あらかじめ用意した底穴のある縦40cm×横60cm×深さ4cm程度の播種箱に，約8分目程度の深さまで播種用培土を入れ，温床線で発芽適温28～30℃を目安に温めておく。

約0.8～1.0cmの深さで，3cm間隔に溝を切る。そこに播種し，覆土して軽く手の平で鎮圧する。鎮圧を終えたらジョロで軽めに灌水する。灌水を終えたら，乾燥防止のために，2枚に折った新聞紙をかけ，その上から散水して発芽が始まるまで，被覆しておく。

(3) 発芽管理

培土の温度を28～30℃に保つと，二倍体スイカでは4～5日で発芽が始まるが，三倍体スイカのほうは30～32℃で8～10日後にゆっくり発芽する。

発芽が始まったら，速やかに新聞紙を取り除き，先が細目の竹棒で溝間を中耕しながら，指先で根元へ土寄せして徒長しないように管理する。

発芽が揃い始めたら，床土と床内の湿度を60～70％程度に下げ，昼間は太陽がよく当たる環境で，昼間30℃，夜間25℃になるように努めながら，子葉や展開葉が厚みのあるガッチリした苗に育てていく。苗半作といわれるが，多少しおれるくらいの，しおれをおそれない管理が，定植後の順調な花芽分化や生長の重要なポイントとなる。

(4) 鉢上げ

鉢上げには，速効性窒素と緩効性窒素の成分比が3対7程度に配合された果菜専用培土を使う（窒素の成分比が6対4程度の葉物専用培土は，灌水によって初期から早く効きすぎて軟弱に育ち，徒長しやすくなるので使用しない）。

本葉が1.5～2枚程度に展葉したら，10.5cm径のポットに鉢上げする。このさい，果菜類は酸素を多く要求するので，深く植え込まないように注意する。そして，過度の灌水を避け，陽光によく当たる環境で，ゆっくりと生育させる（第3図）。

本葉が4～5枚になったら葉が重なり始めるので，通気性をよくするために，鉢をずらす。

(5) 定植用トンネルの装備

関東では，3月初旬から中旬播種，4月中旬から下旬定植，7月中旬から下旬収穫の場合，第4図のような大型トンネル（通称ベトコン）

第3図　中央が三倍体苗

第4図　早出し栽培用二重トンネル

内に通常の弓型トンネルを設置する。4月下旬播種，6月初旬定植，8月下旬収穫の場合は，大型トンネルのみを設置する。

温暖な熊本では，3月初旬播種，4月中旬定植，7月初旬から中旬収穫には，二重トンネル（活着促進小トンネル付き）を，5月中旬定植，8月初旬収穫には大型トンネルのみを使用するとよい。

また，東北から北海道の冷涼地では，5月中旬定植，8月中旬から下旬収穫に二重トンネルの利用が必要と判断する。

(6) 定 植

トンネル内に，定植7日前までにうね幅180cm，うね高25cmのベッドを作成し，厚さ0.3mm，幅230cmのビニールマルチフィルムを被覆して温めておく。そして，本葉4.5～5枚に育った苗を定植していく。

定植は，ベッドの端から約35cmの位置とし，株間80～100cmの間隔で横一条に植えていく。種なしスイカは種なしスイカの雄花で授粉しても結実しないので，三倍体苗に続けて必ず花粉用の二倍体苗を定植するが，二倍体の割合は，三倍体の10～15％となるようにする。

定植を終え，苗がしおれなくなったら，晴天日は苗に寒風を直接当てないようにうねの端に植えた苗の反対側のみをすそ換気し，日中32～35℃，夜間20～22℃程度に管理する。

定植した苗が伸び始め，陽光が増して気温が高くなり，35℃以下にコントロールできなくなってきたら，両すそ換気にもっていく。とくに，晴天日の午前中や雨上がり直後には，瞬く間にトンネル内の気温が急上昇して定植苗を焼いてしまうので，注意する。

(7) 整枝とその後の管理

親づるの主枝が20cmに育ってきたら，つる先の生長点を摘心する（第5図）。そして親づるが25～30cmに伸長した時点で正常な4本の

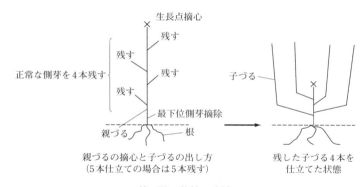

第5図　整枝の方法

側芽を選び，4～5本の子づるに育てていく。それ以外の子づるの腋芽はすべて摘除する。

晴天日はもちろんのこと，曇天日でもできるだけ通気性をよくし，日照量を高めながら各子づるを伸長させていく。子づるが約90～100cmに伸びてきたら，各つる間を25cm間隔にして，株元より手前にU字状に引き寄せ，固定していく。

(8) 交配とタイミング

三倍体スイカの交配は，前述の通り，三倍体の雌雄間で交配しても着果しない。そこで，交配は子づるに出蕾した雌花に，必ず二倍体の花粉を授粉して着果させる（第6図）。

スイカの花粉の寿命は，晴天日だと，早朝5時半ころから8時半ころの約2時間半あまりしかなく，この時間帯に交配する必要がある。曇

第6図　三倍体株への人工交配

天日の場合は6時半ころから10時ころと若干の幅が出てくる。雨天日の場合は，ほとんど花粉が出ないので，仮に若干出たとしてもほとんど受精しない。

(9) 交配・着果位置

交配，着果させる節位は，15～18節目あたりの3番雌花に着果させるのが草勢とのバランス上，理想的である（第7図）。しかし，着果は草勢と交配日の天候に左右されるので，あらかじめの安全対策として，8～10節に出蕾してくる2番雌花を交配，着果させたうえで，三番果の交配に入る。二番果が着果後ゴルフボールよりやや大きめに肥大し，三番果の着果が定まったら，二番果を摘果して三番果を肥大させていく。

1株当たりの着果数は2果とし，4本の子づるのうち，いずれのつるでもよいので，正常果を2果残して，それ以外を思い切って摘果する。

(10) 正確な熟度判定のための交配日標示

交配日には，必ず交配日を記したラベルを果梗に付けるか，または交配棒を立てる。果数が多いときには，3色の着果リボンを用意し，着果位置の手前節に付けたら，次の日は着果位置のつる先位置に付け，順次3色で計6日間標示することが可能である。そして，交配初日の月日と色を順次メモしておく。

このような交配月日の作業が，出荷時の正確な熟度の判定と，安心して出荷できる品質保証に結びつく。

(11) 着果後の管理

着果作業を終えたら，生長点は摘心せず，着果節位からつる先に向かって3節目までの腋芽と株元から発生してくる不必要なわきつるを早めに摘除する。

摘除を終えたら，日中37～38℃，夜間22～25℃程度にハッキリと昼夜温の格差をつけて管理する。

その後は，腋芽が出てもいっさい気にせず，放任状態で病虫害の発生にのみ注意して果実の肥大を促す。

着果35日ころには，変形果防止と着色ムラをなくすために，初回の玉回しをする。さらに45日ころにも，もう一度果実内の糖度ムラをなくすために，裏側の果皮面を太陽に向けるように玉回しをし，順次発泡スチロールの座布団を敷き，果痕部を乾かして害虫の食害や多湿腐敗による裂果を予防する。

病害としては，つる枯病，べと病，炭疽病，うどんこ病，ウイルス病が，また害虫としては，アブラムシ，ヨトウムシ，ダニなどが発生しやすいので，その予防に努める。最近目立つカラスの食害対策として，トンネルの周りに竹棒かプラスチックの支柱を立てて糸を巡らせるとかなりの効果がある。

(12) 収穫時期の判断

三倍体大玉スイカは，着果後，約55～58日で完熟する（交配日から収穫日までの平均積算温度は約1,060～1,100℃なので，温度記録がもっとも正確である）。

そこで，あらかじめ交配日を目印にしておいたものから収穫を予測するために，株元部分の葉と，着果位置のらせん状の小さなゼンマイづるがやや黄化し始めたら，果梗部分がわずかに縦状に割れ始めている果実を試し切りし，収穫できる日数を正確に把握する。

これまでは，通常，目視と打音のみで判断するケースが多くみられたが，判断には経験が必要であり，果実に品質ムラが出やすい。この方

第7図　交配期前のつるの伸長状態
つるを4本に整枝して，交配直前の状態。草勢が強いのが三倍体の特徴

法のみで収穫することは，貴重な三倍体スイカでは好ましくない。

2. 三倍体小玉スイカの栽培

現在のところ，三倍体小玉スイカは，三倍体大玉スイカよりも早生性で栽培がしやすく，とくに着果性と収量性に優れている。そして，二倍体普通スイカよりも平均糖度が高く，かなりおいしく，有望である。

(1) 圃場の選定と施肥設計

大玉スイカと同様に，圃場は通気性と排水性がよく，土が硬く締まらない日当たりのよいところを選定する。

小玉スイカも大玉スイカ同様pH6.0 ～ 6.5の微酸性土壌を好むので，苦土石灰を用いて調整する。通常，pH値が5.0 ～ 5.5程度の砂壌土をpH6.5にする目安は，pH5.0で約380kg/10a，pH5.5で約280kg，壌土ではpH5.0で約500kg/10a，pH5.5の場合は約370kg/10aとなる。

ベッド作成の20 ～ 30日前ころに牛糞堆肥（鶏糞堆肥は窒素分が多いので使わない）を10a当たり1t全面散布し，耕起しておく。施肥は有機質を主体とし，堆肥と同様に，ベッド作成の15 ～ 20日前ころまでに第2表を参考にして施肥しておく。なお，小玉スイカの施肥も大玉スイカ同様，普通スイカの窒素施肥量の4 ～ 5割程度に減らす。

(2) 播種準備

三倍体小玉スイカの場合も，三倍体大玉スイカと同様，種子は皮が厚く硬実化しているので，発芽時の吸水性を高めるため，胚芽をいためないように発芽口の耳に相当する部分の片側を爪切りでカットする（第1図参照）。

その後，20 ～ 25℃程度の井戸水または水道水に約3 ～ 4時間浸漬したあと，播種する（風呂の残り湯や，いったん加熱して冷めた水は酸素が少なくなっているので使用不可）。

(3) 播 種

三倍体種子の播種量は，必要株数の約1.2倍量をまく。そして，花粉用に大玉タイプの一般品種の二倍体種子を，三倍体種子の約15 ～ 20％量を同時にまく。

播種にあたって，あらかじめ木製の幅40cm，長さ60cm，深さ3.5cmの播種箱をつくり，そこに8分目の深さまで播種用培土を入れ，温床線で発芽適温の30℃前後に温めておく。小粒の三倍体種子はとくに胚軸が細く，発芽後，多湿だと徒長しやすいので，水分管理しやすい木製の播種箱の使用を勧めている。

播種箱に深さ1cmの溝を3cm間隔に切り，順次播種していく。覆土は厚くならないように注意して薄めとする。覆土したら軽く指で押さえながら鎮圧する。灌水はやや少なめにジョロで種子まで染み渡るようにする。散水を終えたら，二つ折りの新聞紙をその上に覆い被せて軽く水を沁み込ませ，発芽開始まで乾燥を防ぐ。

第2表　関東地方の小玉，三倍体スイカの施肥設計例

肥料名	成分割合（%）			10a施肥量（kg）	10a当たり成分量（kg）		
	窒素	リン酸	カリ		窒素	リン酸	カリ
緩効性有機化成[1]	15	16	12	8	1.2	1.3	1
米ぬか	3	5	2	80	2.4	4	1.6
魚粉かす	7	7	0.5	60	4.2	4.2	0.3
硫酸カリ	0	0	50	15	0	0	6
熔成リン肥	0	20	0	58	0	11.6	0
硫酸マグネシウム	0	0	0	15	0	0	0
計	—	—	—	236	7.8	21.1	8.9

注　1）緩効性有機化成として，スーパー IBS-562（15—16—12）肥効120日肥料を使用するとよい

種なしスイカの育種と栽培

発芽と発芽後の培土の水分は、培土を軽く握って崩れない程度がベストである。木製の箱は板が長く保湿するので培土が乾きにくく、水分を維持しやすいので、三倍体の小玉種子の発芽に適している。

二倍体種子は3〜4日で発芽し、5〜6日目ではえ揃うが、三倍体種子の発芽はややゆっくりと播種7日ころから発芽し、出揃うまでさらに3〜4日かかる。発芽したら、細目の棒で条間を中耕し、培土中の過度の水分を抜きながら根元に土寄せして酸素を十分供給する。太陽によく当てるようにすると、根が活性化して硬い丈夫な苗に育つ。

(4) 育苗時の灌水

発芽後は床内の地上部温度を日中28〜30℃、夜間24〜25℃に保ち、日中は通気性をよくして、陽光にしっかり当てる。苗の株元を棒片で掘って、とくに乾いていたら、軽く灌水するが、できるだけ過度の多湿にならないように努める。土がかなり乾いて苗がややしおれ始めたら十分に灌水し、かつ床内が過度に多湿にならないように通気をはかり、光に当てる。

このようなしおれを怖がらない水分管理が、その後の栽培に有効であり、とくに重要なポイントである。

(5) 鉢上げ

鉢上げ用の培土には、速効性窒素と緩効性窒素の成分比が3対7程度の果菜類専用培土を用いる。葉物専用培土のように速効性の硝酸態や尿素系窒素が多く入ったものを使用すると、とくに胚軸の細い小玉スイカは軟弱徒長しやすいので注意が必要である。

ポットは8.5cm径のものを使用し、子葉が完全に展開して生長点が動き始める前に鉢上げする。なお、鉢上げのさい、深植えすると、徒長や枯死の原因になりやすいので気をつける。

育苗管理は、床内を日中28〜30℃、夜間20℃に下げ、過度の灌水を避け、光によく当て、適度の通気をはかりながら乾燥気味にする。雨天や曇天日でも、極端に冷え込まない限り、ビニール1枚の被覆管理が適切である。苗が大きくなってきたら、葉が重ならないようにポットを適当な間隔にずらしていく。

(6) 定植トンネルの装備

関東では、3月初旬に播種し、7月中旬収穫の場合は、大型トンネルと小型トンネルを併用する（第4図参照）。4月下旬に播種し、8月中旬収穫では、大型トンネル（ベトコントンネル）のみを使用する。そのおもな目的は低温時の保温だが、雨よけやカラス、害虫などを避ける効果もある。

温暖地の熊本では、3月初旬に定植し、6月下旬〜7月初旬に収穫の場合、二重トンネルを使用する。また寒冷地の東北、北海道の夏栽培でも、5月中旬に定植し、8月初旬〜中旬収穫ではやはり二重トンネルを使用する。寒冷地栽培の場合は、定植時に活着促進のためトンネル内の苗に紙キャップをかけることを勧める（第8図）。大型トンネルに被せるビニールフィルムは、幅280cm、厚さ0.75mmの透明フイルムを用いる。トンネルは早めに張って、マルチを施したうね内の保温に努める。

(7) 定 植

三倍体苗は、根の活着と伸長が一般的な二倍体苗よりおそい。通常の定植苗の大きさは本葉4.5〜5枚であるが、定植が遅れ、夏季に近い高温時には、大苗定植すると蒸散量が大きいために根の活着が遅れてしまうので、本葉3枚前後の若苗を定植する。この場合、軟弱に育てた苗を早植えすると、立枯れ状に焼けやすくなる

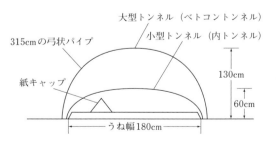

第8図　二重トンネルと紙キャップ

ので注意する。

定植は，苗をいったん水に浸し，吸水させてから植える。うねの端から約35cmの位置に，株間80cmの間隔で一条植えする。花粉用の二倍体苗も三倍体苗に続けて植えていく。10aに必要な株数は約500株（株間100cmだと約400株）となる。

定植したら，晴天日は冷たい風が苗に直接当たらないように，定植苗を植えた反対側のみをすそ換気しながら，トンネル内の温度を日中32～35℃，夜間は20～22℃程度に管理する。5月中旬ころからは気温の上昇に伴い，徐々に両すそ換気にもっていく。晴天日の朝や雨上がり直後はトンネル内の気温が瞬時に高温になるのでとくに注意する。また，苗を軟弱化させて病気発生の原因となる多湿管理は避ける。

(8) 整枝とその後の管理

親づるが20～25cmに伸長してきたら，その先端を摘心する。そして，正常な側芽を4～5本残して，残した子づる以外の側芽はすべて摘除する（第5図参照）。子づるを4本にするか，5本にするかは，定植時に決める。

子づるの整枝を終えたら，つるが風で乱れないようにピンで固定する。固定初期のつるの伸びは緩慢だが，50～60cmに伸びてきたら急に伸長が早まる。そのため，換気不足になると，つるが軟らかくなり，つる全体の草勢が異常に旺盛になり，育苗時に分化した花芽が退化しやすくなる。整枝後の換気はとくに大切である。

トンネル内の温度は30～32℃に，湿度は60～65％程度に維持することが理想である。

(9) 交　配

育成した三倍体品種は，三倍体同士の交配ではまったく着果しない。第9図を見ると，二倍体花粉の胞子はどれも充実しているが，三倍体花粉では空洞や奇形化がほとんどで胞子としての受精能力がない。そこで，交配は三倍体株の雌花に二倍体の花粉を交配すると，着果・肥大する。

三倍体小玉種子をまき，その雌花に二倍体の

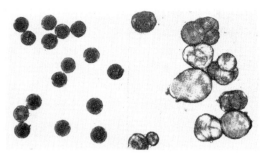

第9図　二倍体の花粉（左）と三倍体の花粉（右）

普通スイカの花粉を交配すると，二倍体花粉中に含まれた着果ホルモンが有効に働き，確実に着果肥大する（三倍体大玉スイカの場合も同様である）。

(10) 交配のタイミングと着果数

交配作業は三倍体スイカと同じである。このさい，適熟果を一斉収穫するために，日付マークを付け忘れないように注意する。

育成した三倍体小玉品種は，草勢が強めで，とくに担果力に優れているので，交配着果させる節位は，10～13節目の2番雌花と15～18節目の三番果の両方に着果させる。節位差があっても果実の大きさは良好でほとんど変わらないので心配する必要はない。

1株当たりの収穫果数は，普通スイカと異なって，1株4つるで平均6果だが，草勢が適度に強い場合は，うまくいけば1ないし2果多めの，7～8果の収穫が可能である。

(11) 着果後の管理

着果し，果実がピンポン玉程度に肥大したら，果形のよいものを各つるに2果残し，草勢とのバランスを見ながら，残す果数を判断する。玉伸びが弱すぎる場合は，4つる仕立てで6果残す。玉伸びが順調にいきそうな場合は，さらに1～2果多めとする。

最終的に着果数を決めたら，着果させた節位よりつる先に向かって3節の腋芽（側枝）を摘除する。さらに，株元から二次的に発生したつるも摘除し，栄養が果実に集中しやすいようにする。バランスよく草勢を維持しながら，果実

種なしスイカの育種と栽培

の肥大をはかる。

この作業時期の温度管理は，日中37～38℃まで上がっても支障はない。昼夜の気温較差ができるだけ15℃程度つくように，夜間は22～25℃程度に管理し，果実の糖化と蓄積をはかる。あらかじめ堆肥と緩効性肥料を投入してあるので，肥大期の追肥は必要ない。

果実がソフトボール大に肥大したら，表皮の着色と果実の糖度ムラを防ぐため，玉回しを1～2回する。着色ムラが消失したら果梗を上にして正座させ，果実底部に果実専用の発泡スチロールマットを敷いて底部を乾かし，害虫の侵入や食害，多湿による腐敗と裂果を予防する。

(12) 収穫時期の判断

三倍体小玉スイカの初夏どり栽培（6月中旬収穫）では，大玉より早めの，着果後約40～42日程度で完熟する。交配から収穫までの平均積算温度は約920～940℃である。

収穫の判断は，果実に交配月日を付けて，その経過日数から試し切りによって正確に判断する。試し切り果は，株元周辺の葉が全体にやや黄化し始め，着果節位から出ている5～6cmのらせん状の細いゼンマイつるが淡緑に黄化し，果梗（果実基部の茎）にわずかに縦に割れ目が入り始めている果実を選ぶとよい。

小玉系は夏季だと過熟になるのが早い。適期に収穫して，早めに出荷したほうが無難と考える。

執筆　中山　淳（元みかど育種農場）

おもな参考文献

Agricultural Research Service, United States of Agriculture. Production of Seedless Watermelons. Technical Bulletin **1425**.

Freeman J. H. and S. M. Olson. (J. H. Freeman; Assistant professor. And S. M. Olson; professor, North Florida Research and Education Quincy, UF/IFAS Extension)

池谷和信. 2014. 人間にとってスイカとは何か（カラハリ狩猟民と考える）. 臨川書店. 京都.

Kihara, H. 1951. Triploid watermelons. Proc. Hort. Sic. **58**.

Kihara, H. and I. Nishiyama. An application of sterility of auto triploids to the breeding of seedless watermelons. Seiken Jiho.

Kihara, H. and K. Yamashita. A preliminary investigation for the formation of tetraploid watermelons. Seiken Jiho **3**.

近藤典生. 1950. タネなしスイカに就いて. 農業および園芸. **5**.

近藤典生. 1951. タネなしスイカ育種法. 農業および園芸. **64**.

Kondo, N.. Studies on the triploid watermelon. The Institute for Breeding Research.

森田欣一. 1973. スイカ作型とつくり方. 農文協. 東京.

中山淳・町田剛史. 2012. スイカの作業便利帳. 農文協. 東京.

西山市三.. 1961. 細胞遺伝学研究法. 養賢堂. 東京.

最新野菜ハンドブック編集委員会. 1997. 最新野菜ハンドブック 農業千葉創刊50周年記念. 千葉県農業改良協会.

Syngenta. Watermelon Biology.

寺田甚七. 1943. 単為結果性3倍体スイカについて. 農業および園芸. **18**.

University of Georgia Extension. 2014. Commercial Watermelon Production.

Wall J. R.. 1960. Use of marker gene in producing triploid watermelons. Amer. Soc. Hort. Sci. Proc. **76**, 577—581.

Washington State University Extension. 2014. 2013 Cost Estimation of Producing Seedless Watermelon in Eastern Washington.

Watermelon | Agricultural Marketing Resource Center. Marketing of the triploid watermelons in 2003 and 2014 year. In U.S.A.

安田貞雄. 1949. 栽培学汎論. 養賢堂. 東京.

その他の新技術と栽培

促成ナスの低コスト株元加温技術

近年，暖房用燃料の価格が高騰して施設栽培農家の経営を大きく圧迫している．とくにナスの促成栽培は夜間の暖房温度が10～12℃とほかの品目より高いため，暖房経費を削減できる省エネルギー技術の開発が強く求められている．促成作型の加温栽培はほとんどがハウス内全体の空気を暖める温風暖房であり，作物のない空間まで暖めるため，エネルギー消費のむだが多い．

福岡県農業総合試験場では，高収量を確保しつつ，暖房用燃料消費量を削減することを目的として，当試験場があきらかにしたナスの主枝の株元部分の茎部の加温（以下，茎加温とする）が果実生産力を高める知見（（株）Zenとの共同研究）をもとに，設置費用が安く，暖房コストを大幅に削減できる低コスト株元加温技術（以下，株元ダクト加温とする）を開発した．

(1) 株元部分の茎加温の効果

ナスの促成栽培ではn次側枝の開花期に側枝を摘心し，その後果実の収穫時に一つのみ残した腋芽をn＋1次側枝にすることを繰り返す，いわゆる1芽切り戻し整枝を行なっている．したがって，各1次側枝では2次側枝以降の側枝の生長および果実の肥大が繰り返されるため，収穫果数を増やすには1）側枝の生長を促進させて開花を早める，2）開花～収穫までの日数を短くして，側枝形成～収穫までの期間を短縮させることが重要である．

①側枝の生長促進と光合成の向上

自然光型ファイトトロン（人工気象室）内の養液栽培槽で，茎加温および根域加温がナスの形態的・生理的反応に及ぼす影響を調べた．それによると，両者では加温により生長が旺盛になる部位が異なり，茎加温では側枝の生長が旺盛になるのに対し，根域加温では主枝と根の生長が旺盛になった（第1表，第1図）．さらに，茎加温は無処理に比べて個葉の蒸散速度と光合成速度が向上し，加温開始後の株当たり給液量が多くなった（第2表）．

一般的に側枝の発生はオーキシンの減少，サイトカイニンの増加によって促進することが知られており，茎加温による側枝の生長促進にも体内の植物ホルモンや物質分配が関与していることが考えられる．さらに，茎加温を行なうと

第1図 局所加温の加温部位とナスの生長

第1表 局所加温の加温部位がナスの主枝および側枝の生育，根重，開花日に及ぼす影響

試験区	主枝 葉数（枚）	主枝 茎葉重[3]（g）	主枝 葉面積（cm²/株）	側枝数（本）	側枝 葉面積（cm²/株）	側枝 茎葉重（g）	地上部重（g）	根重（g）
茎加温	11.6a[1]	33.0ab[2]	712b	4.8a	343a	15.1a	48.0a	2.1b
根域加温	11.6a	35.1a	742a	3.2b	223b	9.6b	48.6a	2.4a
無処理	12.1a	31.4b	612c	2.9b	169c	7.4c	42.8b	1.9c

注 1）調査は2009年4月19日
 2）a，b，cの異なる英文字間には5％水準で有意差あり（Tukey-Kramerの多重比較）
 3）茎葉重と地上部重は新鮮重，根重は乾物重

その他の新技術と栽培

第2表 局所加温の加温部位がナスの個葉[1]の蒸散，光合成速度，給液量に及ぼす影響

試験区	蒸散速度 (mmolH$_2$O/m^2/秒)	光合成速度[3] (μmolCO$_2$/m^2/秒)	給液量 (ml/株)
茎加温	7.1b[2]	15.0a	1,492a
根域加温	8.7a	14.9a	1,529a
無処理	5.3c	11.7b	1,414b

注 1) 2009年4月10日に主枝10または11枚目の展開葉を測定
2) a，b，cの異なる英文字間には5％水準で有意差あり（Tukey-Kramerの多重比較）
3) 測定時のチャンバー内環境は気温20℃，光強度1,200 μmol/m^2/秒，炭酸ガス濃度400ppm，空気流量500 μmol/秒

茎の通導抵抗が減少して水の運搬機能が高まり，葉への水の供給量が増加したために蒸散速度が向上し，葉への水の供給量が増加する。その結果，葉の気孔が閉じにくくなり，気孔が開いた状態が長時間維持されたために光合成速度が向上したと考えられる。

このように，茎加温がナスの側枝の発生と生長を促進し，光合成速度と養水分の吸収能力を向上させることから，本処理はナスの促成栽培での収量向上に適した技術といえる。

第3表 茎加温が開花側枝数，着果側枝数，着果率に及ぼす影響

処理区	開花側枝数 (本/株)	着果側枝数 (本/株)	着果率[1] (％)
茎加温	138.3	124.7	90.1
無処理	129.7	111.7	86.1
t検定[2]	*	*	*

注 1) 着果側枝数÷開花側枝数×100
2) ＊は5％水準で有意差がある
調査は1次側枝の開花が始まった2005年11月7日～2006年6月30日に実施

第2図 ナスの開花間隔日数

②収穫までの期間の短縮化

促成栽培のナス圃場で12月から4月の間，主枝茎の地際部から高さ25cmまでの部位に，電熱線（表面温度約25℃）を巻き付けて茎表面を約25℃に加温した。すると，無処理と比べて株当たりの開花側枝数と着果側枝数が多くなり（第3表），1月以降の収穫果数が増加するとともに，商品果率も向上して商品果収量が増加した。また，茎加温のほうが無処理に比べて開花間隔日数（第2図）は1～5月に4～6日短く（第4表），開花～収穫までの日数は1日当たりの果実肥大量（第5表）に対応して1～3月に1～2日短くなった。

以上から，茎加温を行なうことで1～3月に側枝の生長速度が速まるとともに開花から収穫までの期間が短縮し，4月以降には側枝の生長速度が速まって果実を収穫するサイクルが短くなり，その結果，収穫される総果実数が増加したと考えられる。さらに，茎加温では首細果，細果，曲がり果の発生が無処理に比べて少なく

第4表 茎加温が側枝の開花間隔日数[1]に及ぼす影響（単位：日）

処理区	1～3月	4月	5月	6月
茎加温	38.4	29.6	27.4	27.6
無処理	44.7	33.8	31.3	27.2
t検定[2]	*	*	*	n.s.

注 1) n次側枝とn+1次側枝の開花日の平均間隔日数
2) ＊は5％水準で有意差があり，n.s.は有意差がないことを示す

第5表 茎加温が1日当たりの果実肥大量に及ぼす影響（単位：g/日）

処理区	1日当たりの果実肥大量[1]				
	12月	1月	2月	3月	4月
茎加温	4.0	3.5	4.1	5.0	5.5
無処理	3.9	3.0	3.7	4.5	5.2
t検定[2]	n.s.	*	*	*	n.s.

注 1) 収穫果実重÷開花から収穫までの日数
2) ＊は5％水準で有意差があり，n.s.は有意差がないことを示す

なり，1～6月の商品果率が向上したことも増収の要因としてあげられる。

(2) 茎加温の効果的な時間帯

促成ナスの茎加温技術は，高収量を確保しつつ暖房用燃料消費量を削減することを目的として開発が始まり，主枝の株元部分の茎部を終日にわたって20℃程度に加温することによる増収効果が2011年にあきらかとなった。

その後，花卉類などでは，温度に対する感受性の高い日没後のみを高い温度で加温し，その後は慣行栽培よりも温度を下げる「EOD（End Of Day）加温」を行なうことで，一定温度で加温する慣行栽培に比べてコストを削減しながら生育を促進できる事例が確認されており，同じように促成ナスについても効果的な加温時間帯が存在する可能性がある。

そこで，茎加温のさらなるコスト削減を目指して加温時間帯がナスの乾物生産量や収量などに及ぼす影響について検討し，効果的な加温時間帯をあきらかにした。

①加温時間帯による乾物生産量の違い

暖房気温を10℃に設定したガラスハウス内で，ナスをポット栽培して，茎加温の加温時間帯が乾物生産量に及ぼす影響を調査した。茎加温は，面状ヒーターを使って10月下旬から12月上旬まで設定温度20℃で加温した（第3図）。

加温する時間帯は，促成ナスにおける茎加温のおもな加温時間帯である18時～翌6時を4時間ずつに分け，1）前夜半（18～22時），2）

第3図 茎加温のようす

中夜半（22～翌2時），3）後夜半（翌2～6時）に茎加温する3区と，茎加温しない4）無処理の合計4区を設けた。その結果，加温処理後の主枝長，株元茎径および個葉面積は加温時間帯による影響がなかった。一方，乾物生産量は，無処理に比べて前夜半では葉部と株全体が増加し，中夜半と後夜半は差がなかった（第6表）。

促成ナスの栽培において，側枝から収穫される果実は総収穫果数の約70％を占める。そのため，収量を上げるには側枝からいかに多く収穫するかが重要であり，側枝の生長を促進させる必要がある。今回の調査では，前夜半に茎加温を行なうと無処理に比べて葉部の乾物生産

第6表 株元の加温時間帯がナスの主枝長，株元茎径，個葉面積および部位別乾物生産量に及ぼす影響

試験区	主枝長[1] (cm)	株元茎径 (mm)	個葉面積 (cm²/枚)	株元加温期間中の乾物生産量[2] (g/株)				
				葉	茎	果 実	根	合 計
前夜半	145.3	13.7	13.4	24.5a[4]	14.5	55.3	8.6	103.0a
中夜半	141.5	13.8	13.7	18.9ab	12.3	49.3	10.6	91.0ab
後夜半	143.0	14.0	13.7	16.8ab	11.6	56.0	8.0	92.5ab
無処理	137.3	13.7	12.9	11.5b	11.6	45.8	9.0	77.9b
分散分析[3]	n.s.	n.s.	n.s.	＊	n.s.	n.s.	n.s.	＊

注 1）主枝長，株元茎径および個葉面積は栽培終了後の12月10日に調査
2）乾物生産量は，加温後の乾物重から加温前の乾物重を減じて算出。葉は，主枝葉および側枝の合計量
3）＊は5％水準で有意差あり，n.s.は有意差なし
4）異なる英文字間にはTukeyの検定により5％水準で有意差あり

その他の新技術と栽培

量が増加した。これは主枝長および個葉面積が同等であったことから、個々の葉が大きくなったからではなく葉数が増加したためと考えられた。また、ナスの主枝葉は規則的に発生し、その葉数はすべての加温時間帯でほぼ同等であることから、前夜半の茎加温による葉数の増加は、側枝葉数の増加によることが示唆された。以上より、前夜半の茎加温は、側枝の生育促進に効果があると考えられる。

②加温時間帯による収量性の違い

9月下旬に容量25ℓのポットへ定植したナスを2本仕立てで栽培し、11月中旬から3月まで茎加温を行ない①の乾物生産量の比較と同様に4つの加温時間帯について収量性を調査した。

その結果、前夜半の茎加温では他の加温時間帯や無処理に比べて3月と合計の商品果数および商品果収量が増加した（第7表）。また、増収した時期は、曲がり果の発生割合が減少し、商品果率が高かった（第8表）。以上のことから、前夜半の茎加温は収量および商品果率向上

に効果的といえる。

③前夜半茎加温の効果

植物の根は養水分を吸収したり倒れないように体を支えたりと、植物が健全に生育するうえで重要な役割を果たしており、根の活性は植物の生育に大きく影響する。今回の調査では、加温時間帯の違いによる収量差が認められたのが3月のみであった。

これは、今回が気温の低下に伴って地温が低下しやすいポット栽培だったため、厳寒期となる12〜2月は培地温度が低下して根の活性が下がり、生育が遅延したために茎加温の効果が現われにくかったためと考えられた。一方、3月になると気温の上昇に伴って根の活性が高まり、生育が回復して茎加温の効果が現われたと考えられ、前夜半のみの茎加温で増収効果が得られることが確認された。さらに、促成ナスで一般的に行なわれている土耕栽培では、根の機能が低下しにくい約15℃を上回る地温が栽培期間を通して確保されており、前夜半のみの茎

第7表 株元の加温時間帯が月別の商品果数および商品果収量に及ぼす影響

試験区	商品果数（果/株）					商品果収量（kg/株）				
	12月	1月	2月	3月	合　計	12月	1月	2月	3月	合　計
前夜半	3.6	5.0	5.4	11.7a[2]	25.7a	0.4	0.6	0.6	1.5a	3.2a
中夜半	3.2	4.6	4.9	8.3b	21.0ab	0.4	0.5	0.6	1.1ab	2.7ab
後夜半	3.0	2.8	4.2	6.4b	16.4b	0.4	0.3	0.5	0.8b	2.0b
無処理	2.6	3.3	4.1	6.4b	16.4b	0.3	0.4	0.5	0.9b	2.0b
分散分析[1]	n.s.	n.s.	n.s.	＊＊	＊＊	n.s.	n.s.	n.s.	＊＊	＊＊

注　1）＊＊は1％水準で有意差あり、n.s.は有意差なし
　　2）異なる英文字間にはTukeyの検定により5％水準で有意差あり

第8表 株元の加温時間帯が月別の商品果率および曲がり果の発生割合に及ぼす影響

試験区	商品果率[1]（％）					曲がり果[2]の発生割合（％）				
	12月	1月	2月	3月	合　計	12月	1月	2月	3月	合　計
前夜半	97.0	98.1	100.0	85.7a[4]	92.2a	21.2	19.6a	30.6	26.0a	25.1a
中夜半	94.9	80.7	92.8	71.9ab	81.1ab	29.0	30.0ab	34.0	31.4ab	31.3ab
後夜半	93.5	82.2	86.6	56.2b	71.2b	27.6	33.3ab	45.5	45.7b	41.3b
無処理	77.7	80.0	88.6	61.5ab	72.8b	40.0	57.9b	45.2	41.5ab	45.1b
分散分析[3]	n.s.	n.s.	n.s.	＊	＊	n.s.	＊	n.s.	＊	＊

注　1）商品果率および曲がり果の発生割合は逆正弦変換後に検定
　　2）果実の曲がり幅が1cm以上の果実
　　3）＊は5％水準で有意差あり、n.s.は有意差なし
　　4）異なる英文字間にはTukeyの検定により5％水準で有意差あり

加温でも長期間にわたる増収効果が期待される。

また，商品果収量を増加させるためには，多くの果実を収穫することに加えて，果実を正常に発育させて不良果の発生を抑制することも重要である。茎加温を前夜半に行なうと，無処理に比べて不良果の一種である曲がり果の発生が減り，商品果率が高いという結果であった。

さらに，加温温度20℃で茎加温するために必要なエネルギー量は，ハウス内の気温が高い時間帯ほど少なくなるため，前夜半が中夜半や後夜半より少ないエネルギー量で加温できるものと考えられる。

以上の結果から，加温温度20℃の茎加温において，少ない消費エネルギーで側枝の生育促進，商品果率向上および増収効果が得られる効果的な加温時間帯は前夜半（18〜22時）であると考えられる。

(3) 株元ダクト加温システム

①トンネルと枝ダクトの組合わせ

開発したシステムの概要を第4図に示す。ハウス内の二重カーテン被覆設営が終わった12月上旬に，ナスの地際部のうねの上に高さ約25cm（第2主枝の股下までの高さ），幅約55cmのトンネル支柱を立てる。その上を透明の農業用ビニールフィルム（厚さ0.05mm）で覆い，暖房機の主ダクトにつないだ直径約13cmの枝ダクト（厚さ0.07mm，折径200mm，（株）誠和）をトンネル内に挿入する。こうすることで，既存のハウス暖房用の熱源を活用して株元部を加温することができる。

②長いハウスでの枝ダクトの排気方式

この技術は暖房機の温風熱（気体）を利用するため，奥行きの長いハウスでは暖房機から遠くなるほどトンネル内の温度が低くなりすぎることが問題であった。そこで，奥行きの長いハウスでは，枝ダクトの先端から0.6，1.8，3.0，4.2mの4か所に1辺約6cmの正方形の排気孔を通路側の側面に設けて（第5図），遠い位置でも適温が維持できるよう工夫した。

奥行きが62mの現地ハウスを利用して，1）枝ダクトの先端を閉め，先端側の4分の1部分に4か所の排気口をあける方式（排気区），2）トンネル内を通過させるだけでトンネル内では排気

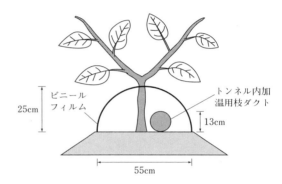

第4図 株元ダクト加温システムの概要

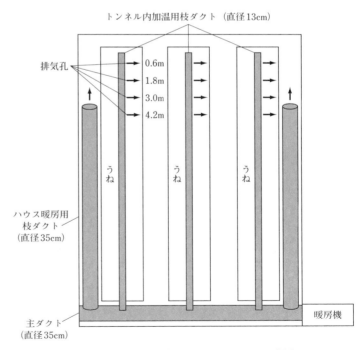

第5図 株元ダクト加温システムのダクト配置

その他の新技術と栽培

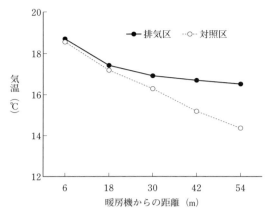

第6図　トンネル内気温の推移
(2008年2月17～18日)
ハウスの最低気温は11℃

を行なわない方式（対照区）でのトンネル内の位置別気温を調査した。その結果，対照区ではトンネル内の気温は，暖房機から距離が遠くなるにしたがって急激に低下したが，排気区では暖房機から54m地点の気温が排気を行なわない方式に比べて約3℃高く維持できた（第6図）。

(4) 株元部気温，茎表面温度，地温

開発したシステムは暖房機を活用しているため，各部位の温度変化には暖房機の稼動状況が大きく影響する。九州のナスの促成栽培では最低気温が12℃を下まわる日が多い11～3月にハウス内の暖房を行なうが，4月以降は暖房を行なわないのが一般的である。

最低気温10℃のハウスで，株元ダクト加温区と慣行暖房区（対照区）の株元部気温，茎表面温度，地温を調べた。暖房機が稼働した日の株元部平均気温は，株元ダクト加温区では12～18時（日没まで）で28℃，18～21時（暖房開始時）で17℃，21～8時（暖房終了時）で19℃であり，対照区よりそれぞれ3, 3, 8℃高かった（第7図）。株元ダクト加温区の茎表面平均温度は8時30分ころから上昇し，8～18時で24℃，18～8時で19℃であり，とくに18～8時は対照区より6℃高かった。

一方，暖房機が稼働しなかった日の株元ダクト加温区の株元部平均気温は，早朝から12時にかけて上昇し，12～18時で25℃，18～8時で16℃であり，対照区よりそれぞれ3, 2℃高かった（第8図）。株元ダクト加温区の茎表面温度は，8～18時が23℃，18～8時が16℃で対照区より3℃高かった。株元ダクト加温区の地温は22～23℃で推移し，日平均で対照区より1.4℃高かった。

トンネル被覆は被覆フィルムによって地面からの上向きの放射や対流による熱流が妨げられるため，高い保温効果が得られる。株元ダクト加温システムでは地面，またはダクトの表面および孔から放出された熱がトンネル内に蓄えられて気温が上昇し，その熱が伝わって茎表面の温度が上昇したと考えられる。

(5) 最低気温の違いと収量，品質

最低気温10，12℃のハウスで，株元ダクト加温区と対照区の収量を調査した。その結果，最低気温10℃の株元ダクト加温区は，対照区より収穫果数が増加することに加えて，曲がり果，細果の発生が減少して商品果率が高くなり，12月以降の商品果収量が増加した（第9表）。

筆者は，株元部の茎を20～25℃に加温した場合には対照区より増収する一方で，15℃では対照区と差がないことを確認している。最低気温10℃のハウスでの1～4月の側枝の開花間隔日数は株元ダクト加温区のほうが対照区より4～7日短く，側枝の生長促進効果が認められたが，暖房を停止した4月以降は夜間の茎表面温度が16℃までしか上がらず茎加温の効果が低くなり，5月には側枝の生長促進効果は認められなかった（第10表）。これに対して，果実肥大量は株元ダクト加温区が1～5月を通して対照区よりも大きかった（第11表）。

根域加温によりナスの個葉の光合成速度および株の吸水量が大きくなり，主枝および根の生長が旺盛になること（森山ら，2012）から，株元ダクト加温は地温上昇により，同化作用や吸水量が大きくなって株の生育が旺盛になり，1～5月を通して果実肥大量が向上したと推察

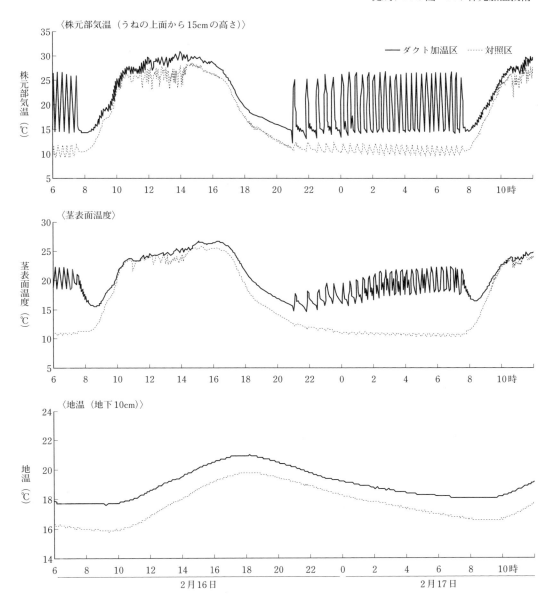

第7図 暖房機稼働期の株元部気温，茎表面温度，地温の経時変化（2008年2月16〜17日）
ハウス内の気温の最低温度は10℃

される。このように，株元ダクト加温区は1〜4月には開花間隔日数が短くなり，加えて1〜5月の間，果実肥大量が増加するため，12〜6月の商品果収量が増加したと考えられる。

また，最低気温10℃ハウスの株元ダクト加温区の商品果収量は，最低気温12℃ハウスの対照区と同等であった（第12表）。このように，株元ダクト加温を行なうとハウスの最低気温を2℃下げても収量を維持できることから，本システムを用いることにより，ハウス内の最低夜温を低く設定することができる。

その他の新技術と栽培

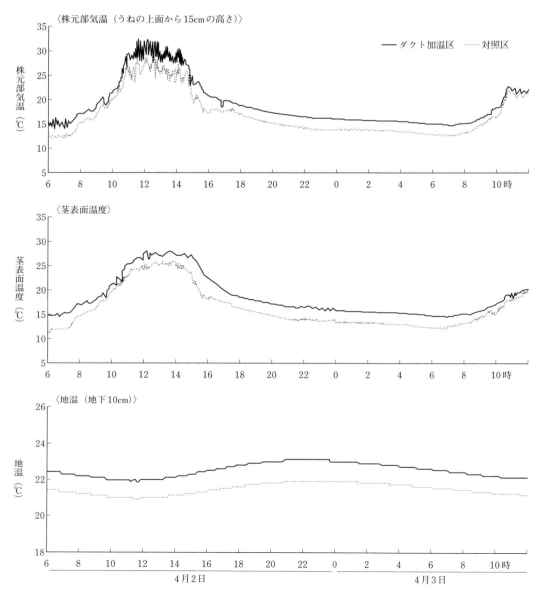

第8図 暖房機停止期の株元部気温,茎表面温度,地温の経時変化(2008年4月2〜3日)
ハウス内の気温の最低温度は10℃

(6) 株元ダクト加温システムの経営評価

福岡県の一般的なハウス形状,被覆条件での株元ダクト加温による10a当たり暖房用燃料消費量を,暖房用燃料消費量の試算ツール(高市,2007)を用いて算出してみた。その結果,夜間の最低気温10℃のハウスでは12℃のハウスより燃料消費が40%少なくなるため,ハウスの最低気温を12℃から10℃に2℃低く設定することにより,暖房用燃料費を32万円(A重油価格80円/lで算出)減らすことができる(第9図)。また,株元ダクト加温システムを導入す

188

第9表 最低気温10℃のハウスにおける時期別の商品果収量

処理区	商品果収量[1] (kg/10a)			
	12〜2月	3〜4月	5〜6月	12〜6月
ダクト加温	5,627 (108)[3]	5,801 (113)	4,196 (106)	15,624 (109)
対　照	5,204 (100)	5,157 (100)	3,967 (100)	14,328 (100)
t検定[2]	＊	＊＊	＊	＊＊

注 1) 上物収量＋中物収量
　　2) ＊＊，＊はそれぞれ1％水準，5％水準で有意差あり
　　3) （ ）内の値は，対照区に対する比率

第10表 最低気温10℃のハウスにおける側枝の開花間隔日数

処理区	開花間隔日数[1]				
	1月	2月	3月	4月	5月
ダクト加温	46.6	35.1	34.7	27.6	23.6
対　照	50.1	42.2	40.1	32.1	24.5
t検定[2]	＊	＊＊	＊	＊	n.s.

注 1) n次側枝とn＋1次側枝における開花日の間隔日数の平均値
　　2) ＊＊，＊はそれぞれ1％水準，5％水準で有意差あり，n.s.は有意差なし

第11表 最低気温10℃のハウスにおける1日当たりの果実肥大量

処理区	果実肥大量[1] (g/日)					
	1月	2月	3月	4月	5月	6月
ダクト加温	4.2	5.2	5.4	5.6	7.5	7.7
対　照	3.8	4.8	5.0	5.2	6.9	7.8
t検定[2]	＊	＊	＊	＊	＊	n.s.

注 1) 収穫果実重／開花から収穫までの日数
　　2) ＊は5％水準で有意差あり，n.s.は有意差なし

第12表 最低気温の違いおよびダクト加温の有無が12〜6月の収穫果数と商品果収量に及ぼす影響

処理区		収穫果数 (本/m²)	商品果収量[1] (t/10a)
最低気温	加温		
10℃	ダクト加温	136b	15.6b[2] (109)[3]
10℃	対　照	125c	14.3c (100)
12℃	ダクト加温	146a	16.7a (117)
12℃	対　照	135b	15.7b (110)
分散分析[4]		＊	＊

注 1) 上物収量＋中物収量
　　2) 異なる英文字間には5％水準で有意差あり（Tukey-Kramerの多重比較検定）
　　3) （ ）内の値は最低気温10℃の対照区に対する比率
　　4) ＊は5％水準で有意差あり

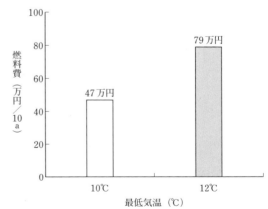

第9図 ハウス最低温度と株元ダクト加温による暖房用燃料費
A重油価格80円/lで算出

るための資材費（第13表）と設営作業賃金は10a当たり約3万円/年と安価である。システムの設営作業もうねにダクトとトンネルを設置するだけと簡単であり，10a当たりの作業時間は14.0h/人であった。

つまり，株元ダクト加温システムは10a当たりの暖房経費を約32万円減らすことができる一方，導入経費は約3万円と安価で，しかも新規のランニングコストが発生しないため，技術導入前に比べて1年間にかかる10a当たり生産費を約29万円削減できる。

その他の新技術と栽培

第13表 株元ダクト加温システムの設営資材とその経費（10a当たり）

資材名	規 格	数 量[1]	資材経費[2] (円)	年間資材経費[3] (円)
トンネル支柱	長さ130cm	256本	7,680	3,840
農業用ビニール	厚さ0.05mm，幅1m	500m	26,000	13,000
枝ダクト	厚さ0.07mm，直径125mm	500m	6,250	3,125
合 計			39,930	19,965

注 1) 福岡県主要野菜の栽培技術指針（間口6mハウス）
　　2) 2007年の購入単価から算出
　　3) 各資材の耐用年数は2年

（7）本システムの留意点

　開発した株元ダクト加温システムを活用する場合，暖房機は機種ごとに適正なダクト数が決まっているため，トンネル内加温用枝ダクトを7本追加するごとに既存のハウス暖房用枝ダクト（直径約40cm）を1本減らす必要がある。暖房機のサーモセンサーは，ハウス内気温を制御する従来と同じ位置に設置する。

　また，トンネルの被覆ビニールフィルムは，うねの地温が高温になる5月ころに裾を上げるか，ビニールフィルム自体を撤去してトンネル内が高温になりすぎないようにし，トンネルの

支柱などの資材はナス栽培が終了したあとに片付ける。

　　執筆　森山友幸（福岡県農業総合試験場）
　　改訂　佐藤公洋（福岡県農林業総合試験場）

参 考 文 献

森山友幸・伏原肇・奥幸一郎．2012．局所加温の部位および時間帯がナスの形態および生理に及ぼす影響．園学研．11，337—341．

高市益行．2007．全国の半旬別気象データを利用した温室暖房コスト試算ツールの構築．農業環境工学関連学会2007合同大会講演要旨集．G35．

促成ピーマンの株元加温効果と簡易設置法

（1）技術開発の背景

　ピーマンは高温性野菜であることから，越冬させて収穫を続ける促成栽培の産地は，高知県・宮崎県・鹿児島県など西南暖地に集中している。鹿児島県におけるピーマン栽培面積は，野菜の施設栽培でもっとも多く，生産量は全国第4位の産地で，10月から6月まで長期に収穫を行なう促成栽培が中心となっている。この作型では，施設内の最低気温が18℃を下回らないように暖房を行なうため，生産コストに占める暖房費の割合が高くなっており，暖房経費を削減できる省エネ技術の開発が強く求められていた。

　このようななか，福岡県において，設置費用が安く暖房コストを大幅に削減できる促成ナスの株元加温技術が開発された（森山，2013）。これは，温風暖房機の枝ダクトとトンネルを組み合わせたもので，促成ナスで普及が進んでいる。一方，促成ピーマンにおいては本技術の適応性が不明であり，加えて従来の株元加温のトンネル設置法は，加温開始時期に枝ダクトをうね上に置き，支柱を設置して，株元を覆うようにうね中央で2枚のフィルムを貼り合わせてトンネルをつくり加温する。株が大きくなってか

ら設置するため，その作業は株元にもぐり込むような姿勢になり，中腰作業で労働負荷が大きいことが課題であった。

　そこで，促成ピーマンにおける株元加温の効果をあきらかにするとともに，簡易なトンネル設置方法を考案したので紹介する。

（2）促成ピーマンにおける株元加温の効果

　株元加温の設置は，ナス栽培で開発された枝ダクトおよびトンネルによる方法に準じて行なった。

　具体的には，うねの上に高さ約25cm，幅約55cmのトンネル支柱を立てる。その上を透明の農業用フィルムで覆い，暖房機の主ダクトにつないだ直径約13cmの枝ダクトをトンネル内に設置した。株元加温区の温室内気温は，慣行加温区（18℃）よりも2℃低い16℃とした。

①株元加温が生育・収量に及ぼす影響

　主枝長と主枝重が大きくなる　株元加温区のピーマンは慣行加温区に比べて主枝長が長く，主枝重が重かった（第1表）。促成ピーマンの整枝は4本整枝の吊り上げ式で，第2次分枝4本を主枝としU字型またはV字型に仕立てる。主枝から出る側枝は2～3節で摘心し，果実の収穫が終わり次第その枝を摘除し，これを繰り返す。主枝が太いことは側枝の発生が多くなり，収量に大きく影響することから，主枝重や主枝長が大きいことは増収につながる要素である。

第1表　加温法の違いにおける生育量および収量

年　次	加温法	株元加温トンネル設置方法	暖房温度（℃）		生　育			商品収量	
			温室内	トンネル内	主枝長(cm)	主枝重(g)	根乾物重(g)	商品収量(kg/a)	慣行比(%)
2013	慣　行	—	18.0	—	123a	139a	45	1,410a	—
	株　元	従来法	16.0	20.0	135b	151b	47	1,464a	104
2014	慣　行	—	18.0	—	136a	156a	26	1,304a	—
	株　元	従来法	16.0	19.0	142b	164b	32	1,207a	93
	株　元	簡易法	16.0	18.8	141b	163b	30	1,258a	96

注　供試ハウス：一重一層被覆の単棟中期展張ハウス（間口7.2m，奥行20.2m，被覆面積320m²，床面積145m²）
　　トンネル内のセンサー位置：うね面上高さ150cm，地温はうね面下10cm
　　主枝長，主枝重および根乾物重は栽培終了時調査，主枝長は20節まで
　　a，bの異なる英字間はTukey検定により有意差あり

191

その他の新技術と栽培

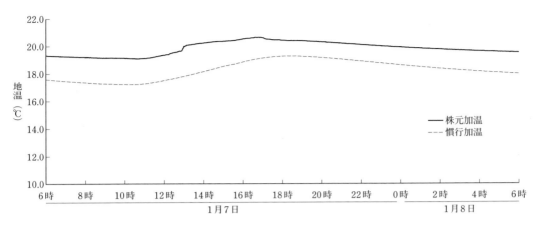

第1図　株元加温と慣行加温における地温

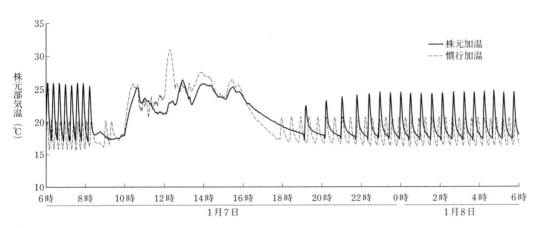

第2図　株元加温と慣行加温における株元気温

地温が上昇し，根重が増える　栽培終了時に根量調査を行なった。その方法は，株を中心に60cm×60cmの範囲で1辺20cmの立方体状に表土を9か所切り出し，5mm目合いで篩って分離した根の乾物重を測定した。根の乾物重は株元加温区が慣行加温区に比べて重かった。

マルチ表面下10cmの地温は慣行加温区に比べて1℃程度高かった（第1図）。とくに，表面付近ほど高い傾向にあった。ピーマンは浅根性であり，株元加温によって地温が上昇し根量が増加したと考えられた。

株元部位の気温は高くなる　暖房機稼働中の株元部位の気温は，慣行加温区が16〜20℃程度，株元加温区は18〜25℃で推移した（第2図）。平均気温では株元加温区が2℃高く，株元部位の気温はハウス外気温が低下するほど高くなる傾向にあった。これは低温期ほど暖房機稼働頻度が高まるためと考えられ，このように各部位の気温は暖房機の稼働状況に影響される。

通常，最低温度を下げると生育が抑制され収量が低下するが，16℃ハウスの株元加温区の商品収量は，18℃ハウスの慣行加温区とほぼ同等であった（第1表）。これは，株元部位が暖められ，地温も高いことから生育が促進されることによると考えられた。

茎加温による効果　促成ナスにおける株元加温の効果は，茎加温による側枝の生長促進効果，根域加温による個葉の光合成速度および株

の吸水量が大きくなることなどがあげられる。また，主枝および根の生長が旺盛になり1〜3月に側枝の生長速度が速まるとともに開花から収穫までの期間が短縮することで増収につながっている（森山ら，2012）。促成ピーマンにおいても，株元加温により主枝および根の生長が旺盛になることから，促成ナスと類似した効果があると考えられた。

また，本試験のなかで，株元にトンネル（空間）をつくらないマルチのみの処理では，茎が加温されないため生育および収量に株元加温の効果が認められなかった。このことから，促成ピーマンにおいても茎加温による効果が重要であることが示唆され，マルチ内に枝ダクトを設置するだけでは十分な効果は得られないと考えられた。

②株元加温の燃油削減効果

株元加温により燃油使用量は21.9〜22.6％削減でき，燃料費は41〜45万円/10a程度削減が見込まれた（第2表）。この結果は，実際の試験により得られた燃油使用量の削減率と暖房用燃料消費量の試算ツール（高市，2007）を元に推定した結果である。

以上のことから促成ピーマンにおいても株元加温は暖房費削減効果が高いことがあきらかになった。

（3）簡易な株元加温設置法

株元加温は促成ピーマンにおいても効果が認められたが，前述したように株元加温のためのトンネル設置時の労働負担が大きいことが課題としてあげられる。そこで，労働負担をできるだけ少なくなるように，株元加温資材に使用するトンネルフィルムなどを前もって準備しておく簡易な設置方法を検討した。

①簡易な設置法

考案した簡易法は以下のとおりである（第3図）。

1）うねを立てたあと，うねの上に株元加温用の枝ダクト，灌水チューブ，マルチフィルムを持ち上げるためのバインダー用ひも（以下「持ち上げ用ひも」）を設置する。

第2表 加温法の違いによる重油使用量および燃料費

年　次	加温法	重油使用量		燃料費 (万円/10a)
		重油使用量 (l/a)	慣行比 (%)	
2013	慣　行	2,618	—	201
	株　元	2,026	77.4	156
2014	慣　行	2,451	—	188
	株　元	1,914	78.1	147

注　重油単価は76.8円/lで試算

2）うねより幅の広いマルチフィルムを被覆する。

3）マルチフィルムに穴をあけて植え付ける。

4）定植後，マルチフィルムをうね中央に寄せ，束ねる。

5）その後，加温時期になったら，持ち上げ用ひもを引き上げ，マルチフィルムが三角テント状になるよう空間をつくる。主枝の分岐部分に持ち上げ用のひもをずれ落ちないようテープナーなどで固定し，主枝を支柱代わりとする。

簡易設置法の作業時間は，慣行設置法に比べて4割（25時間/10a）削減でき（第4図），トンネル支柱が不要なため経費削減にもなる。また，株元を覆うようにうね中央で2枚のフィルムを中腰で貼り合わせる従来法の中腰作業（第5図）を行なう必要がないため楽に設置できる。

②株元加温効果は従来法と同等

株元部分の気温であるトンネル内気温は，従来法が19.0℃，簡易法で18.8℃と簡易設置法と従来設置法との間に大きな差はなかった（第1表）。

生育量および商品収量においても従来法と簡易法とには差はなかった。

（4）技術指導上の留意点

トンネル設置時期は，暖房開始時期を目安とし，そのさいは，摘葉後の傷口が乾燥したあとにトンネルを設置し，軟腐病など細菌病の感染に注意する。また，ハウス内が乾燥しすぎるさいは，通路に散水などを行なう。

その他の新技術と栽培

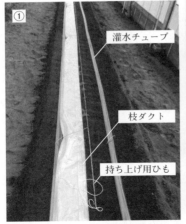
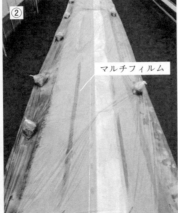

第3図　簡易な株元加温の設置方法
①枝ダクト，持ち上げ用ひも，灌水チューブを設置
②マルチフィルムを被覆する
③穴をあけて植え付け
④定植後，うね中央にマルチフィルムを束ねる
⑤株の分岐部分の高さに持ち上げ用ひもを引き上げ固定

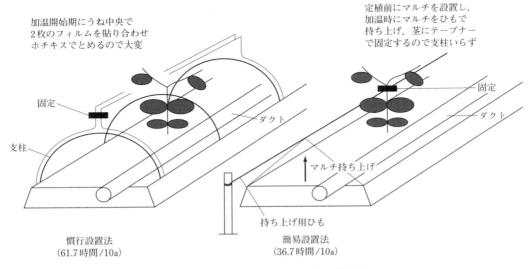

第4図　慣行設置法と簡易設置法の模式図
（　）内は設置作業時間

(5) 今後の普及へ向けて

促成ピーマンに株元加温を導入した生産者からは,「株元が太くなり, 根の張りもよくなった。斑点病や黒枯れ病などの病害虫が減り, 収量増につながった」「ハウスの谷部やサイド部分の, 通常生育が劣る場所で生育がよくなった」などの声を聞いている。

A重油の単価推移を見ると, おおむね平均価格は73～80円/lで推移しているものの, 2011年冬期には88～89円/lと高騰している。ここ1, 2年は比較的安定した単価で推移しているが, 今後, 高騰する要素は多数見受けられる。株元加温技術は, 導入コストが安価な省エネ技術であり, さらに, 簡易設置法により株元加温が容易に設置可能になった。このように, 重油高騰時はもとより, 通常時も含め暖房費の低減が可能な本技術の導入により, 安定した低コスト生産が期待できる。

執筆　田中義弘・西　真司（鹿児島県農業開発総合センター）

第5図　株元加温従来法のトンネル設置作業

参 考 文 献

森山友幸・伏原肇・奥幸一郎. 2012. 局所加温の部位および時間帯がナスの形態および生理に及ぼす影響. 園学研. 11, 337—341.

森山友幸. 2013. 促成ナスの低コスト株元加温技術. 最新農業技術体系野菜Vol. 6. 211—217.

高市益行. 2007. 全国の半旬別気象データを利用した温室暖房コスト試算ツールの構築. 農業環境工学関連学会2007合同大会講演要旨集. G35.

アスパラガスの採りっきり栽培

1.「採りっきり栽培」の魅力

アスパラガス（*Asparagus officinalis* L.）は土壌適応性が広く，水田転換作物の優等生的な品目として全国各地で広く栽培されている。しかし，アスパラガスは収穫と株の維持および養成のバランスをとるのがむずかしいため，生産者や作型によって収量差が大きく，栽培管理の優劣が問われる野菜である。

アスパラガスの栽培においては，求められる栽培技術の高さ，病害虫や連作障害，労力，輸入品との競合，端境期の供給不足など，さまざまな問題がある。たとえば，従来の露地栽培では，2年株以降になると病気が蔓延しやすく栽培しにくくなるため，暖地ではおもにハウスで栽培されているが，栽培を始めるには施設費がかかる。それらの課題を解決するため，露地栽培の新たな栽培法として1年養成株全収穫栽培法（以下，「採りっきり栽培」とする）を開発した（第1表，第1図；蕪野ら，2018）。

採りっきり栽培は，栽培期間が従来の露地栽培に比べて短く，病気蔓延のリスクが少ないため，経済栽培としてだけでなく，家庭菜園にもぴったりな栽培法である。採りっきり栽培では，植え付けて2年目の春には太い茎がたくさん収穫できるため（第2図），アスパラガスの端境期の出荷をねらう生産者はもちろん，初めてアスパラガス栽培に挑戦する家庭菜園の愛好家にもお勧めの栽培法である。最近では，採りっきり栽培という名称で全国各地のアスパラガスの生産者を中心に浸透しつつある。

（1）日本国内におけるアスパラガスの作型は多様

日本国内におけるアスパラガスの作型は多様に分化している（第3図；元木，2003）。ハウスの有無により，露地栽培とハウス半促成栽培に分けられ，それぞれが収穫時期によって，春どりのみの普通栽培，春どりと夏秋どりを行なう二季どり栽培，春どりから収穫を休まずに夏秋どりに移行する長期どり栽培の3タイプに分けられる。

第1表　従来の露地栽培と新栽培法「採りっきり栽培」との比較

	従来の露地栽培	採りっきり栽培
株養成	通常10～15年程度，毎年立茎を繰り返し，長期的に株を育てる	1年だけ株を育て，毎年株を植え替える（長期管理不要） 早期定植によって生育期間を確保（総収量・太ものの収量増加）
収　穫	翌春は収穫できないか，収穫量は少ない。本格的な収穫は2年後から	初年度の株養成だけで，翌春採りきる（初心者でも取り組みやすい）
管　理	栽培期間中（10～15年間）は徹底した病害虫防除が必要（おもに茎枯病，斑点病）。とくに2年目からは注意が必要	採りきったら，株をすき込む 病害虫が定着する前に栽培終了（防除に要する経費の削減）
設　備	暖地ではハウス栽培が必須	暖地でも露地栽培が可能（設備投資の軽減）

〈従来の露地栽培〉

1年目　　育苗 ⇨ 定植 ⇨ 株養成 ⇨ 養分転流 ⇨ 収穫 ……

2年目以降　　…… 株養成 ⇨ 養分転流 ⇨ 収穫 ……

10～15年後　　…… 株養成 ⇨ 養分転流 ⇨ 収穫 ⇨ 株廃棄

〈採りっきり栽培〉

毎年　　育苗 ⇨ 定植 ⇨ 株養成 ⇨ 養分転流 ⇨ 収穫 ⇨ 株すき込み

第1図　従来の露地栽培と新栽培法「採りっきり栽培」との比較

その他の新技術と栽培

第2図　「採りっきり栽培」の萌芽　　　（千葉県成田市，撮影：川崎智弘）

作　型	12月	1月	2月	3月	4月	5月	6月	7月	8月	9月	10月	11月
半促成長期どり栽培		春どり						夏秋どり				
半促成春どり栽培			春どり									
露地長期どり栽培						春どり		夏秋どり				
露地二季どり栽培						春どり			夏秋どり			
露地普通（春どり）栽培						春どり						
伏せ込み促成栽培	伏せ込み促成											

□収穫期，──株養成期

春どり：春に，地下部の貯蔵養分を使って萌芽する若茎を収穫
夏秋どり：春どり打ち切り後に養成茎を伸長させ（立茎させ），茎葉を繁茂させながら萌芽する若茎を収穫

普通栽培：春どりのみ
二季どり栽培：春どりと夏秋どりを行なう
長期どり栽培：春どり後の立茎中も収穫を休まずに夏秋どりに移行

第3図　日本国内におけるアスパラガスの収穫期と作型

　そのほかの作型として，露地で1～2年間株養成した根株を掘り上げ，パイプハウス内の温床に伏せ込み，加温して冬季に若茎を収穫する伏せ込み促成栽培がある。
　このようにわが国におけるアスパラガスは，栽培地の環境条件に適した作型を選択して全国各地で栽培されている。

(2) 作型選択のポイント

　アスパラガスの作型の選択にあたっては，減収の大きな要因である病害の発生を防ぐことを考慮する必要がある。
　露地栽培における茎枯病の発生　露地普通栽培は，アスパラガス本来の自然のサイクルにもっとも近く，施設費もかからない作型であり，寒冷地では作型の構成比の70％以上を占める（元木，2003）。しかし，アスパラガスの露地栽培では，茎枯病をはじめとする病害の発生による減収が問題となっている。かつて露地栽培の産地であった暖地では，1960年代前半から茎枯病の発生が問題となり，1960年代後半には収穫が皆無になった（新留・小芦，1967）。そのため，広島県や岡山県などの一部地域を除いて露地栽培はほとんど行なわれなくなり，現在ではハウスの雨よけ効果により病害蔓延を防ぐハウス半促成長期どり栽培が定着している（元

第4図　生産現場におけるアスパラガスの重要病害である茎枯病の蔓延
(撮影：田口巧（左），松永邦則（右））

木，2003）。

それにより露地栽培の産地は北海道や長野県などの寒冷地が中心となったものの，近年は気象環境の変化から，北海道北部まで茎枯病の発生が認められるようになっている（橋下・園田，2013）。とくに露地普通栽培では，夏から秋にかけての栽培管理が不十分になりがちであることから，発病を見逃してしまい，病害を圃場内で蔓延させてしまう可能性が高い（第4図；園田，2014）。

また，伏せ込み促成栽培では，株養成期間が1年，1年半，2年と長くなるにしたがい，茎枯病の発病度が大きくなるという報告があることから（小泉・中條，2008），露地栽培においても，栽培年数が長くなるにしたがって茎枯病の発病度が高まる傾向である。

(3) アスパラガスの新作型

① 10〜20年連続で収穫する一般栽培

アスパラガスの栽培では，一般に春に苗を定植し，1年目の秋または冬まで株養成のみを行ない，栽培2年目の春から若茎の収穫を開始する。伏せ込み栽培を除く露地栽培およびハウス半促成栽培では，一定期間春芽を収穫したあとに立茎を行なうことによって10〜20年程度同じ株を栽培して毎年若茎を収穫する（元木，2003）。そのため，収穫1年目は，株が十分に充実しておらず，地下部の貯蔵養分が収穫2年目以降に比べて少ないことから，収穫期間が短く，収量が少ないことに加えて，立茎開始時期の見きわめがむずかしいことが課題としてあげられる。

これまでのアスパラガスの露地栽培では，ハウス半促成栽培に比べて病害発生が多く，収穫期間が短いことからも収量が著しく劣り（元木，2016），収穫1年目の収量が少なく，本格的に収穫できるのは，定植後3年目からとされてきた（元木，2003）。

② 定植2年目に収穫する単年度栽培

そこで，露地栽培において栽培1年目に圃場に定植し，株養成を行なったのち，翌春に萌芽する若茎を立茎せずに，すべて収穫する春どりのみの単年度栽培を行ない，栽培期間を短縮することにより，栽培年数の経過に伴う病害蔓延のリスクの回避と収穫1年目の増収を可能にする新栽培法，採りっきり栽培を開発した（第5図；蕪野ら，2018）。

③ 早めの定植で増収

また，収穫1年目の増収には，定植時期を早めることにより株養成期間を拡大し，株を充実させることが有効である（大串，1998）。しかし，早期定植では晩霜や低温による被害が懸念される。そのため，採りっきり栽培では，セル成型苗を深植えすることで霜害などを回避して早期定植を可能にする補助器具（以下，専用ホーラーとする）（清水ら，2016）を併せ

その他の新技術と栽培

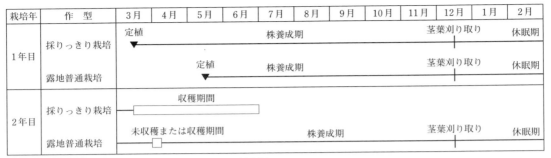

▼定植，□収穫期，―― 株養成期
第5図 新栽培法「採りっきり栽培」と従来の露地栽培の収穫期間の比較

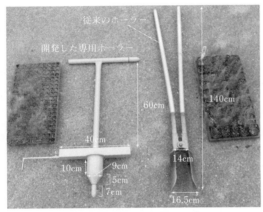

第6図 「採りっきり栽培」の定植用の専用ホーラー
(清水ら，2016)

専用ホーラーは，セル成形苗を15cm程度の深植えにする形状で，植え穴内の保温効果によって生育促進効果が期待できる。従来のホーラーに比べて地面に突き刺す動作のみで植え穴ができる

て開発した（第6図）。

2. 採りっきり栽培の特徴

著者らは，アスパラガスの露地栽培で収穫1年目の増収を可能にし，栽培期間の短縮による病害蔓延のリスクを回避する新栽培法を開発した（第1表，第1図；薮野ら，2018）。

著者らは，開発した新栽培法を採りっきり栽培と名づけた。採りっきり栽培は2018年現在，アスパラガスの露地栽培の生産がほとんどなかった関東の太平洋側を中心に全国各地で普及し始めている。採りっきり栽培は，ハウスが必要なことや，定植翌年からの春どりの本格収穫はむずかしいといった暖地におけるアスパラガス栽培の常識を変える，アスパラガスの新たな栽培法として定着し始めている。

(1) 収穫1年目の増収および栽培期間の短縮

①早期定植で株養成を高める

アスパラガスの定植時期は定植後の株養成量を左右し，定植後から茎葉の黄化が開始するまでの生育期間が長いほど株が充実するため，定植時期が早いほど株の養成が早期に始まり，株養成期間が長くなることによって増収するとされる（大串，1998）。しかし，気温が低い時期の定植では，定植後の初期生育が促進されないことから，定植時期は，積極的な保温を行なうハウス栽培を除き，定植後の生育に悪影響が出ない最低気温が確保できる時期や，晩霜の被害が回避できる時期がよいとされる（大串，1998）。露地栽培におけるアスパラガスの定植適期は，暖地では4月（池内，1998），関東では5月上旬とされている（神奈川県農業技術センター，2014）。

採りっきり栽培では，気温が低く晩霜の被害が懸念されることから，本来は定植が不可能とされる暖地の2～3月にも，専用ホーラー（清水ら，2016）を使って定植し，株養成を高めることができる（第6図）。

200

第7図 「採りっきり栽培」の株養成　　（神奈川県川崎市, 撮影：田口巧）

②専用ホーラーによる深植え定植

採りっきり栽培では，2〜3月に専用ホーラーを使って定植し，翌春の3〜6月に約3か月にわたって萌芽する若茎をすべて収穫する（蕪野ら，2018）。それに対し，従来の露地栽培では，5月ごろにポット苗を定植して1年目は株養成し，翌春はまったく収穫しないか少量を収穫してから再び株養成し，栽培を10年ほど継続する（元木，2003）。

採りっきり栽培の株養成では，専用ホーラーを使ってより早期に定植することにより，草丈，有効茎数および最大茎径が従来の露地栽培の株養成に比べて大きくなる（第7図）。専用ホーラーを使ってセル成型苗を地下15cm程度の位置に深植えするため（第8図；清水ら，2016），地表面にポット苗を定植する従来法に比べて，早春期における温度の低下が緩和される（清水ら，2016）。

明治大学生田キャンパス（神奈川県川崎市多摩区）における栽培試験では，植え穴内の最低気温は，従来法の植え穴では0℃を下回った2月中旬でも，専用ホーラーの植え穴では5℃を下回ることがなかった（蕪野ら，2016）。そのため，従来の露地栽培のアスパラガスの定植時期に比べて早い2〜4月の定植において，凍霜害による株の枯死を回避でき，株養成期間の拡大に伴う増収が可能になる。

また，採りっきり栽培では，専用ホーラーを使ってセル成型苗を直接定植することから，ポ

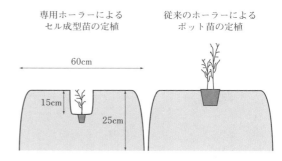

第8図 「採りっきり栽培」の専用ホーラーを使った深植えの形状　　（清水ら，2016）

ット苗の一般的な育苗および定植に比べて，育苗および定植作業の省力化と，定植時の作業姿勢の改善が可能になる（第9〜13図；清水ら，2016）。

③株養成の難敵，夏場の高温回避も期待できる

アスパラガスの光合成に好適な温度は，親茎の生育状態にかかわらず20±5℃とされるため（稲垣ら，1989），従来の露地栽培の定植（5月）の株養成では，夏季の高温により生育が停滞する。しかし，採りっきり栽培で，2〜4月の早期に定植した株では，春の生育適期に十分に茎葉を繁茂させ，夏季の高温時に株元への直射日光の照射が避けられることにより（第14図；蕪野ら，2018），株元の地温が過度の高温にならずに，6月定植株に比べて夏季の生育停滞が回避される。

その他の新技術と栽培

〈専用ホーラー〉

〈従来のホーラー〉

第9図　習熟者による植え穴作製のようす
(清水ら，2016)
専用ホーラー（上）なら突き刺すだけだが，従来のホーラー（下）ではうね内の土をつかんで外に放出する動作が必要

〈専用ホーラー〉

〈従来のホーラー〉

第10図　習熟者による定植のようす
(清水ら，2016)

実際，草丈，有効茎数および最大茎径の値は，9月の調査時の3月定植株が，11月または12月の調査時の6月定植株に比べて，株養成期間はほぼ同等であったにもかかわらず，いずれの調査年および品種においても高かった（第2〜4表；蕪野ら，2018）。

④灌水はほぼ不要，減肥・減農薬の省力栽培法

アスパラガスの管理作業は，従来の露地栽培では，生育に応じて灌水や薬剤散布などの手間がかかるが，採りっきり栽培では，灌水を行なわなくても十分な生育を示し，1年だけの栽培であるため，従来のアスパラガス栽培に比べて肥料を大幅に減らすことができ，減肥栽培につながる。

また，採りっきり栽培は，従来のアスパラガス栽培に比べて株養成期間が短いことから，病害蔓延のリスク回避に有効である。明治大学生田キャンパスにおける栽培試験では，採りっきり栽培の年間の薬剤散布の回数は3〜5回程度であり，露地栽培の防除暦の15回（久冨，1995）に比べて顕著に少なく，採りっきり栽培と同一の防除を行なった2年株に比べて病害の発生が顕著に少なかった（第15図；蕪野ら，2018）。

アスパラガスの採りっきり栽培

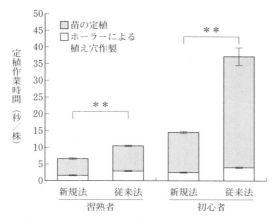

第11図 習熟者および初心者における1株当たりの定植作業時間の比較 （清水ら，2016）

新規法は専用ホーラーによるセル成型苗の直接定植，従来法は従来のホーラーによるポット苗の直接定植
5株の定植作業を1反復とし，4反復調査した（n＝4）
エラーバーは標準誤差を示す
＊＊はt検定において1％水準で有意差ありを示す

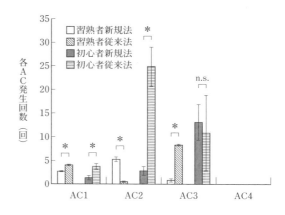

第13図 新規法および従来法における習熟者および初心者の各AC発生回数の比較

（清水ら，2016）

5株の定植作業を1反復とし，4反復調査した（n＝4）
エラーバーは標準誤差を示す
＊はU検定において5％水準で有意差あり，n.s.は有意差なしを示す

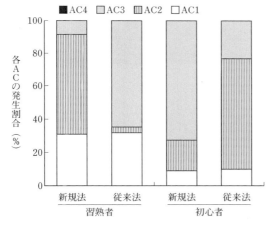

第12図 習熟者および初心者における各ACの発生割合の比較 （清水ら，2016）

比較試験は作業姿勢の評価に利用されているOWAS法による。作業改善の必要性を4段階のアクションカテゴリ（AC値）（AC1：改善不要，AC2：近いうちに改善すべき，AC3：できるだけ早期に改善すべき，AC4：ただちに改善すべき）で示す
5株の定植作業を1反復とし，4回の平均値を示す（n＝4）

このように，採りっきり栽培では，毎年株を更新するため病害蔓延のリスクが軽減される。

⑤露地栽培で定植翌年に本格収穫可能

明治大学では，アスパラガスの新栽培法である採りっきり栽培の栽培体系の確立を目指し，グリーンアスパラガスとムラサキアスパラガスの2品目を用い，採りっきり栽培における定植時期が生育，収量および収益に及ぼす影響を検討した。その結果，翌春の収穫は，定植時期が早まるにしたがってL級規格以上の若茎の収量が増え，総収量および可販収量も増える傾向であった（第5～7表；蕪野ら，2018）。

日本国内のアスパラガスの露地栽培の産地における年間の平均単収は，2010年の収量で，露地普通栽培の産地では214～414kg/10a，露地長期どり栽培の産地では511～583kg/10aであり，年間の平均単収が2,000kg/10aを超える産地もあるハウス半促成長期どり栽培などの他作型の産地の収量を合わせた全国平均は485kg/10aである（元木，2016）。

一方，採りっきり栽培における総収量は，収量がグリーンアスパラガスに比べて劣るとされるムラサキアスパラガス（甲村・渡邊，2005；

その他の新技術と栽培

〈3月定植株〉　　　　　　　　　　　　〈6月定植株〉
(2015年7月13日)

(2015年9月11日)

(2015年11月29日)

第14図　「採りっきり栽培」における定植時期が異なる株の生育の推移の比較（千葉県君津市，2015年定植，品種：太宝早生）
(蕪野ら，2018)

元木ら，2011）の'満味紫'において，2014年定植の栽培試験では，3月定植株の可販収量が817kg/10a（第5表），2015年定植の試験では，2月，3月および4月定植株の可販収量が，神奈川県川崎市でそれぞれ725kg/10a，372kg/10aおよび809kg/10a，千葉県君津市でそれぞれ790kg/10a，499kg/10aおよび560kg/10aであった（第6，7表）。

また，グリーンアスパラガスの'太宝早生'において，2月，3月および4月定植株の可販収量

アスパラガスの採りっきり栽培

第2表 「採りっきり栽培」における定植時期の違いが草丈，有効茎数および
最大茎径に及ぼす影響（神奈川県川崎市，2014年定植，品種：満味紫）

(蕪野ら，2018)

調査日	定植月	調査項目		
		草丈 (cm)	有効茎数 (本)	最大茎径 (mm)
9月24日	3月[1]	205±5[4]	11.4±1.3	10.1±0.5
	6月[2]	126±11	5.9±1.0	4.9±0.6
	t検定[3]	＊＊	＊	＊＊
12月28日	3月	220±5	12.2±1.3	10.6±0.5
	6月	106±11	5.3±1.2	5.4±0.5
	t検定	＊＊	＊＊	＊＊

注 1) n＝28
2) n＝12
3) t検定により，＊＊は1％水準，＊は5％水準で有意差あり
4) 平均値±標準誤差

第3表 「採りっきり栽培」における定植時期の違いが草丈，有効茎数および最大茎径に及
ぼす影響（神奈川県川崎市，2015年定植，品種：満味紫，太宝早生）　　　　(蕪野ら，2018)

調査日	品種	定植月	調査項目		
			草丈 (cm)	有効茎数 (本)	最大茎径 (mm)
9月14日	満味紫	2月	152±12[1]a[2]	10.8±1.6ab	10.4±0.9a
		3月	170±13a	9.1±1.7ab	9.6±0.8a
		4月	150±5a	13.9±2.5a	9.2±0.4a
		5月	139±9a	9.3±1.7ab	8.7±0.6a
		6月	101±9b	4.2±0.8b	5.6±0.6b
	太宝早生	2月	171±13ab	24.2±4.8ab	11.2±1.0a
		3月	191±7a	38.5±5.1a	14.1±1.1a
		4月	197±3a	33.4±3.4ab	13.0±0.7a
		5月	149±6b	21.7±3.6b	11.0±0.7a
		6月	103±11c	7.3±1.4c	7.3±0.9b
12月1日	満味紫	2月	181±12a	14.0±6.2ab	10.8±4.1a
		3月	187±12a	12.5±8.6ab	10.0±2.3a
		4月	189±7a	18.3±9.4a	10.9±2.2a
		5月	179±15a	11.6±7.6ab	9.2±2.4a
		6月	153±16a	6.5±4.5b	7.8±2.8a
	太宝早生	2月	204±7a	43.1±5.1ab	12.2±0.6ab
		3月	211±4a	58.9±5.3a	12.9±0.6a
		4月	196±5a	51.7±5.4ab	12.3±0.6ab
		5月	186±9ab	35.7±5.2b	10.3±0.8bc
		6月	163±15b	14.3±1.8c	9.3±0.6c

注 1) 平均値±標準誤差
2) Tukeyのb法により，同一のアルファベット間には5％水準で有意差なし

は，神奈川県川崎市でそれぞれ1,156kg/10a，1,079kg/10aおよび1,243kg/10a，千葉県君津市でそれぞれ979kg/10a，976kg/10aおよび810kg/10aであった（第6，7表；蕪野ら，2018）。

以上から，採りっきり栽培で2～4月に定植したアスパラガスは，いずれの品種においても，露地栽培の年間の平均単収に比べて収穫1年目の収量だけで同等かそれ以上となることがあきらかとなった。

205

その他の新技術と栽培

第4表 「採りっきり栽培」における定植時期の違いが草丈，有効茎数および最大茎径に及ぼす影響（千葉県君津市，2015年定植，品種：満味紫，太宝早生） （蕪野ら，2018）

調査日	品　種	定植月	草丈（cm）	有効茎数（本）	最大茎径（mm）
9月11日	満味紫	2月	212±81[1)]a[2)]	16.7±2.3a	12.2±1.0a
		3月	202± 9ab	22.1±3.4a	11.8±1.5a
		4月	177±12b	18.1±0.6a	11.2±0.6a
		5月	140±11c	17.6±2.4a	9.2±0.6ab
		6月	116± 4c	6.1±0.5b	6.8±0.4b
	太宝早生	2月	185± 9a	45.6±5.1a	12.2±0.8a
		3月	186± 6a	53.2±5.5a	12.1±0.7a
		4月	159± 4b	40.5±3.2ab	12.1±0.6a
		5月	145± 6b	30.1±2.7b	10.9±0.6a
		6月	99± 5c	6.4±0.9c	7.5±0.4b
11月27日	満味紫	2月	203± 8a	22.2±2.8a	13.8±0.8a
		3月	222± 7a	22.6±4.1a	13.4±1.0a
		4月	200± 6a	18.5±1.3ab	12.5±0.6a
		5月	167± 9b	17.4±2.5ab	9.8±0.9b
		6月	160± 6b	9.7±0.4b	9.5±0.4b
	太宝早生	2月	184± 8a	52.1±5.2b	12.2±0.7a
		3月	189± 4a	73.6±5.1a	11.4±0.7a
		4月	185± 5a	49.9±4.4b	12.0±0.4a
		5月	185± 3a	32.6±3.1c	11.6±0.3a
		6月	162± 3b	18.5±2.0c	5.9±0.4b

注　1）平均値±標準誤差
　　2）Tukeyのb法により，同一のアルファベット間には5％水準で有意差なし

（2）春の端境期をねらって高収益を得る

日本国内のアスパラガスの流通において，9～4月は5～8月に比べて国産品が品薄になり輸入量が多い。アスパラガスの旬とよばれる春季のなかでは，4月に比較的単価が高くなる（第16図；元木，2016；東京都中央卸売市場，2015）。アスパラガスは年生が若いほど萌芽が早まるが（小泉ら，2002），採りっきり栽培は1年養成株を利用するため，株の年生が若く，従来の露地栽培に比べて萌芽開始が早まることと，春どり期間の途中で立茎を行なわないこと

第15図　同一の防除を行なった年生の異なる株における病害発生の比較（神奈川県川崎市，2015年11月）
（蕪野ら，2018）
左：2015年3月13日に定植した1年株，右：2014年6月4日に定植した2年株（露地長期どり栽培）

第5表 「採りっきり栽培」における定植時期の違いが収量に及ぼす影響（神奈川県川崎市，2014年定植，品種：満味紫）

（蕪野ら，2018）

定植月	総収量 (kg/10a)	可販収量 (kg/10a)	可販率 (%)	規格別収量 (kg/10a)							L級規格以上収量 (kg/10a)
				2L[4]	L太	L細	M	S	B	その他	
3月[1]	829±46	817±46	99	225±27[5]	299±23	194±15	67±6	23±3	10±1	12±2	718±43
6月[2]	202±37	198±36	98	0±0	39±19	61±17	64±13	26±6	8±3	4±2	101±30
t検定[3]	**	**		**	**	**	n.s.	n.s.	n.s.	*	**

注 1) n＝98
　　2) n＝12
　　3) t検定により，＊＊は1％水準，＊は5％水準で有意差あり，n.s.は有意差なし
　　4) 規格は，元木ら（2011）の報告を参考に，2L：40g以上，L太：25〜39g，L細：15〜24g，M：10〜14g，S：7〜9g，B：5〜6g，その他：4g以下および奇形とした
　　5) 平均値±標準誤差

から，栽培試験を行なった神奈川県川崎市や千葉県君津市などでは，4月の収穫が可能になる（蕪野ら，2018；Taguchi *et al.*，2018）。

栽培試験では，4月の収量は，採りっきり栽培全体の収穫のうちの3割以上を占めた。採りっきり栽培は，早期に定植するにしたがって収量が増加し，単価が高いL級規格以上の収量が多くなること，全収穫期間における収量の割合が4月に高くなることから，高収益が見込める作型である。

また，神奈川県や千葉県では，採りっきり栽培の収穫のピークは4月から5月中旬ごろであるが（第17，18図；蕪野ら，2018），この時期は，暖地のハウス半促成長期どり栽培の一般的な産地では，2〜3月に50〜60日間収穫を行ない，立茎を行なったあとに収量が減少する時期（井上ら，2007）である。一方，北海道や東北地方，長野県などの露地栽培の産地では，萌芽前または萌芽後の収量が最盛期となる前の時期に当たる。そのため，採りっきり栽培とハウス半促成長期どり栽培を組み合わせることにより，ハウス半促成長期どり栽培で立茎により収量が減少する期間を採りっきり栽培の収穫により補い，寒地および本州寒冷地の露地栽培の春どりの産地およびハウス半促成長期どり栽培の夏秋どりにつなげて，春どりから夏秋どりの時期に切れ目なく出荷することが可能になる。

(3) 新規就農者や女性でも取り組みやすい

アスパラガスの栽培管理のうち，春どりの収穫打ち切りの時期，すなわち立茎開始の時期は見きわめがむずかしく，その後の収量に大きく影響するため，立茎はもっともむずかしい作業とされる（元木・井上，2008）。

一方，採りっきり栽培は，立茎を行なわず，収穫1年目に萌芽する若茎をすべて収穫することから，立茎の失敗による収量減少のリスクを回避できる。

採りっきり栽培の基本は露地栽培であるため，ビニールハウスやガラス温室などの施設費が不要であることから，生産コストを大幅に削減できる。また，栽培終了後の根株は圃場外に持ち出さずにトラクターによって圃場にすき込んで栽培を終了させる。そのため，栽培を始めるに当たり，ハウス半促成栽培で必要になるハウスや，伏せ込み促成栽培で必要になる養成株の掘取り機，伏せ込み床のような特別な設備や機械など（元木，2003）を必要としない。

その結果，採りっきり栽培では，ハウス半促成栽培（長野県農政部農業技術課，2014a，2014b）および伏せ込み促成栽培（群馬県農政部技術支援課，2015）に比べて償却費のうち，建物・構築物および農機具・車両の費用が低く抑えられる（第8，9表；蕪野ら，2018）。

採りっきり栽培は低コストで栽培が可能であ

その他の新技術と栽培

第6表 「採りっきり栽培」における定植時期の違いが収量に及ぼす影響（神奈川県川崎市，2015年定植，品種：

品　種	定植月	総収量 (kg/10a)	可販収量 (kg/10a)	可販率 (%)	2L[1]	L太	L細	M
満味紫	2月	741 ± 97[2] a[3]	725 ± 89a	98	138 ± 64a	297 ± 58a	213 ± 57a	43 ± 17a
	3月	406 ± 64b	372 ± 69b	92	0 ± 0a	116 ± 43a	158 ± 44a	64 ± 22a
	4月	843 ± 120a	809 ± 110a	96	132 ± 119a	332 ± 139a	254 ± 69a	67 ± 16a
	5月	337 ± 23b	321 ± 22b	95	0 ± 0a	85 ± 22a	141 ± 39a	60 ± 16a
	6月	372 ± 70b	367 ± 70b	99	107 ± 68a	79 ± 21a	143 ± 40a	22 ± 16a
太宝早生	2月	1,183 ± 231ab	1,156 ± 229ab	98	212 ± 66a	438 ± 124a	351 ± 85a	100 ± 28b
	3月	1,151 ± 166ab	1,079 ± 163ab	94	190 ± 60a	488 ± 101a	254 ± 45a	89 ± 18b
	4月	1,290 ± 161a	1,243 ± 162a	96	30 ± 16a	391 ± 81a	402 ± 82a	267 ± 34a
	5月	906 ± 152ab	864 ± 148ab	95	71 ± 46a	245 ± 54a	374 ± 90a	107 ± 36b
	6月	592 ± 89b	565 ± 90b	95	32 ± 13a	188 ± 46a	219 ± 50a	74 ± 18b

注　1）規格は，元木ら（2011）の報告を参考に，2L：40g以上，L太：25〜39g，L細：15〜24g，M：10〜14g，S：7
　　2）平均値±標準誤差
　　3）Tukeyのb法により，同一のアルファベット間には5%水準で有意差なし

第7表 「採りっきり栽培」における定植時期の違いが収量に及ぼす影響（千葉県君津市，2015年定植，品種：

品　種	定植月	総収量 (kg/10a)	可販収量 (kg/10a)	可販率 (%)	2L[1]	L太	L細	M
満味紫	2月	793 ± 76[2] a[3]	790 ± 76a	100	252 ± 67a	257 ± 37a	207 ± 45a	52 ± 12a
	3月	502 ± 70b	499 ± 70b	100	93 ± 45b	156 ± 35abc	172 ± 24a	59 ± 17a
	4月	562 ± 26b	560 ± 26b	100	103 ± 37b	219 ± 32ab	178 ± 23a	47 ± 13a
	5月	404 ± 57bc	400 ± 57bc	99	24 ± 9b	115 ± 29bc	161 ± 33a	67 ± 15a
	6月	258 ± 17c	255 ± 16c	99	8 ± 6b	65 ± 17c	112 ± 13a	48 ± 11a
太宝早生	2月	986 ± 200a	979 ± 64a	99	79 ± 26a	378 ± 35a	374 ± 35a	95 ± 15a
	3月	990 ± 174a	976 ± 55a	99	88 ± 31a	359 ± 31ab	319 ± 38a	123 ± 16a
	4月	815 ± 268ab	810 ± 84ab	99	86 ± 31a	277 ± 54ab	285 ± 51a	110 ± 20a
	5月	872 ± 173ab	863 ± 55ab	99	128 ± 50a	324 ± 57ab	272 ± 41a	83 ± 18a
	6月	668 ± 106b	656 ± 32b	98	22 ± 12a	200 ± 31b	291 ± 22a	94 ± 16a

注　1）規格は，元木ら（2011）の報告を参考に，2L：40g以上，L太：25〜39g，L細：15〜24g，M：10〜14g，S：7
　　2）平均値±標準誤差
　　3）Tukeyのb法により，同一のアルファベット間には5%水準で有意差なし

り，収益が高いため，アスパラガス栽培の熟練者だけでなく初心者でも取り組みやすい栽培法といえる。前述のとおり，従来のアスパラガス栽培に比べて手間がかからないことから，栽培管理の省力化が見込める。

手間とコストと時間がかかるアスパラガス栽培の大きな問題が，採りっきり栽培によって解消されつつある。

(4) ムラサキアスパラガスの需要拡大も期待できる

ムラサキアスパラガスは，グリーンアスパラガスに比べて株および単位面積当たりの収量が低く（元木ら，2011），収益性が低いことから，現在，日本国内では栽培普及が進んでいない。また，ムラサキアスパラガスは，栽培環境により若茎の着色が不安定であることが問題となっている（元木，2011）。とくに，夏季高温期の密植による立茎栽培では，慣行栽培に比べて増収するものの（元木ら，2011），紫外線量が減少し，若茎の着色不良を引き起こす。ムラサキアスパラガスの着色には，光強度と気温が関与しており，光強度の影響がもっとも大きく，次いで夜温の影響が大きく，弱光および高夜温条

満味紫, 太宝早生) 　　　　　　　　　　　　　　　　　(蕪野ら, 2018)

(kg/10a)			L級規格以上収量
S	B	その他	(kg/10a)
24 ± 9a	8 ± 5a	17 ± 10a	648 ± 73a
23 ± 8a	11 ± 6a	34 ± 12a	274 ± 53b
16 ± 4a	8 ± 4a	34 ± 23a	718 ± 112a
18 ± 7a	16 ± 8a	16 ± 3a	226 ± 41b
8 ± 6a	8 ± 5a	4 ± 3a	328 ± 66b
41 ± 10b	14 ± 4a	27 ± 6b	1,001 ± 217a
39 ± 11b	19 ± 5a	72 ± 12a	932 ± 156a
117 ± 27a	36 ± 11a	46 ± 14ab	823 ± 156a
50 ± 10b	19 ± 5a	41 ± 12ab	690 ± 150a
35 ± 13b	16 ± 5a	27 ± 5b	439 ± 76a

～ 9g, B：5 ～ 6g, その他：4g以下および奇形とした

満味紫, 太宝早生) 　　　　　　　　　　　　　　　　　(蕪野ら, 2018)

(kg/10a)			L級規格以上収量
S	B	その他	(kg/10a)
18 ± 5a	5 ± 1a	2 ± 1a	716 ± 74a
13 ± 4a	6 ± 2a	2 ± 1a	421 ± 76b
9 ± 5a	4 ± 2a	3 ± 1a	500 ± 33b
22 ± 4a	10 ± 3a	4 ± 2a	300 ± 55bc
15 ± 4a	6 ± 2a	3 ± 1a	185 ± 15c
36 ± 7a	17 ± 3a	7 ± 2a	831 ± 63a
59 ± 10a	27 ± 5a	14 ± 3a	766 ± 52a
38 ± 8a	14 ± 4a	5 ± 1a	649 ± 86ab
36 ± 9a	20 ± 5a	9 ± 3a	724 ± 65ab
32 ± 6a	17 ± 4a	12 ± 3a	513 ± 34b

～ 9g, B：5 ～ 6g, その他：4g以下および奇形とした

件では着色が顕著に阻害される（元木, 2011）。

そこで，採りっきり栽培を利用し，省力かつ低コストで栽培できれば，ムラサキアスパラガス栽培の普及につながる。ムラサキアスパラガスは，着色が不十分であると商品価値が下がるが（元木, 2011），春どりだけの収穫であれば，立茎栽培の夏秋どりで問題となる着色不良の問題が回避できる。採りっきり栽培は，ムラサキアスパラガスの需要拡大も期待できる作型である。

3. 採りっきり栽培の実際

採りっきり栽培では，当面の出荷目標を10a当たり800kg程度としている（10a当たり1,800株程度の場合）。明治大学の栽培試験では，10a当たり1,000 ～ 1,200kg程度の実績がある（蕪野ら, 2018；Taguchi *et al.*, 2018）。

暖地における採りっきり栽培の栽培暦を第19図に示した。以下は，採りっきり栽培の実際栽培の手順である。以下の栽培管理作業がしっかりできれば，翌春に太い若茎をたくさん採ることができる。採りっきり栽培では，定植の翌春に萌芽する若茎をすべて収穫し，毎年新たな圃場で同様の栽培を繰り返す。1シーズンで若茎をすべて採りきるので，畑のローテーションが組みやすいのが採りっきり栽培の特徴である。

(1) 適品種

採りっきり栽培に多く採用されている品種は，2018年現在，グリーンアスパラガスの'太宝早生'や'ウィンデル'，ムラサキアスパラガスの'満味紫'（いずれもパイオニアエコサイエンス（株））などである。

採りっきり栽培には，耐寒性に優れ，萌芽が早い品種が適すると考えられる。明治大学では，2017 ～ 2019年の3か年にわたって，21品種・系統を用い，採りっきり栽培における品種比較試験を実施中である。

(2) 播種および育苗

定植の2 ～ 3か月前から苗を準備する。12月中旬～ 1月中旬ごろにかけて128穴程度のセルトレイに播種する。128穴のセル成型苗の場合には90日前後の育苗期間が必要である。播種日を決め，播種量は定植苗数の1 ～ 2割増しでまく。

育苗培養土には，適度な湿度を保てる培養土を用い，育苗期間が長いため，100日程度のロング肥料を施用するとよい。セルトレイに土を詰め，灌水後に各セルに1粒ずつまく。覆土は

その他の新技術と栽培

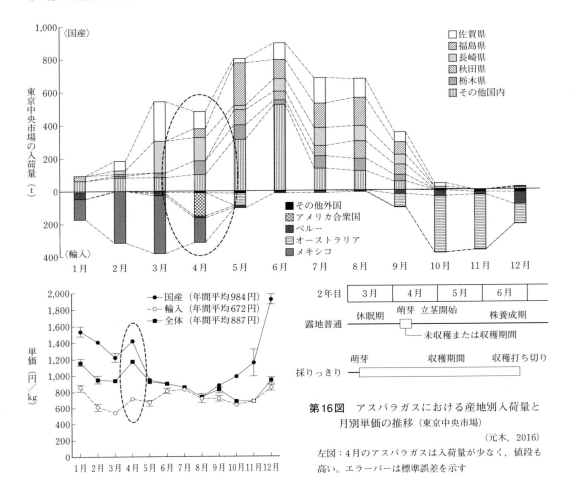

第16図　アスパラガスにおける産地別入荷量と月別単価の推移（東京中央市場）

(元木，2016)

左図：4月のアスパラガスは入荷量が少なく，値段も高い。エラーバーは標準誤差を示す

1～2cm程度とし，覆土後に再度灌水する。発芽温度は25～30℃で，発芽が揃うまでに10日～3週間程度かかる（第20図）。

電熱線や温床マットなどを利用して温度を確保し，必要に応じてトンネルも使用する（第21図）。発芽後は地温を20℃程度とし，気温は昼間が25℃程度，夜間が15℃以上になるように管理し，乾いたら灌水を行なう。発芽直後の若芽は低温や高温に弱いため，その時期の温度は繊細に管理する。擬葉が展開するまでは用心する必要がある。2本目の萌芽（第20図）が見られるようになったら，最低地温を15℃程度まで落とす。その時期の育苗温度は，気温が日中20～25℃および夜間15～20℃程度，地温が日中20℃前後および夜間15℃以上とする。定植前7～10日ごろから徐々に外気温に合わせた管理を行なって順化させる。

定植苗は，1）根がセル内にしっかり回っており，2）しっかりした貯蔵根があり，3）茎数が3～4本以上が好ましい（第22図）。

育苗環境の確保がむずかしい場合やアスパラガスに初めて取り組む場合には，失敗しないように購入苗を利用するとよい（第23図）。

(3) 畑の選定・畑の確保

土質はあまり選ばないが，排水がよく，しかも保水力があり，有機質の多い土壌が適する。水田転換畑の栽培も可能であるが，地下水位が

210

高い場合には高うねなどにしてアスパラガスの根圏域を確保する。

採りっきり栽培で毎年アスパラガスを収穫するためには，毎年新たに定植を行なう圃場の確保が必要になる。採りっきり栽培における一作の栽培期間は，栽培1年目の2～4月の定植から，翌年の6月の収穫終了までの1年3～5か月程度かかることから，同一の圃場に2年連続で定植することができない。そのため，ほかの作物との輪作を行なうなどして，計画的に作付けすることが有効である。

(4) 土壌改良

土壌改良が必要な圃場では，土壌改良資材と堆肥などの有機物（堆肥は必ず完熟したものを使用）を全面施用し，耕起を深めに行ない，土を膨軟にするとともに十分な排水対策を行なう。土壌改良資材は土壌条件によって使用量を加減する。

(5) 堆肥および基肥

10a当たりの堆肥および施肥量は，暖地の事例では，堆肥が4t程度，基肥が窒素成分で15kg程度であり，ほかのアスパラガスの作型に比べて少なめに施す。

栽培は1年間の長期にわたるため，肥効がある肥料や有機物を含んだ肥料を主体として施用する。最終的な施肥量（土壌改良資材も含める）は土壌診断をもとに決める。

(6) 耕起およびうね立て，マルチ

うね立ておよびマルチ作業は土壌水分が適度

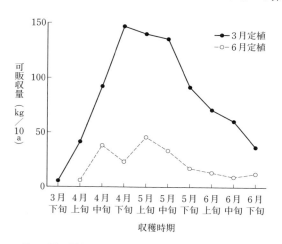

第17図　「採りっきり栽培」における定植時期の違いが収穫時期別の可販収量に及ぼす影響（神奈川県川崎市，2014年定植，品種：満味紫）
（蕪野ら，2018）
6月定植株は3月下旬の収穫なし

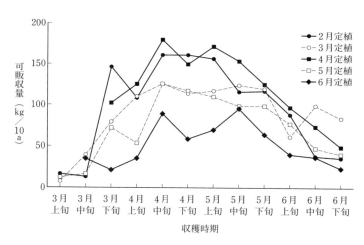

第18図　「採りっきり栽培」における定植時期の違いが収穫時期別の可販収量に及ぼす影響（神奈川県川崎市，2015年定植，品種：太宝早生）
（蕪野ら，2018）
収穫開始日は，いずれの定植時期の株においても2016年3月4日，可販茎の収穫開始日は，2月および4月定植株が3月4日，3月および5月定植株が3月8日，6月定植株が3月16日。4月定植株は3月中旬の収穫なし

にある状態で行なう。マルチは，降雨後のしっとりとした土壌条件で張るとよい。少なくとも定植1週間前にはマルチを行ない，地温を高めておく。畑の排水不良が心配される場合は，うねを高さ30cm前後の高うねとする。

マルチは黒などの濃い色のものを使用し，除

その他の新技術と栽培

第8表 「採りっきり栽培」と他作型における経営試算（10a・収穫年の1年当たり）（蕪野ら，2018）

区 分	項 目		採りっきり栽培	伏せ込み促成栽培	露地普通栽培	ハウス半促成長期どり栽培
経営費（円）	種苗費[1]		0	150,984	0	0
	肥料費		0[2]	52,919	52,919	57,214
	農薬費・薬剤費		0	47,132	47,132	47,132
	諸材料費		0	18,905	20,000	208,383
	光熱・動力費		9,180	29,550	9,180	17,380
	小農具費		1,740	1,500	1,500	1,500
	修繕費		9,208	9,208	9,208	54,423
	土地改良・水利費		1,000	1,000	1,000	1,000
	地　代		10,000	10,000	10,000	10,000
	償却費	建物・構築物	4,000	12,625	4,000	287,601
		農機具・車両	43,371	54,144	43,371	75,100
		植　物	450,513	0	75,704	71,982
	小　計		529,012	387,967	274,014	831,715
	流通経費		263,960	84,101	156,581	307,881
	合計　A		792,972	472,068	430,595	1,139,596
収益（円）	生産物収量（kg）[3]		1,159	300	700	1,500
	平均単価[4]		3月　1,251 4月　1,503 5月　1,323 6月　1,134	12月　2,025 1月　1,833 2月　1,525	3月　1,251 4月　1,503 5月　1,323 6月　1,134	2月　1,525 3月　1,251 4月　1,503 5月　1,323 6月　1,134 7月　1,045 8月　820 9月　962 10月　1,021
	主産物収益		1,558,691	538,300	917,100	1,728,900
	副産物収益		0	0	0	0
	粗収益　B		1,558,691	538,300	917,100	1,728,900
農業所得（円）　C＝B－A			765,719	66,232	486,505	589,304
労働時間（時間）			166	256	234	445
1時間当たり農業所得（円）			4,613	259	2,079	1,324
農業所得率（%）			49.1	12.3	53.0	34.1

注　1)「採りっきり栽培」，露地普通栽培およびハウス半促成長期どり栽培の種苗費は，償却費の植物に含む
　　2) 収穫年は収穫以外の作業を行なわないため，経営費のうち肥料費，農薬費・薬剤費，諸材料費を0とした
　　3) 生産物収量は，「採りっきり栽培」は神奈川県川崎市における品種：太宝早生の2～4月定植株の可販収量の平均値，伏せ込み促成栽培は群馬県農業経営指標（群馬県農政部技術支援課，2015）の単位収量，露地普通栽培およびハウス半促成長期どり栽培は長野県農業経営指標（長野県農政部農業技術課，2014a，2014b）の生産物収量に従った
　　4) 平均単価は，東京都中央卸売市場の国産アスパラガスにおける2011～2015年の5年間の平均値（東京都中央卸売市場，2015）を月別に算出した

草と乾燥防止を意識する。マルチは，平うねの場合が幅90～135cm程度，高うねの場合が幅135～150cm程度，厚さは0.02mm程度のものを用いる。採りっきり栽培では年内収穫を行なわないため，雑草対策が重要である。

うねは，条間140cm程度（株間40cm程度）とし，ベッド幅を60～90cm程度に成型し，作業性をよくする。うね間に防草シートを設置することにより，畑全体の雑草対策と乾燥防止に役立てる（第24図）。

第9表 「採りっきり栽培」，露地普通栽培および
ハウス半促成長期どり栽培における償却費
の内訳
(蕪野ら，2018)

項　目	採りっきり栽培	露地普通栽培	ハウス半促成長期どり栽培
種苗費	150,984	150,984	150,984
肥料費	39,165	105,838	57,214
農薬費	8,908	94,264	47,132
諸材料費	137,000[1]	40,000	208,383
光熱・動力費	9,180	18,360	17,380
小農具費	1,740	3,000	1,500
修繕費	9,208	18,416	54,423
土地改良・水利費	1,000	2,000	1,000
地　代[2]	10,000	20,000	10,000
労働費[3]	83,328	152,768	99,820
合　計	450,513	605,630	647,836
耐用年数	1	8	9
1年当たり負担額	450,513	75,704	71,982

注　1）「採りっきり栽培」は，茎葉の堆肥化を考慮して生分解性ネット（通常のプラスチックネットの170％の値段）を使用することで算出した
　　2）10a当たり年間1万円とした
　　3）株養成時の労働時間×868円（千葉県最低賃金）とした

(7) 定　植

定植日は，晴れて風も穏やかな日を選ぶ。定植前にはセルトレイに十分に灌水しておく。

採りっきり栽培では，専用ホーラー（清水ら，2016）を使用する（第6図）。また，定植時は活着促進のための炭資材（ハイプロ）を使用する。

定植作業は，1）専用ホーラーで植え穴をあけ，2）ハイプロをひとつまみ（10g程度）落とし，3）セル成型苗を植えるという3ステップで簡単に定植ができる（第25図）。

(8) 定植後の管理

採りっきり栽培では，通常は定植後に灌水を行なわないため，圃場の土壌が乾燥すると，定植後の苗の活着に影響する。苗が活着するまでは，必要に応じて灌水を行なうのがよい。採りっきり栽培では，夏季の高温や定植時の土壌水分が株養成に影響し，そのことが収量にも関与するため，経営に余裕があれば，灌水装置も併用するとよい。

(9) 土寄せ，支柱およびネットの設置

5月ごろにマルチ焼けを防ぐために植え穴をふさぐように土寄せを行なう（第26図）。

5～6月になると，萌芽が盛んになり，草丈も高くなるため，倒伏対策として支柱を立ててフラワーネットなどで誘引する（第27図）。誘引ネットには，生分解性ネット（BCエコネット）（鈴木ら，2017）を利用すると誘引作業や片付けが省力化できる。

(10) 病害虫対策

採りっきり栽培では，従来の露地栽培と同様，茎枯病や斑点病などの病害，アザミウマ類やカメムシ類，ヨトウガなどの虫害が問題となる。5～6月になると，アスパラガスの生育が旺盛になることから病害虫防除を心がける。

病害虫防除は，太い新たな若茎が萌芽するごとに6～11月にかけて数回行ない，適期の防除を心がける。

そのうち，茎枯病はアスパラガスの重要病害であり（第4図），M級規格（茎径で6～7mm

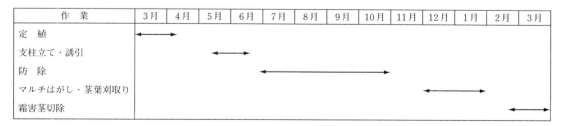

第19図　暖地における「採りっきり栽培」の栽培暦　　　　　（作成：田口巧）

その他の新技術と栽培

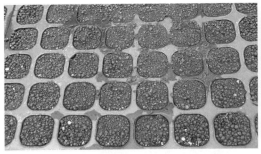

第20図　播種および育苗　　　　　　　　（撮影：川崎智弘）
左上：土を詰めたセルトレイ，右上：1本目の萌芽，左下：セル成型苗の発芽揃い，右下：2本目の萌芽

第21図　トンネル育苗
（撮影：川崎智弘）

程度）の若茎が発生するころから予防を徹底する。潜伏期間が20日程度あるため，萌芽の段階から防除する。この時期に少しでも病斑が見られると，秋ごろに病害が拡大して止まらなくなる。株養成の養分転流を考慮して，とくに9月ごろからの防除が重要である。

(11) 追肥

追肥を行なう場合には，生育を見ながら数回に分けて行なう。ただし，秋冬に樹勢が強すぎると養分が転流しにくいため，追肥はおそくとも10月上旬ごろまでとする。

(12) 茎葉黄化とマルチはがし

養分転流は，平均気温が15〜16℃程度，最低気温が10℃程度になるころから始まる（第28図）。養分転流で翌春の収量が決まる。12月以降，茎葉が黄化したら春の気温上昇の前までにマルチをはがし，茎葉を刈り取る。

(13) 収穫および調製（増収対策）

収穫は翌春の3月下旬〜6月上旬にかけて行ない，収穫期間は60〜90日前後である。

あとからの萌芽を促すため，奇形茎などを含め，すべての若茎を収穫する。早春の萌芽時期

アスパラガスの採りっきり栽培

第23図　育苗の失敗
　　　　　　　　　　　　　　　（撮影：川崎智弘）
上：発芽直後の地温不足による根いたみ，下：高温乾燥による障害

第22図　定植適期の苗
　　　　（撮影：①②川崎智弘，③蕪野有貴）
下段写真のスケールは15cm

に，凍霜害に遭った若茎を速やかに切り取ることにより次の芽（若茎）の萌芽が促される（第29図）。また，降雨が少ないときには積極的に灌水するとよい。

（14）収穫終了後

　採りっきり栽培では，病害の発生が少ない1年養成株で全収穫を終了させることにより防除の手間を軽減できる。そのため，収穫終了後は残渣を早めに圃場にすき込む（第30図）。

　後作物としては，現在のところ，スイートコーンやエダマメ，ミニニンジン，アブラナ科野菜（キャベツやブロッコリー）などが適すると考えられる（第31図；津田ら，2016）。

4. 新たな産地形成の可能性と今後の展望

（1）栽培の広がり

　採りっきり栽培は，暖地の露地において，今まで経済栽培がむずかしかったアスパラガス栽培を，誰でも簡単に取り組めるように開発し，画期的と評価される新栽培法である。2016年5月に発表して以降，新鮮なアスパラガスを求める消費者が多い首都圏を中心に，全国各地で栽培が拡大している。

その他の新技術と栽培

第24図 「採りっきり栽培」におけるマルチと防草シートの設置（撮影：田口巧）

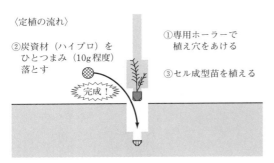

第25図 「採りっきり栽培」の定植のポイント
（作成：蕪野有貴）
①〜③の3ステップで簡単に定植ができる

第27図 誘引（撮影：田口巧）
倒伏対策として支柱を立ててフラワーネットなどで誘引する。写真は生分解性のBCエコネット

第26図 土寄せ（撮影：川崎智弘）
マルチ焼けを防ぐために植え穴をふさぐように土寄せを行なう

　たとえば，神奈川県川崎市麻生区黒川地区や東京都多摩市，千葉県君津市などでは，行政やJAなども加わり，発表翌年の2017年から採りっきり栽培に初めて取り組み，翌2018年の春には採りっきり栽培を導入したほとんどの生産者で満足のいく初出荷ができた。

　採れたてで新鮮な採りっきり栽培のアスパラガスは，栽培地域の直売所で大人気であり，収穫物を使った収穫体験や食育などのイベントも開催され，新たなアスパラガスの産地が形成されつつある。近い将来，ブランド化された採りっきり栽培のアスパラガスが市場に登場してくるかもしれない。

　採りっきり栽培は，暖地の春どりをイメージして開発した新作型であるが，寒冷地からの問

アスパラガスの採りっきり栽培

第28図　茎葉の黄化　　　　　　　　（撮影：田口巧）

第29図　若茎の凍霜害
　　　　　　　　（撮影：田口巧）
早春の萌芽時期に，凍霜害に遭った若茎を速やかに切り取ることにより次の芽（若茎）の萌芽が促される

第30図　収穫終了後のトラクターによるすき込み
　　　　　　　　（撮影：津田渓子）

い合わせも多いことから，今後は寒冷地や積雪地などでも採りっきり栽培の適応性を検討していきたい。

(2) 栽培の特徴

採りっきり栽培の特徴は，1）露地栽培で定植翌年に本格収穫可能で，毎年株を更新するため，病害蔓延のリスクが軽減されること，2）春だけの栽培のため，濃紫色のムラサキアスパラガスも安定して栽培でき，ホワイトアスパラガスを加えた3色アスパラガス栽培の可能性があること，3）九州の暖地と東北から北海道にかけての寒冷地および寒地の産地の収穫の端境

第31図　「採りっきり栽培」における後作物の
　　　検討　　　　　　　（撮影：津田渓子）
後作物としては，現在のところ，スイートコーンやエダマメ，ミニニンジン，アブラナ科野菜（キャベツやブロッコリー）などが適すると考えられる

その他の新技術と栽培

期である3〜5月に収穫できることから，現在の直売所への出荷の地産地消だけでなく，生産が増えてくれば，市場出荷も見込めること，4）露地栽培のため，ハウスなどの設備投資にかかる費用が不要であり，アスパラガス栽培の熟練者だけでなく初心者でも取り組みやすいこと，などである。

（3）さらなる増収のために

採りっきり栽培のさらなる増収のためには，より早期に定植するための被覆資材や，大株養成のための施肥および灌水方法の検討，最適な栽植密度の検討などを行なう必要がある。

とくに，ムラサキアスパラガスは，グリーンアスパラガスに比べて密植栽培適性に優れているとされることから（元木ら，2011），採りっきり栽培においても，密植により増収が期待できる。

また，採りっきり栽培に必要な耐寒性，収量性，休眠性および萌芽時期の観点から，適品種の選抜および専用品種の育成も，さらなる増収および収益向上につながる。さらに，採りっきり栽培は収穫期が春に限定されることから，春どりをイメージする太ものが長く収穫できる品種が求められる（第32，33図）。

（4）後作物の選定

採りっきり栽培は，従来のアスパラガス栽培に比べて栽培期間が短く，圃場の占有期間が短いため，ほかの作物との輪作により，圃場の有効利用が可能になる。

アスパラガス栽培後の後作物の栽培について，浦上ら（2009）は，伏せ込み促成栽培後のアスパラガス廃棄根を圃場にすき込むことにより，キタネグサレセンチュウの発生密度低減と後作レタスの増収効果があると報告した。一方，元木ら（2006）は，アスパラガス残根のアレロパシー物質により，後作物の生育阻害を報告した。

採りっきり栽培においても，後作物には，生育促進を示す品目と，生育阻害を示す品目の両方があると考えられる。そのた

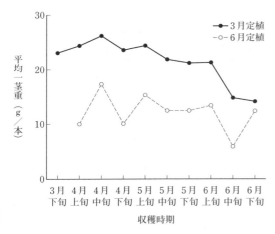

第32図　「採りっきり栽培」における定植時期の違いが収穫時期別の一茎重に及ぼす影響
（神奈川県川崎市，2014年定植，品種：満味紫）
（蕪野ら，2018）
6月定植株は3月下旬の収穫なし

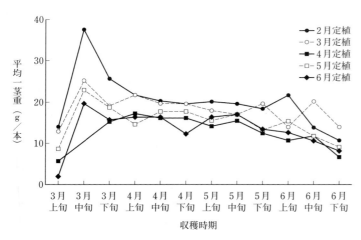

第33図　「採りっきり栽培」における定植時期の違いが収穫時期別の一茎重に及ぼす影響（神奈川県川崎市，2015年定植，品種：太宝早生）
（蕪野ら，2018）
4月定植株は3月中旬の収穫なし

め，採りっきり栽培終了後の後作物の栽培による輪作体系を構築するには，採りっきり栽培後に栽培する後作物の生育促進または生育阻害効果の両方を考慮し，後作物として適する作物を選定する必要がある。

採りっきり栽培は，全国各地の生産現場に広く普及し始め，採りっきり栽培にかかわるそれぞれの関係者が試行錯誤を重ねながら，採りっきり栽培の生産拡大をはかっている。採りっきり栽培で収益をあげている生産者も多く，全国各地に今後の採りっきり栽培の普及拡大の参考になる事例が蓄積されつつある。採りっきり栽培のさらなる生産拡大には，全国各地で得られた成功事例を，現在の生産者だけでなく，今後新たに採りっきり栽培に参入する新規のアスパラガス生産者にも的確に伝えること，そして，流通業者や飲食業者，消費者などとともに，採りっきり栽培のネットワークを構築していくことが必要であると考える。

現在，中国など海外からも採りっきり栽培に関する問い合わせがあり，今後は海外においても，採りっきり栽培が，あるいは採りっきり栽培で利用される早植えの株養成法が広まっていく可能性がある。

執筆　元木　悟（明治大学）

参考文献

群馬県農政部技術支援課．2015．農業経営指標アスパラガス（促成）．http://www.aic.pref.gunma.jp/agricultural/management/running/guideline_h27/pdf/yasai_31.pdf

橋下愛・園田高広．2013．北海道におけるアスパラガス茎枯病の発生調査．北海道園芸研究談話会報．**46**，92—93．

久冨時行．1995．第3章．栽培の実際．アスパラガスの多収栽培．49—118．農文協．東京．

池内隆夫．1998．暖地での作型と生かし方．農業技術大系野菜編．第8-②巻，基249—252．農文協．東京．

稲垣昇・津田和久・前川進・寺分元一．1989．アスパラガスの光合成に及ぼす光強度，CO_2濃度及び温度の影響．園学雑．**58**，369—376．

井上勝広・重松武・尾崎行生．2007．アスパラガス半促成長期どり栽培の収量に及ぼす立茎開始時期と親茎の太さの影響．園学研．**6**，547—551．

蕪野有貴・石井葉菜子・今井峻平・津田渓子・松永邦則・元木悟．2016．アスパラガスの新栽培法（仮称，採りっきり栽培）における植穴の形状の検討．園学研．**15**（別1），369．

蕪野有貴・田口巧・松永邦則・高橋ゆうき・元木悟．2018．アスパラガスの新栽培法（1年養成株全収穫栽培法）における定植時期が生育，収量および収益に及ぼす影響．園学研．**17**，345—357．

神奈川県農業技術センター．2014．アスパラガス露地長期どり栽培．http://www.pref.kanagawa.jp/cnt/f450008/p581240.html

小泉丈晴・中條博也．2008．伏せ込み促成アスパラガス栽培における1年半株養成法が茎枯病発生，根株および若茎の生育に及ぼす影響．群馬農技セ研報．**5**，44—45．

小泉丈晴・山崎博子・大和陽一・濱野恵・高橋邦芳・三浦周行．2002．アスパラガス促成栽培における若茎の生育に及ぼす品質，低温遭遇量，株養成年数および性別の影響．園学研．**1**，205—208．

甲村浩之・渡邊弥生．2005．紫アスパラガス‘パープルパッション’の全期立茎栽培における生育・収量特性と食味・ポリフェノール含量評価．近畿中国四国農研．**6**，50—56．

元木悟．2003．アスパラガスの作業便利帳．1—152．農文協．東京．

元木悟．2011．ムラサキアスパラガスの栽培．農業技術大系野菜編．第8-②巻，基299—306．農文協．東京．

元木悟．2016．第15章．日本におけるアスパラガスの生産，輸入および消費の動向．214—229．世界と日本のアスパラガス．養賢堂．東京．

元木悟・井上勝広．2008．第3章．高品質多収の道筋と実際管理．57—112．アスパラガスの高品質多収技術．農文協．東京．

元木悟・北澤裕明・前田智雄・久徳康史．2011．密植栽培がムラサキアスパラガス‘パープルパッション’の収量および生育に及ぼす影響．園学研．**10**，81—86．

元木悟・西原英治・北澤裕明・平田俊太郎・藤井義晴・篠原温．2006．アスパラガス連作障害におけるアレロパシー回避のための活性炭の利用．園学研．**5**，437—442．

長野県農政部農業技術課．2014a．農業経営指標アスパラガス（半促成・長期）．https://www.pref.nagano.lg.jp/nogi/keiei/documents/48yasai.pdf

その他の新技術と栽培

長野県農政部農業技術課. 2014b. 農業経営指標アスパラガス（露地）. https://www.pref.nagano.lg.jp/nogi/keiei/documents/47yasai.pdf

新留伊俊・小芦健良. 1967. 暖地におけるアスパラガス茎枯病の被害と防除薬剤. 九州農研. **29**, 102—103.

大串和義. 1998. 定植時期, 苗と1年目の生育・収量. 農業技術大系野菜編. 第8-②巻, 基111—113. 農文協. 東京.

清水佑・松永邦則・浦上敦子・柘植一希・山口貴之・元木悟. 2016. 新たに開発したホーラーがアスパラガスの定植における作業性に及ぼす影響. 農作業研究. **51**, 11—21.

園田高広. 2014. 茎枯病の耕種的防除法. 農業技術大系野菜編. 第8-②巻, 基237—240の2. 農文協. 東京.

鈴木玲美・北條怜子・染谷美和・堀部友香・高橋賢人・刑部榮三・鈴木仁・藤尾拓也・吉田泰・元木悟. 2017. 土壌の違いが生分解性ネットの分解特性に及ぼす影響. 園学研. **17**（別1）, 442.

Taguchi, T., Y. Kabuno and S. Motoki. 2018. Development of new harvest production system for asparagus (Whole harvest cultivation method of one-year-old plants). Acta. Hortic. (In press).

東京都中央卸売市場. 2015. 統計情報品目別取扱実績（アスパラガス）. http://www.shijou-tokei.metro.tokyo.jp/asp/searchresult2.aspx?gyoshucd=1&smode=10&s=2015|1|2015|12|0|3|30|331000&hinmoku_flg=false

津田渓子・蕪野有貴・今井峻平・松永邦則・元木悟. 2016. アスパラガスの新栽培法（採りっきり栽培）における輪作の可能性. 園学研. **15**（別2）, 392.

浦上敦子・相澤証子・國久美由紀・村上健二・徳田進一・東尾久雄. 2009. 伏せ込み促成栽培後のアスパラガス廃棄根株すき込みによるキタネグサレセンチュウ密度低下と後作レタスの収量増加. 日本線虫学会誌. **39**, 23—30.

寒冷地のニンニク栽培

1. マルチ栽培の意義と目標

(1) 栽培法の生い立ち

ニンニクは，わが国には1,000年以上も前に渡来し栽培されてきた。しかし，その独特の臭いが日本人の好みにあわなかったため，最近まで他の作物のように普及せず，薬用などとして自家用程度の小規模な栽培が行なわれていた。

戦後，アメリカ合衆国，メキシコ，中東諸国や東南アジア向けの輸出用として，さらにはガーリックパウダーやガーリックオイルなどの加工原料としての需要が増加した。

青森県においては，1958年に輸出用の契約栽培が始まり，これを契機に農家のニンニク栽培に対する関心が高まり，県内各地で栽培が行なわれるようになった。

青森県内の古い産地としては，旧福地村（現南部町），旧岩木町（現弘前市）などがあり，それぞれ在来種が存在した。これらの産地ではそれぞれ独自の栽培法が発達したが，昭和30年代まではいずれも露地（無マルチ）栽培が行なわれていた。

しかし，軽しょうな火山灰土壌が多い県南地域では，越冬後から春先にかけて乾燥が続く年には乾燥害が著しく，作柄への影響が大きかった。この対策として，当初は敷わらや未熟な堆肥などを利用したマルチングが行なわれたが，ポリフィルムの普及により，昭和40年代半ばにはこのポリフィルムを利用したマルチ栽培の試作が始まった。試作の結果，マルチ栽培により乾燥害が軽減され生産性や商品性が高まることが明らかとなり，また，保温や肥料養分の流亡防止，抑草効果なども認められ，マルチ栽培は急速に普及した。

マルチ栽培は，現在では，県南地域だけでなく，転作田の一部を除き，津軽地域でも普及している。

(2) マルチ栽培の生理的意義

①土壌水分の保持

ニンニクは一般に乾燥に強い作物とされてきたが，洪積土などの粘質な保水性の高い土壌で生育がよいことや，根はその大部分が深さ20〜30cmまでの浅い層に分布していることからみて，むしろ乾燥に弱い作物といえる。

青森県では越冬後の4〜5月は降水量が少なく，畑は乾燥しやすい。乾燥の著しい圃場では葉先枯れが発生することがあり，その後の生育や収量への影響も大きい。土壌の乾燥により植物体への養分吸収が抑えられてその障害も現われる。さらに6月は球の肥大が盛んであり，この時期の水分不足は収量に大きく影響する。

マルチ栽培では土壌からの水の蒸発を抑えることができるため，土壌水分が高く保持されて生育が順調に行なわれる。

②地温の上昇

青森県では，ニンニクは越冬前に栄養生長し，数枚の葉を地上に展開させた状態で冬を迎える。冬期のニンニク圃場は雪に覆われ，4月下旬から5月上旬に花芽分化とともにりん片の分化が行なわれ，5〜6月の温暖長日条件でりん片が肥大して，球が形成されていく。したがって，冬期にりん片分化のために十分な低温に遭遇したあとは，生育促進を図り，その後の生育を旺盛にして球の肥大を促進することが大切である。

球の肥大は気温10℃程度から始まり，15〜20℃が好適とされている。マルチ栽培では地温の上昇が早まることから，越冬後の生育が促進されるだけでなく，りん片の肥大に必要な温度も確保することができ，生育と球の肥大のいずれにも好影響を与える。

③養分の保持，土壌の物理性の確保

冬期に積雪が多い当地域では，春の雪解けによる肥料の流亡が多い。マルチ栽培では，肥料養分の流亡を防ぐことができ，マルチ下の土壌が膨軟に保たれるため，根の働きも良好となる。

草丈（cm）
一株重（g）
透明マルチ
黒マルチ
露地
4/16
4/28
5/22
6/11
月/日

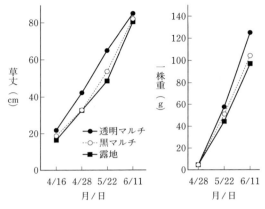

第1図　マルチ栽培の生育促進効果
（青森農試園芸支場，1971）

収量（kg/a）
透明マルチ
黒マルチ
無マルチ

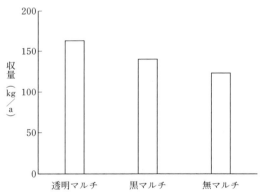

第2図　マルチ栽培の生産性
（青森農試園芸支場，1971）

このように，マルチ栽培では露地栽培に比べて土壌水分が適度に保持され，地温が上昇し，肥料養分の流亡や土壌物理性の悪化が抑制されることから，ニンニクの生育に有利に働き，生産性が高くなる（第1，2図）。

(3) 生育の特色

暖地では，冬期温暖な気候を利用して早熟栽培や種球の冷蔵処理による早出し栽培が行なわれている。しかし，寒冷地ではこのような作型の分化はこれまでほとんどみられず，マルチ栽培が露地栽培に準じた作型として行なわれていた。

ただし，2000年ころからは無加温のハウスを利用した栽培が，露地栽培より1か月半，マルチ栽培より1か月早出しできる栽培として実験的に始められている。現在は，2002年に萌芽抑制剤エルノー液剤の登録が抹消されて，貯蔵温度が氷点下になり長期貯蔵にコストがかかるようになったため，ハウス栽培は，周年出荷の貯蔵後期の出荷分を補完する作型としての意義ももつようになってきた。ハウスでのマルチ栽培では，灌水が不可欠となるため，その効果はより高くなる。

露地でマルチ栽培における植付け時期は地域によって異なり，9月中旬から10月上旬までとなっている（第3，4図）。積雪期間が長く根雪になる時期が早い津軽地域では，越冬前の生育を確保する目的で，県南地域より植付けが1～2週間早い傾向がある。

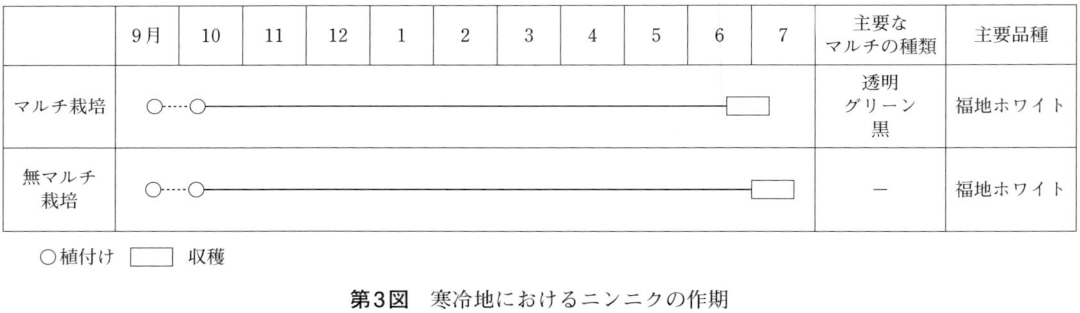

9月
10
11
12
1
2
3
4
5
6
7
主要なマルチの種類
主要品種
マルチ栽培
透明
グリーン
黒
福地ホワイト
無マルチ栽培
—
福地ホワイト
○植付け
収穫

第3図　寒冷地におけるニンニクの作期

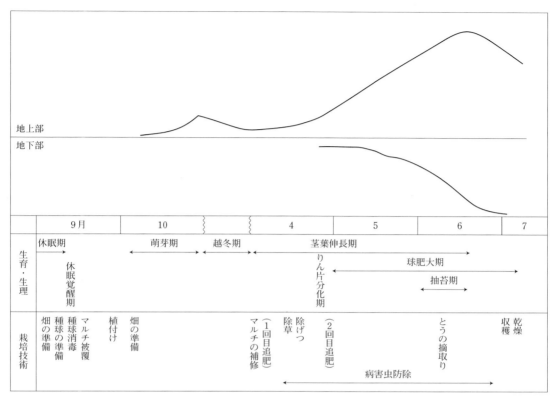

第4図 青森県におけるニンニクマルチ栽培の生育・生理と栽培技術

萌芽は植付け後10日～2週間目ころから始まり，年内に90％前後が萌芽して越冬する。マルチ栽培では露地栽培より萌芽の時期が早く，年内の萌芽率も高く，生育量も多くなる。

越冬後，地上部の生育は4月中旬ころから旺盛となり，6月中旬ころまで急速に進み，その後は緩慢となる。抽苔は6月上中旬ころからみられるが，マルチ栽培では抽苔株が露地栽培より少ない。一方，りん片の分化期は4月下旬ころで，りん片への貯蔵養分の蓄積が5月中旬ころから始まり，収穫期まで肥大が続く（第4,5図）。

収穫期は6月下旬から7月上旬で，露地栽培より10日以上早まる。また，ポリフィルムの色によっても異なり，透明マルチが最も早く，グリーンマルチ，黒マルチの順に収穫期は遅くなる。

第5図 マルチ栽培での生育状況（5月下旬）

(4) 品種の選び方

ニンニクは全国各地で栽培され，それぞれの地域の環境に適応した品種が定着している。

寒地系の品種としては，'富良野''岩木''福地ホワイト'など，暖地系として'壱州早生''佐賀大にんにく'などがある。正常な球形成

のためには花芽分化が必要であり，花芽分化のための低温要求性，球の肥大に必要な温度や日長などに対する反応には品種間差があるため，寒地系の品種を温暖な地域で栽培しても，良いりん茎が生産されない場合もある。

具体的には，低温量が満たされないために花芽が分化せず分球しないで中心球（一つ球）が発生したり，花芽が分化し分球してもりん片が十分に肥大しない，などである。

また，反対に暖地系の品種を寒地で栽培しても同様である。したがって，栽培する品種は在来種を中心に選定すべきである。

一方，市場性の面からみると，調理のしやすさから，りん片数が少なくりん片の大きいものが好まれる。

青森県では，在来種の‘福地ホワイト’と‘岩木’などのなかから，外皮が白く，大球でしかもりん片の数が6片と少ない‘福地ホワイト’を選定し，この品種にほぼ統一されている。この品種は旧福地村で古くから栽培されていた在来種であり，東北での栽培も多い。昭和40年代半ばに津軽地域にも‘福地ホワイト’が普及した。青森県は1978年に現場へのウイルスフリー種苗の普及を目指してニンニクのウイルスフリー化事業を開始したが，このときの対象品種は‘福地ホワイト’であった。

‘福地ホワイト’は花茎の長さに変異があり，同じ親球から得られた種球でも変異が認められる。このため，県内各地域で選抜された系統のなかには，花茎の長さや球の肥大性などの異なる系統が存在する。

2. 栽培技術の要点

(1) ポリマルチフィルムの種類

現在使用されているポリフィルムの主な色は，透明，グリーン，黒で，地域により使い分けられている。

前述したようにマルチの効果としては，地温の上昇，水分の保持，肥料の流亡防止，土壌物理性悪化の抑制などがあげられる。

とくに，地温の上昇効果はポリフィルムの種類によって差が認められ，透明マルチが最も高く，黒マルチは劣る。グリーンマルチはこれらの中間となる。このため，透明マルチは黒マルチに比べて生育や球の肥大が旺盛となり，増収効果が高く収穫期も早まる。その反面，透明マルチでは適期を失すると割れ玉の発生が多くなるなど，収穫適期幅が狭く，収穫期の判定には細心の注意が必要である。

また，ニンニクの生育適温は18～20℃で低温性の野菜の一つであるが，透明マルチでは6月以降に地温が高くなりすぎて変形球の発生や球の肥大が抑制されるので，栽培する地域の気象条件を考慮してマルチフィルムの種類を選定する必要がある。

青森県の県南地域ではヤマセ気象のため，6～7月に低温少日照の日が続くことがある。ヤマセとは，東北地方で梅雨期から夏期にかけて吹く低温の東寄りの風のことで，日本の北にオホーツク海高気圧が出現し，本州南岸付近に低気圧や前線が停滞するような気圧配置で発生する（東北農業研究センター資料から引用）。この影響は大平洋沿岸に近いほど強く，内陸部では弱まる。このため，地温上昇効果の大きい透明マルチは大平洋沿岸に近い地域で，黒マルチは内陸部で多く用いられている。

また，黒マルチは雑草の発生がほとんどなく，除草労力が大幅に軽減される。さらに，透明マルチと組み合わせることにより，収穫期の幅を広げることができるため，作付け規模の拡大に役立つ。

(2) 土壌改良

①有機物の施用

ニンニクは乾燥条件で収量が減ずる作物で，一般に粘質土など保水性の良好な土壌が適するとされているが，青森県の県南地域に多い火山灰土壌においても，適正な土壌改良を行なうことによって，良品生産は十分可能である。

ニンニク栽培では，有機物の施用効果が大きい。有機物の施用によって，保水，適度の通気，排水などの土壌物理性が改善されるとともに肥

料としての効果も大きい。窒素の吸収割合を見ると、土壌中の地力窒素に由来するものが相当あり、10a当たり2t程度の堆肥施用が望まれる。ただし、未熟有機物の施用は生育初期の根に障害を与え、越冬後の欠株や生育不良の原因となり減収するため、必ず完熟したものを利用する。

有機物の施用が困難な場合には、ニンニク収穫後の7～9月の休栽期間を利用して、緑肥作物（スダックスなど）を作付けし、土壌にすき込んで有機質の供給源とする。スダックスのすき込みは、ニンニクの植付け時期の少なくとも20日くらい前に行なう。このとき、10a当たり40kg程度の石灰窒素を施用し、すき込み後、数回ロータリ耕を行なって土を十分混和する。

②酸性の改良

ニンニクは酸性に弱い作物で、pH5.5以下の土壌では生育が悪くなり、とくに強酸性土壌では、根の先端が太く丸くなり伸長が停止するなどの障害がみられる。pH6.0～6.5を目標に石灰を施用し矯正する。

③リン酸の施用

火山灰土壌ではリン酸吸収係数が高いため、リン酸の施用効果が高い。ニンニクではこの施用効果が大きく、有効態リン酸（トルオーグ法）50～70mgを目標にリン酸肥料を施用する。ただし、最近はリン酸資材が連用されて、土壌中にすでに十分な有効態リン酸が存在する場合も認められているため、作付け前には必ず土壌診断を実施する必要がある。

(3) 優良種球の確保

種球を選ぶ場合は、まず、栽培する地域の気候に適した遺伝的素質を有していることと、病害虫に感染していないことが重要なポイントである。

ニンニクは、昔から、大きい種球を用いることが良品質で多収のために重要であるといわれてきた。種球の大小とそれに着生する側球の大きさ別の分布を見ると大きな球ほど側球は大きい。さらに、大きい種球と小さい種球からそれぞれ同じ大きさ（重量）の側球を種球とした場合、大きい種球のものほど生育や球の肥大がよい（第6図）。

ただし、ウイルスに感染した株またはウイルス病の発病程度が異なるものが混在している圃場では、選抜効果が現われる要因として、遺伝的な要因とともに、ウイルスの感染によることも考えられるため、大きめの種球を用いるとウイルスフリー株の割合も高くなる（第1表）。

病気に感染していないこと、害虫が寄生していないことは最も重要な要因である。しかし、

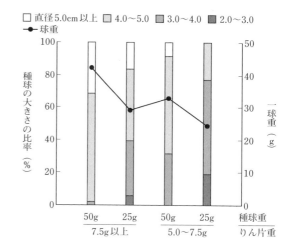

第6図　大きさを異にした種球の同一重りん片の収穫球の大きさ分布と平均一球重

(青森農試五戸支場, 1968)

第1表　ウイルス症状による選抜の効果

(青森農試, 1977)

系統	一球重(g)	a当たり収量(kg)	比率[4]	上物率(%)	上物収量(kg)	優良株率[1](%)
農試[2] 無選抜	51.0	127.5	100.0	84.0	107.1	10.0
農試1回選抜	56.6	141.5	111.0	93.0	131.6	19.0
農試2回選抜	60.6	150.0	118.0	92.0	138.0	22.0
川内[3] 無選抜	60.2	150.5	118.0	92.0	138.5	11.0
川内1回選抜	65.2	163.0	128.0	95.0	154.9	15.0

注　1) 優良株率とは次年度用種球として選抜したウイルス症状の軽いものの占める割合
　　2) 青森農試の栽培試験に供試していた系統（由来は不詳）
　　3) 1974年に五戸町川内地区現地農家から採集した系統
　　4) 比率とは農試 無選抜のときのa当たり収量に対する比率

その他の新技術と栽培

ニンニクの種苗は栄養繁殖性作物であるため，一般に栽培されていたほとんどすべての株はウイルス病に罹病していた。また，種球が土中で生産されるため，土壌を介した病害虫に感染していない種苗を確保することは非常に困難である。とくに，イモグサレセンチュウに感染した株を一度圃場に持ち込むと，根絶することはきわめて困難である。

そこで，青森県は，1978年より茎頂培養によりウイルスフリー株を作出し，昭和60年代の初めころから県内の農家へ配付している。ウイルスフリー株は，同じ大きさの罹病した種球に比べて生産力が大きいだけでなく，比較的小さい種球も販売用の栽培に利用できる（「ニンニクのウイルス病対策」基439〜447ページの項を参照）。作付け前に土壌消毒した専用の圃場で増殖した株は，土壌病害虫に感染または寄生していないことを確認しており，農家の種球更新に役立つ。

(4) 植付け時期

ニンニクは夏期に休眠する。休眠の期間は，品種や栽培地などで異なるが，青森県で再びりん片の芽と根が伸長を開始するのは，8月下旬ころ，根がりん片から突き出る発根は8月末〜9月上旬ころである。このため，9月中旬から植付けが可能となるが，マルチ栽培では露地栽培に比べて出芽が早く生育も進みやすいため，青森県における植付け適期は9月下旬〜10月上旬ころである。

植付けが早いと越冬前に生育が進みすぎて積雪による葉の損傷が大きく，病害が発生しやす

くなり，反対に植付けが遅いと越冬前の生育を確保できない。マルチ栽培では越冬直後の葉数を3〜4枚確保することが必要で，これによって，収量および市場性の高い大球の生産量も多くなる（第2表）。

このため，植付けの適期を失しないよう注意することが大切である。

新芽がりん片の貯蔵葉から飛び出す萌芽は発根より遅く，10月中旬以降である。種球を乾燥状態におくと，発根はしても根の伸長は抑えられており，11月前までは植付けによるいたみは少ない。この根も，土に植え付けると速やかに伸長を開始する。

(5) 病害虫の防除

ニンニクの球の肥大は茎葉の生育とのかかわりが大きく，安定した収量をあげるためには茎葉の生育量を確保することが大切である。とくにニンニクの葉は花芽が分化するとその後増加せず，年次によって若干の増減はあるものの，おおむねウイルスフリー株で13〜14枚程度，収穫期には生理的に枯れる数枚を差し引いて10枚程度である。したがって，越冬後は地上部の生育を健全に保つことが必要である。病害虫の被害により枯葉数が多くなると，その後の生育，球の肥大に影響を与えるばかりでなく，収穫・乾燥中の割れ球の原因にもなる。

寒冷地では，茎葉の病害虫の発生は越冬前はほとんどみられないが，越冬後の生育期にはいろいろな病害虫が発生する。このため，病害虫の防除は安定生産のために重要な作業となる。

また，茎葉に発生する病害虫のほかに，土壌または種球が媒介するもの，乾燥貯蔵中に発生するものもある。

青森県における主要な病害虫は次のとおりである。

葉枯病 生育後期に発生する。高温・多雨条件で発生が助長され，草勢が衰えると発生しやすくなる。病徴は紡錘型，不整円形に赤紫色を帯びた病斑を

第2表 越冬直後のニンニクの葉数と収量

(青森畑園試, 1987)

越冬直後の葉数(枚)	総重量(kg/a)	上物収量 (kg/a)			上物率(%)	一球重(g)	対比[1](%)
		2L〜L	M〜S	計			
4	155.1	140.3	0	140.3	91	84	113
3	148.1	135.9	0	135.9	91	81	109
2	141.2	122.7	0	122.7	87	77	104
1	136.8	122.1	0	122.1	89	74	100

注 1) 対比：越冬直後の葉数1枚のときの一球重に対する比率

生じ，黒色すす状のカビがのちに発生する。

さび病　ネギなどにも発生する病害で，紡錘形で橙黄色のやや隆起した小型病斑を生じ，のちに裂けて黄赤色の粉末（夏胞子）を出す。

春腐病　4月中下旬以降発生する。葉身，葉舌，葉鞘などの各部から発病し，葉脈に沿って軟化・腐敗する。株の下部に伸展し玉割れや側球の保護葉の軟化・腐敗を引き起こすこともある。

黒腐菌核病　青森県では6月ころから，株の下位葉から上位葉へ，比較的急速に黄化が進む。このように葉の枯れ上がりが早い株を抜き取ると，根が侵されて水浸状になり，球の表面にゴマ粒状またはカサブタ状で黒色の菌核が多数形成されているのが認められる。

紅色根腐病　生育が旺盛な時期には発生しにくいが，6月になって葉の枯れ上がりが早い株を抜き取ってみると根が赤紫色で水浸状に腐敗している。土壌伝染性の病害で，菌の生育は25～30℃の比較的高温を好むため，露地栽培よりマルチ栽培での発病が多い傾向である。

イモグサレセンチュウ　発生初年度などでは，出荷のための調製時や種球を準備するときに初めて見つかる場合が多い。多発圃場では6月ころに，黒腐菌核病に類似した黄化症状が発生するが，根の軟化・腐敗はないので区別できる。ニンニクの病害虫のなかで最も注意しなければならないもので，一度発生すると根絶がきわめて困難であり，土壌に長年残るので，栽培圃場を変える。寄生したりん茎は貯蔵中にセンチュウがりん片内部に侵入し，スポンジ状に腐敗させるため，貯蔵中や出荷後に見つかることもある。発見が出荷後であれば生産物の信用を失わせることにもなる。主な発生原因は寄生した種球の圃場への持込みである。その場合，植付け後に欠株となる場合もある。また，ロータリなどに付着した土によってほかの圃場に広がることもある。

ネギコガ　春から収穫期にかけて数回発生を繰り返し，幼虫が茎葉と珠芽を食害する。

チューリップサビダニ　青森県では，茎葉での寄生数はきわめて少ないが，乾燥・貯蔵中に急激に発生することがある。ダニ伝染性のアレキシウイルス属ウイルスを媒介する。ダニはりん片を覆っている貯蔵葉が腐敗，発根，萌芽，種球のほぐし作業によって生じる裂け目から移動，侵入して拡大する。常温での貯蔵中に増殖して，りん片表面が吸汁されて黄変を生じ，しなびる。

ネギアザミウマ　青森県では6月以降高温になるにつれて，葉に発生する。割れ玉では貯蔵中にりん茎内に侵入した虫により，りん片表面が食害され，食痕を生ずる場合もある。

（6）適期収穫と乾燥

ニンニクは収穫期に至ると茎葉が急速に枯れ込むが，茎葉が枯れ始めても球の肥大は続いている。収穫が遅れると割れ玉が多発し商品性が失われるため，収穫適期の判定がきわめて重要であることは前述したとおりである。

一般に収穫時期の判定は葉の黄変程度によって行なわれているが，マルチ栽培では球の肥大が早く，必ずしもこの方法と一致はしない場合がある。このため，随時試し掘りをして肥大状況を見ながら判断する必要がある。

また，ニンニクは，収穫してすぐに生で出荷するものもあるが，大部分は乾燥後貯蔵して長期にわたって計画的に出荷される。乾燥を失敗するといくら品質の良いものを収穫しても生産者の収益とはならない。

乾燥の方法には，軒下などに吊るす自然乾燥法と温風乾燥機を設置した強制乾燥法とがある。強制乾燥法は乾燥後の品質が優れていることから，現在，青森県の農家では強制乾燥が行なわれている。

（7）貯蔵・高温処理

収穫後乾燥したニンニクを周年出荷するには，2001年産までは収穫前に萌芽抑制剤エルノー液剤を散布することで常温または0℃冷蔵で周年出荷が可能であった。しかし，2002年5月にエルノー液剤の農薬登録が失効したため，現在は−2℃の冷蔵庫で長期貯蔵し，計画的に出荷する。

ニンニクの収穫時期は1年に一度で，6月下旬から7月中旬である。一部はそのまま生で出荷するが，生出荷では外皮（葉鞘）や盤茎部から腐敗しやすく，日持ちがしない。

また，ニンニクは収穫直前から深い休眠に入り，乾燥中にも休眠しているが，自然乾燥で9月上旬，強制乾燥では8月下旬ころに覚醒して，芽と根が生育を開始する。根は，りん片から発根してさらに発達し，外皮（葉鞘）と盤茎部を引き離し，その隙間をくぐり抜けるように発生する。芽は貯蔵葉の隙間を上方向に伸長するが，根が外皮から見えるようになる時期より若干遅くなる。

青森県では，植物学的な生理状態と若干異なるが，貯蔵について言及するとき，外皮（葉鞘）が根により盤茎部から剥がされて根が外から見えるようになった状態を「発根」，芽がりん片から突出したときを「萌芽」と呼ぶことにしている（第7図）。これは，全国農業協同組合連合会青森県本部のクレーム調査によるものである。

常温では10月上旬ころには発根が，次いで萌芽が見られるため，10月より前に出荷するものは常温での保管で十分であるが，それ以降に出荷を計画するものは，あらかじめ，乾燥終了後に冷蔵する。長期貯蔵には−2℃が萌芽発根および低温障害も少なく，湿度は80％程度がよいとされている。

一方，冷蔵庫から出庫したあとは，農家により調製（292ページ参照）され，出荷し，消費者に届けられる。冷蔵庫出庫から消費者に届くまでの日数は，その時期の滞荷の状態により異なるが，3〜4週間かかり，その間の萌芽・発根を抑制するために高温処理が必要になる。なお，高温処理には必要量のりん茎を入れた状態で，正確な温度制御ができる処理装置が必要である。

3. 栽培法と生育生理

(1) 植付け前（種球と畑の準備）

①この時期の技術目標
この時期の技術目標は第3表のとおりである。

②種球の選別
種球はウイルスフリーの種球の場合は，すべての側球と珠芽を利用する。一方，ウイルス病に感染していたり，感染株とフリー株が混在している場合は，小さいりん茎を用いるとウイルス病に感染している割合が大きくなるので，できるだけ大きく品種固有の形質を備えた，病害

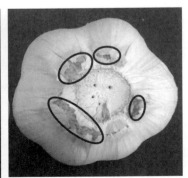

第7図　貯蔵中の萌芽・発根
左：休眠中のりん片，中：萌芽・発根したりん片，右：底部から「発根」したりん球（流通場面では根が外皮を押しのけて外部から見えるようになると"発根"ものとして商品価値が低下する）

第3表　種球の準備から畑づくりまでの技術目標

技術目標	技術の内容
種球の選別	優良種球の選別 種球りん片には大きめのものを選ぶ（福地ホワイトでは10〜15g, 最低7.5gくらい） 種球消毒の実施
畑づくり	完熟堆肥の施用 酸度の矯正 リン酸資材の施用 深耕 基肥の施用（緩効性肥料）
マルチの被覆	穴のあいたマルチは植付け直前に被覆する 透明フィルムマルチの場合は, マルチ下に除草剤を散布する

第4表　種球りん片の大きさと分げつ株の発生

（青森農試, 1975）

種球の大きさ（g）	分げつ株発生率（%）
〜5.0未満	0.0
5.0〜7.5	0.5
7.5〜10.0	1.1
10.0〜12.5	3.3
12.5〜15.0	5.2
15.0〜	18.3

虫に侵されていない種球を選ぶ。選んだ種球はほぐして側球を取り出すが, このときも病害虫の被害の有無を確認しながら行なう。

種球用りん片の大きさ（重量）もやはり大きいもののほうが生産性が高い。青森県では10〜15gが基準であるが, この大きさの側球を揃えるのが困難な場合は7.5g以上のものを使用している。ただし, 15gを超えると複数萌芽の発生が多くなるため, 大きくても15g程度にとどめるべきである（第3, 4表）。種球の品種, 栽培地域によって栽植本数が異なるが, 青森県では10a当たり1万8,000〜2万4,000株植えが標準で, 260〜300kg必要となる。

③種球消毒

最近, 黒腐菌核病, イモグサレセンチュウ, チューリップサビダニの発生が散見されている。

黒腐菌核病, イモグサレセンチュウの発生が確認された圃場には, 植付けしないようにする。とくにイモグサレセンチュウの場合は, ニンニクの栽培をいったん止めても長い年月生存できることが報告されているため, 注意が必要である。

チューリップサビダニは, 保護葉（ニンニクりん片の一番外側）に亀裂が生じるとりん片の間を移動するため, それにともなってアレキシウイルス属ウイルスの伝染も発生すると考えられている。側球をほぐす作業により, 保護葉に亀裂が入ることは完全には避けることはできな

いため, ほぐしたらすぐに適切に種球消毒を行ない, 日陰でよく乾かしたあとに植え付ける。

④圃場の選定と土壌改良

ニンニクは, 乾燥した土壌では収量や品質が劣るので, 保水性のある土壌が望ましく, 洪積土壌が適し, また水田転作畑も適している。しかし, 排水が悪いと根の伸びや生育が抑えられるので, 排水の良い圃場を選定する。

ニンニクづくりは土つくり, ともいわれるように有機質や有効態リン酸を多く必要とする。植付け前に必ず土壌診断し, 完熟堆肥を10a当たり2t程度投入するとともに, pHを6.0〜6.5に矯正し, 有効態リン酸50〜70mgを目標に石灰やリン酸資材を施用する。堆肥の入手が困難な場合は緑肥作物（スダックスなど）を作付けし, 植付け20日前までにすき込む。

⑤施　肥

ニンニクは, 植付けから翌春の融雪時までの生育は緩やかで, 融雪後からしだいに生育量が増加し, 6月中旬ころに最大となる。各養分の吸収量は, 窒素とカリが最も多く10a当たり15kg, リン酸は4kg程度である（第8図）。

窒素, カリの吸収量からみて多肥の効果が期待されるが, 各地の試験結果では多肥効果は少なく, 割れ玉やさび病発生の原因となる。このため, 施肥量は, 窒素, リン酸, カリともに10a当たり20〜25kgが適切である。

このほか, 石灰や苦土も不足すると生育に影響が出るため注意する。

マルチ栽培では露地栽培と比べて肥料の流亡が少ないことや, 追肥がやりにくいことなどから, 緩効性肥料を利用した全量基肥体系が一般的であるが, 基肥を6割, 追肥を4割とした追

その他の新技術と栽培

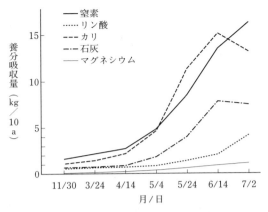

第8図 ニンニクの時期別養分吸収量
(平尾, 1968)
長野農試成績, 品種: 佐賀在来

肥体系も行なわれている（第5表）。
基肥は全面に施用し, ていねいに耕起・整地する。

⑥マルチの被覆

マルチの被覆はマルチャーを利用すると便利である。

一般的に単位面積当たりの栽植本数は多いほど収量は多くなるが, 球の肥大は低下する。品種や栽培地域などによって適正な栽植本数は異なるが, ニンニクは大球ほど市場性が高いことから, 極端な密植は好ましくない（第6表）。

青森県の栽植様式は, 通路を含めたうね幅は140〜150cm, マルチ面は100cm前後, 株間15cm, 条間25cm, 条数4条（並列）が一般的で, この規格にあわせたポリフィルムが市販されている。株間は16cmの場合もある。うねの高さは圃場の保水, 排水のよしあしで異なるが, 10cm程度とし, 転作田ではさらに高くする。

この作業は前日か2〜3日前に行なう。マルチの被覆後降雨があると植え穴部分の土が固まり, 人手による植付け作業に大きな力を必要として疲労が大きくなる。植付け後は, 植え穴にうね間の土をかけ, マルチ面と同じ高さにならす。

なお, 透明マルチを用いる場合は, マルチ下に散布できる除草剤を用いる場合もある。

第5表 マルチ栽培における追肥時期と収量　(青森畑園試, 1988)

年次	マルチの種類	区名	基肥 (kg/a)	追肥 (kg/a) 1回目	追肥 (kg/a) 2回目	追肥肥料の種類	総収量 (kg/a)	上物 (kg/a)	下物 (kg/a)	一球重 (g)	対比 (%) 総収量	対比 (%) 上物	下物割合 (%) 変形	下物割合 (%) 裂球
1987年	透明	追肥A	1.5	0.5	0.5	固形	140.8	113.6	27.2	77	100	91	4	16
		追肥B	1.5	0.5	0.5	固形	149.2	104.4	44.8	81	106	84	5	25
		追肥C	1.5	0.5	0.5	固形	157.3	143.3	10.0	86	112	118	0	6
		追肥D	1.5	0.5	0.5	固形	131.9	106.5	25.4	72	94	86	3	16
		全基肥	2.5	—	—	—	140.8	124.6	16.2	77	100	100	2	9
	黒	追肥A	1.5	0.5	0.5	固形	128.9	120.4	37.8	70	102	118	2	5
		追肥B	1.5	0.5	0.5	固形	145.4	127.9	8.5	79	115	125	5	7
		追肥C	1.5	0.5	0.5	固形	153.5	131.0	17.5	84	121	128	0	15
		追肥D	1.5	0.5	0.5	固形	140.6	117.5	22.5	76	111	115	7	9
		全基肥	2.5	—	—	—	126.6	102.5	23.1	69	100	100	4	15
1989年	透明	追肥A	1.5	0.5	0.5	固形	140.5	137.9	2.6	74	98	113	2	3
		追肥B-1	1.5	0.5	0.5	固形	150.5	133.8	16.4	79	105	110	8	0
		追肥B-2	1.5	0.5	0.5	液肥	153.2	141.5	11.7	81	107	116	5	3
		追肥B-3	1.5	—	1	固形	150.7	147.4	3.3	79	105	121	1	3
		追肥C-1	1.5	0.5	0.5	固形	153.7	145.6	8.1	81	107	120	3	1
		追肥C-2	1.5	0.5	0.5	液肥	157.0	140.2	16.8	82	110	115	6	0
		追肥D	1.5	0.5	0.5	液肥	139.0	119.7	19.5	73	97	98	11	5
		全基肥	2.5	—	—	—	143.4	121.6	21.8	75	100	100	12	3

注 追肥時期は以下のとおりである
1回目：4月上旬
2回目：A：りん片分化期10日前（4月上旬），B：りん片分化期，C：りん片分化期10日後，D：りん片分化期20日後

第6表　マルチの種類，栽植距離とニンニクの収量　　（青森畑園試，1979）

マルチ の種類	条間×株間 (cm)	総重量 (kg)	上物 (kg) 2L〜L	上物 (kg) M〜S	上物 (kg) 計	下物 (kg) 裂球	下物 (kg) 変形球	下物 (kg) くず	下物 (kg) 計	球重 (g)	黒マルチ対比 (%) 総重量	黒マルチ対比 (%) 上物	黒マルチ対比 (%) 2L〜L
透　明	25×12	136.0	53.5	62.0	115.5	6.8	13.7	0.0	20.5	57.1	126.9	116.0	280.1
	25×13	117.6	50.5	37.4	87.9	12.0	17.7	0.0	29.7	58.1	102.3	89.7	146.8
	27×13	125.3	49.1	52.3	101.4	15.9	8.0	0.0	23.9	57.0	116.2	98.7	141.5
	25×15	117.6	46.3	39.6	85.9	16.0	15.3	0.0	31.7	61.8	129.7	111.8	482.3
黒	25×12	107.1	19.1	80.4	99.5	5.8	1.8	0.0	7.6	45.0	100.0	100.0	100.0
	25×13	115.0	34.4	63.6	98.0	8.3	8.7	0.0	17.0	52.3	100.0	100.0	100.0
	27×13	107.8	34.7	68.0	102.7	1.8	3.3	0.0	5.1	49.1	100.0	100.0	100.0
	25×15	90.7	9.6	67.2	76.8	8.9	4.3	0.0	13.9	47.6	100.0	100.0	100.0

(2) 植付けから越冬期まで

①この時期の技術目標

越冬前の最も重要な要点は植付けを適期に行なうことである（第7表）。

②植付け

植付け時期は休眠性などから決定されるが，青森県での適期は9月下旬〜10月上旬である。10月中旬以降に植え付けると気温が低下するために，発根や発芽が遅れて，その後の生育や球の肥大に影響を与えて減収するので注意する（第9図）。

植付けの深さは，土壌が凍結する地域では浅く植え付けると根が切断されたり，りん片が浮き上がってきたりするため，深めに植え付ける。青森県の県南地域では，りん片の下部が10cm程度になるようにしている。

植付け作業は最近，半自動の植付け機が開発されたが，まだほとんどが手植えである（第10図）。

③除草剤の散布

黒マルチを利用するとマルチ下の雑草の発生はほとんどないが，うね間や通路には雑草が発生する。透明マルチではマルチ下も雑草の発生が多いため，早期の除草に努める。

施肥後ロータリかけのあと，マルチ前に使用できる除草剤もあるため，マルチャーの手前に散布機をつけて，除草剤散布直後にマルチ被覆をするとよい。

④萌芽期の管理

植付け10日ころから発芽が始まるが，葉が

第7表　植付け期から越冬期までの技術目標

技術目標	技術の内容
適期植付け	適期植付けの励行 適当な深さに植え付ける

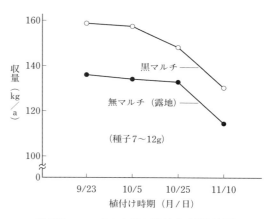

第9図　マルチの有無と植付け時期別収量
（青森畑園試，1975）

第10図　植付け作業
手前は植付け（T字のチューブで種球を押し込む），うしろは植え穴に土をかけている

その他の新技術と栽培

マルチの穴から出ずにマルチの下にもぐる株がある。こうした株を放置すると、徒長したり、マルチ下の高温で株がいたむので、萌芽が揃うまで圃場を見回りし、マルチ下から株を出してやる。

(3) 越冬後から球肥大期まで

①この時期の技術目標
越冬後から球の肥大期までの技術目標は第8表のとおりである。

②マルチの補修
寒冷地では越冬時に土壌が凍上するため、マルチの裾の押さえがゆるみ、春先の強風によってはがされたり飛ばされたりしやすくなるため、越冬後は早めに補修する。

③追　肥
前述のように、マルチ栽培では肥料養分の流亡が少ないので、緩効性肥料を用いた全量基肥体系が一般的であるが、追肥体系のほうが増収効果が高い。この場合、基肥の量を減じる。

追肥時期は1回目が消雪後の4月上旬、2回目は透明マルチではりん片分化期10日後ころ、黒マルチではりん片分化期〜分化期10日後ころとなる。透明マルチではりん片分化期の追肥により割れ玉の発生が多くなることがあるので注意する。

追肥量は、1回10a当たり窒素成分で5kg程度である。肥料の種類は粒状の速効性肥料を用いる。

追肥方法は、マルチ上に散布してよいが、できるだけ葉にかからないようにする。

④除　草
株元の雑草は早めに除草する。また、透明マルチの場合、マルチ下にも発生が見られるが、ニンニクが繁茂すると除草しにくいため、これも早めに行なう。

⑤除げつ
大きいりん片は1つのりん片に複数の芽を有する割合が高いため、これを植え付けると複数の萌芽株の発生率が高くなる。これをそのまま放置しておくと、球の肥大が悪くなり、変形したものとなるので、早めに除げつして一本立てとする。

除げつは、株を分離したあと株元の土を掘り、生育の良い株を残すように根元を押さえて、他を引き裂くようにして抜き取る（第11図）。

⑥とうの摘取り
抽苔は品種による差のほかに栽培条件によっても異なり、露地栽培に比べて少なくなる。抽苔したとうをそのまま残したものと摘み取ったものの球の肥大を比較すると、明らかにとうを摘み取ったほうの肥大がよくなる。抽苔が始まったら随時圃場を見回り、とうを摘み取る。

とうの摘取りは珠芽が葉鞘から完全に抜けだしてから行なう。珠芽が葉鞘内にある場合にむりに摘み取ると葉をいためるので注意する。

⑦病害虫防除
ニンニクの病害虫防除は、早期発見、早期防除を徹底する。また、ニンニクは茎葉に薬剤が付着しにくいため、薬剤散布にあたっては展着剤を用いる。

⑧萌　芽
収穫後休眠状態にあるニンニクは9月上旬こ

第8表　越冬後から球肥大期までの技術目標

技術目標	技術の内容
生育，球の肥大促進	マルチの補修と裾の補強をして春風に備える 適期追肥（追肥体系栽培の場合） 株元や通路の除草 複数萌芽株の早期除げつ 完全抽台株の早期とう摘み
病害虫防除	摘期防除の徹底

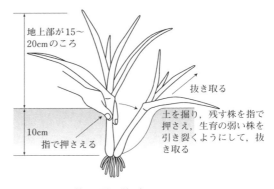

第11図　除げつのやりかた

ろまでには覚醒する。覚醒するとまず発根が見られ，ついで芽が出て商品性が著しく低下する。このため，貯蔵する場合は，これまでは，萌芽抑制剤としてエルノー液剤が使われていた。しかし，2002年にエルノー液剤は登録が失効して使用できなくなったため，長期貯蔵は－2℃冷蔵により行なわれるようになっている（前述の「2. 栽培技術の要点 (7) 貯蔵・高温処理」の項，287ページを参照）。

(4) 収穫期から乾燥まで

①この時期の技術目標

収穫期と収穫後の乾燥における技術目標は，第9表のとおりである。

②収穫期の判定

一般に収穫期の判定は茎葉の黄変程度で決定されており，30～50％くらいが適期とされてきた。しかし，マルチ栽培では球の肥大が早いため，茎葉の黄変が進まなくとも裂球するものが見られる。このため6月下旬に入ったら随時，球の肥大状況を確認して球の盤茎部とりん片の尻部がほぼ水平になった時期に収穫する。

収穫が遅れると裂球の発生が多くなり，光沢も悪く，品質が急激に低下するので，適期の判定は重要である。

第9表 収穫期から乾燥までの技術目標

技術目標	技術の内容
収穫	適期収穫の励行 枯葉の程度や球の肥大状況を確認する 晴天の日に掘り取る
乾燥	ムレ，カビの発生防止 りん片の緑化防止（直射日光が当たらないようにする） 強制乾燥の積極的な導入（適切な温度管理）

③収穫方法

収穫作業は晴天の日に行なう。雨の日や湿気の多い日に行なったり，収穫後に雨にあたると球の光沢が悪く，腐敗が多くなるので注意する。

作業は手掘りまたは機械掘りで行なう。青森県では自然乾燥はほとんどみられず，ほとんどが強制乾燥しているため，収穫と同時に根と茎を切り取る。

手掘りでは，掘り取った直後，圃場で根と茎を切り取ってコンテナに詰め，乾燥施設に搬入する。

掘取りに機械を利用する場合は，まず地上部を機械または草刈り機で刈り取り，次いで根切

第12図 収穫作業

①茎葉の片づけ（草刈り機を利用する人もいる），②マルチを剥ぐ（巻取り機械もある），③根切り，④掘取り，⑤掘取り機拡大写真，⑥茎根の調製（この状態で乾燥施設へ運ぶ）

その他の新技術と栽培

り機で根を切断し，収穫機で掘り起こす。第12図の収穫機は掘取り時に網で土をふるい落とす方式で，火山灰土壌では効率的である。粘質土壌では土の固まりができやすく網から落ちにくいため，火山灰土壌より効率が劣る。収穫後乾燥の前に，さらに根を短く切るがこの作業も相当の労力を要するため，掘取り後にさらに短く根切りする機械も能率的である。

④乾　燥

青森県の場合，一部生での出荷もあるが，ほとんどは乾燥して周年出荷しているため，乾燥を十分に行なう必要がある。外側の外皮から乾燥して，貯蔵葉が乾燥し，盤茎部，花茎の下部が乾燥したら仕上がりとなる。残す茎の長さによるが当初の重量の3割減を目安とし，盤茎部に爪が立たないくらいの硬さになったら，仕上がりとなる。慣れるまでは数個割ってみて確認するのがよい。また，木材水分計で盤茎部の水分含量を測定し，連続乾燥の場合は10〜15％，テンパリング乾燥の場合は16〜17％となった時期を仕上がりの目安とする方法もある。

自然乾燥　収穫したニンニクを通風の良い軒下や収納舎に吊るして，陰干しする。通風が悪いところではムレて腐敗したりカビが発生したりするので注意する。また，乾燥中に直射日光に当たるとりん片が緑化し，商品性がなくなる。

乾燥にかかる日数は30〜50日で，乾燥前の重量比70％程度で仕上がりとなる。

強制乾燥　強制乾燥は自然乾燥に比べて乾燥期間が3〜4週間と短期間にできる。乾燥中の腐敗やカビの発生が少ないこと，さらには乾燥後の光沢など，球の品質が優れていることなど

の利点がある。

乾燥施設の概要　青森県のニンニク乾燥方式は大きく分けると「棚乾燥」「井桁積み乾燥」「シート乾燥」の3つの方式があり，りん茎の収納や配置の仕方に違いがある（第10表，第13図）。

棚乾燥，井桁積み乾燥では倉庫またはパイプハウスを遮光して，内部に棚をつくったり井桁を組んで網袋を並べるか，通気性の良いコンテナを利用し，暖房機や換気扇などを配置する。コンテナを用いる場合は棚を組む必要はない。暖房機を利用し，灯油などを燃焼させて加温するため，給気口と排気口を用意する。ニンニクの容器としては，網袋または穴のあいたコンテナを利用する。網袋はタマネギまたはニンニク乾燥用のネット10〜20kg用を用いる。

乾燥前の調製　ニンニクは根を切り，茎を5〜10cm程度つけて切断し，網袋かコンテナに入れて，乾燥施設内に配置する。ニンニクを入れる量は，棚乾燥では網袋の6〜7割，井桁積み乾燥ではコンテナ容量の8割程度，シート乾燥ではコンテナ満杯とする。

乾燥温度　ニンニクの乾燥温度管理方法には連続乾燥とテンパリング乾燥がある。連続乾燥は昼夜35℃，テンパリング乾燥は昼間35℃，夜間は無加温（25℃以下）で乾燥する方法である。連続乾燥はテンパリング乾燥より乾燥日数が短いというメリットがあるが，乾燥にかかる燃料消費量が多く，くぼみ症の発生率が高いというデメリットがある。くぼみ症はりん片の表面が陥没する障害で，氷点下貯蔵後に発生することが多い（第14図）。

青森県では，最近，コンテナの穴の方向を揃

第10表　ニンニクの乾燥方式

乾燥方式	収納容器・容量	配置，積み方	通　風
棚乾燥	網袋（20kgまたは40kg）	鉄パイプなどで棚を組んで網袋を並べる	循環扇やダクト
井桁積み乾燥	メッシュコンテナ（20kg）	コンテナを井桁状に積む	循環扇やダクト
シート乾燥	メッシュコンテナ（20kg）	約200個のコンテナを隙間なく積み，周囲を不透水シートで覆う	圧力に強い送風機を使用（ニンニク4,000kg当たり風量60m³/分程度を確保）通風方向で吸引式と押し込み式がある

注　「ニンニク周年供給のための収穫後処理マニュアル」参照

第13図　ニンニク収穫後の乾燥事例
①乾燥用倉庫，②ハウスを遮光して利用，③棚乾燥，④井桁積み乾燥，⑤シート乾燥，⑥シート乾燥の換気扇（押し込み式と吸引式がある）

えて隙間がないように積み，脇をブルーシートなどの通気性のない資材で覆って，穴の方向に大型の換気扇で送風または吸引する方法が普及し，シート乾燥と呼ばれている。シート乾燥用のチャック付きのシートも販売されている。従来の棚乾燥やコンテナを井桁に積んで倉庫全体を通風する方法より，狭い容積で乾燥が可能であるが，その分，湿気がこもりやすいので，空気が滞らないよう十分注意する必要がある。

第14図　正常なニンニク（左）とくぼみ症のニンニク（右）

(5) 貯蔵，高温処理，調製まで

①この時期の技術目標

貯蔵および高温処理，調製における技術目標は第11表のとおりである。

②貯　蔵

青森県では，ニンニクの収穫時期は，6月中旬から7月中旬である。一部はそのまま生で出荷するが，生では外皮（葉鞘）や盤茎部から腐敗しやすく日持ちがしない。このため，収穫・

第11表　貯蔵から調製までの技術目標

技術目標	技術の内容
貯　蔵	出荷計画の立案 常温での貯蔵 冷蔵による長期出荷
高温処理	出庫後の萌芽発根の抑制
土の除去	根部の調製 外皮の調製

その他の新技術と栽培

第12表　処理時期別の高温処理条件

処理時期		処理温度・時間[1] （処理装置内の温度）
9月	下	43℃・12～18時間
10月	中	
	下	
11月	上	43℃・9～12時間
	中	
	下	
12月	上	
	中	41℃・9～12時間
	下	
1月	上	
	中	41℃・6～9時間
	下	
2月	上	
	中	41℃・4～9時間 または 39℃・6～9時間
	下	
3月	上	
	中	
	下	
4月	上	
	中	
	下	
5月	上	
	中	
	下	
6月	上	
	中	
	下	

注　1）処理時間は装置内が処理温度に達したあとの保持時間
　　「ニンニク周年供給のための収穫後処理マニュアル」を参考に作成

乾燥後は10月ころまで常温，それ以降の出荷は産地の農協の冷蔵庫などで氷点下貯蔵して，計画的に周年出荷している。

③高温処理

冷蔵庫から出庫したあとは，農家により調製され，出荷し，消費者に届けられるが，出荷後，萌芽発根するものが多くなるため，高温処理を行なう。効果的な処理温度と時間は処理時期によって異なる（第12表）。高温処理の効果はりん茎の内部温度によって決まるため，装置内とりん茎内部の温度のずれを確認しておく必要がある。

④調　製

従来は根切りを行なって乾燥し，茎を切って出荷していたが，現在は，生鮮食料品の店頭では土の持込みは嫌われるため，盤茎はグラインダーで磨き，圧縮空気で土がついた外皮を除去する方法が普及している。

　　執筆　庭田英子・豊川幸穂（青森県産業技術センター野菜研究所）
　　改訂　今　智穂美（青森県産業技術センター野菜研究所）

参 考 文 献

ニンニク周年供給のための収穫後処理マニュアル. 2013. 農研機構東北農業研究センター. http://www.naro.affrc.go.jp/publicity_report/publication/files/GarlicPostHarvestHandling.pdf

関連記事案内

　本書に収録した記事内容をより深く学ぶために，本書のもとになっている加除式出版物『農業技術大系　野菜編』全12巻（全13分冊）や『現代農業』などに収められている関連記事の一部をご紹介します。ご案内は，関連記事のタイトル，執筆者（所属），執筆年，収録箇所（とくに断りがないものは野菜編），ページ順です。これらの記事は，農文協「ルーラル電子図書館」でお客様のパソコンから閲覧できます

◆ネギの周年化に向けて──ネギの生理と栽培に関する記事

　ネギ栽培の主流は秋冬どり。周年化となると，秋冬どりに夏秋・春・初夏どりを加えていくことになる。そこでまず，ルーラル電子図書館に収められているデータベースから『現代農業』を選んで「ネギ　夏」で検索すると，94件の記事データが見つかった。その中から，目についた記事を一部紹介しよう。

　まず，「夏ネギで稼ぐ」というタイトルで以下3本の記事をまとめた小特集があった。

小ネギは密播き多収で夏をねらえ！　編集部，2018年7月号，178〜183 p
──葉ネギ専門にハウス4ha，露地10haで大規模栽培する福岡県八女市の㈱春口農園を取材した記事。10 a 3 l 直まきしていた播種量を6lにして1日800kgもの小ネギを夏に出荷することで稼ぐための播種法を収録。

大苗・疎植で7月出し　無加温越冬育苗で夏の白ネギ産地が拡大中　本庄求，同7月号，184〜188 p
──本書にも収録した「栽植密度と窒素施肥量との関係」の著者による記事。積雪の都合で夏に稼ぎたい秋田ネギ産地の7月出荷を可能にする技術。疎植がポイントになる。

リン酸ドブ漬けで，2月播きでも7月どり　編集部，同7月号，89〜189 p
──こちらは山形県の記事。8月どりを7月に前倒しするために，県の農業技術普及課が注目したのがネギ苗のリン酸ドブ漬け。疎植と組み合わせることで7月出荷が可能になった。山形県のもっとくわしい研究データがないかと「ネギ　リン酸」で検索すると，『農業技術大系　土壌施肥編』に以下の記事があった。

定植前リン酸苗施用によるネギの生育促進とリン酸減肥　村山徹，2015年，土壌施肥編第6巻 -1，技術＋92の11の10〜技術＋92の11の14
──農研機構の東北農業研究センターによる試験。「初期生育と収量への影響」から，「技術の適用条件と問題点」まで，くわしく収録されている。

　もう一度，「ネギ＊夏」の検索結果に戻ると，読みたくなる以下のタイトルを見つけた。

4月どりネギ・5月どりネギを，抽苔させずにつくるには　貝塚隆史，2012年1月号，196〜199 p
──これは「業務・加工用野菜をつくる」という連載の中の一本。抽苔しやすい春どりで抽苔させないための品種選びとトンネル被覆について書かれている。本書ではその詳細を「根深ネギの栽培＝5月どりトンネル栽培」として収録した。

◆ホウレンソウなどの業務・加工用野菜に関する記事

　前述の連載「業務・加工用野菜をつくる」には他にどんな記事があるのか，「業務・加工用野菜をつくる」のタイトルをクリックすると，全記事として22本もあることがわかった。目にとまった記事を以下に紹介しよう。

甘い完熟ホウレンソウで収量をとる　㈱森田商店・澤田正人，2011年9月号，162〜165p
──自社農場を持つ千葉の農業総合商社による記事で，コンビニエンスストアの「ホウレンソウのごま和え」用の原料供給を頼まれて栽培開始した。本書にもあるような草丈の高いホウレンソウを育てるための品種選びなどを収録。

集落営農に大玉タマネギ栽培　山村真弓，2011年11月号，196〜200p
──土地利用型の集落営農で麦・大豆以外の安定収入が見込める品目としてタマネギを勧めていることが書かれている。機械化体系が示されている。

焼き鳥串刺し工場が欲しがるMサイズのネギ　関向利洋，2012年3月号，158〜159p
──岩手県のJAによる執筆。地元二戸市が誘致した企業は焼き鳥の串刺し専門の東北最大の工場で，それまで取引していた鶏肉に加えてネギの取引も開始した。求められるサイズは太いものではなくMサイズ。JA出荷の中心規格サイズであるLサイズまで太れなかったものを出荷できる。同じような事例が他にもあるのかどうか，「ネギ　焼き鳥」で検索すると，以下の記事が見つかった。

業務契約ネギに追い風　焼き鳥専用「細いネギ」に重要あり　編集部，2015年11月号，86〜89p
──こちらはなんと深谷ネギで知られる埼玉県深谷市にあるネギ専門の会社の記事。みずから自社で15haを栽培するかたわら，量販店や外食チェーンに周年出荷。外食チェーンから焼き鳥のねぎま用に「細いほうがやわらかくておいしい」と，細いネギの要望があり，チェーンポットの1穴に通常2粒播くところを4粒播くことで対応している。

　もう一度「業務・加工用野菜をつくる」の検索結果に戻ると，まだまだ以下のような興味深い栽培が見つかった。

イボなしキュウリの周年安定栽培　清野英樹，2010年9月号，160〜163p
──国内で栽培されるキュウリのうち，45%が業務用として使われているとのこと。イボがあると汚れが落ちにくいことから，イボのないキュウリが求められる。イボのないフリーダムハウス1号という品種を使った周年栽培を収録。

おでん用ダイコンの安定多収栽培試験　吉田俊郎，2011年1月号，190〜193p
──直径6cmの円筒状に打ち抜いて利用されるため，直径7.5cm以上で長いものが求められる。太くて長いダイコンを安定して多収するための適品種と株間などを収録。

※本書の記事は，農文協の会員制データベース『ルーラル電子
図書館』でお客様のパソコンから閲覧することができ，写真
もすべてカラーで見ることができます。お問い合わせは，農
文協　新読書・文化活動グループまで
電話 03-3585-1162　FAX 03-3589-1387
専用メールアドレス　lib@mail.ruralnet.or.jp

最新農業技術　野菜 vol.11
特集　ネギ・ニラ・ホウレンソウの安定多収技術

2018年10月20日　第1刷発行

編者　農山漁村文化協会

発 行 所　一般社団法人　農山漁村文化協会
郵便番号　107-8668　東京都港区赤坂7丁目6－1
電話　03（3585）1142（営業）　03（3585）1147（編集）
FAX　03（3585）3668　　　振替 00120-3-144478

ISBN978-4-540-18057-6　　　　　印刷／藤原印刷
　＜検印廃止＞　　　　　　　　　製本／根本製本
　ⓒ 2018　　　　　　　　　　　定価はカバーに表示
Printed in Japan

人気のネギ類栽培の大事典 2冊いよいよ刊行！ 2019年1月発売・予約受付中

ネギ大事典

ネギ／ニラ／ワケギ／アサツキ／リーキ／やぐら性ネギ

農文協 編　B5判・700頁予定　●本体 15,000円＋税

タマネギ大事典

タマネギ／ニンニク／ラッキョウ／シャロット

農文協 編　B5判・700頁予定　●本体 15,000円＋税

本事典の特徴

● 白ネギは、それぞれの作業のカンドコロがわかり、夏どりの生育遅延、春どり、初夏どりの抽苔対策など、より高単価をねらう作型の技術課題に応える。業務需要が高まる青ネギ（葉ネギ・小ネギ）は、夏越し対策、害虫対策、品種構成などを収録し、周年生産の需要に応える。
● タマネギは、各作型のポイント、雑草対策（雑草防除体系・薬害）、貯蔵病害対策などの基本技術から、北海道で広がる直播栽培、東北・北陸で広がる春まき夏どり新作型などの最先端技術まで収録。
● 執筆陣は第一線の研究者・指導者。
● 全国の精農家の栽培技術事例を多数収録。先進的かつ普遍的なトップ農家の技術が学べる。視察だけではつかめない技術の核心と経営の実態がリアルにわかる！
● 近年見直しが進む古い品種、地方品種から最新品種まで、豊富な品種がその育成の経緯からわかる。
● 知りたいことがすぐわかる、さくいん付き。

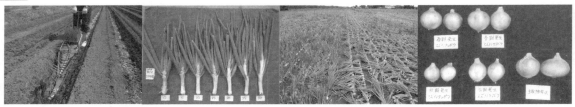

ネギ大事典・構成（案）
【カラー口絵】ネギの種類／地方品種／重要病害虫の被害症状ほか
● 植物としての特性
● 生育のステージと生理、生態
● 品種生態と作型
● 根深ネギの育苗
● 根深ネギの圃場準備
● 根深ネギの本圃での管理と収穫・出荷
● 葉ネギの栽培管理
● 障害と対策
● 作型、栽培システムと地域での生かし方 根深ネギの栽培

● 精農家のネギ栽培技術
● さくいん

タマネギ大事典・構成（案）
【カラー口絵】水田転換畑の排水対策／本圃で発生する雑草／除草剤の効果と薬害　他
● 植物としての特性
● 生育のステージと生理、生態
● タマネギの品種生態と作型
● 各作型での基本技術と生理
● 個別技術の課題と検討

● 精農家のタマネギ栽培事例
● さくいん

お問い合わせ・ご注文は農文協・普及局
TEL03-3585-1142　FAX03-3585-3668